渔业和水产养殖业应急响应指南

联合国粮食及农业组织　编著

刘洪霞　等 译

中国农业出版社
联合国粮食及农业组织
2019·北京

引用格式要求：

粮农组织和中国农业出版社。2019 年。《渔业和水产养殖业应急响应指南》。中国北京。152 页。许可：CC BY－NC－SA 3.0 IGO。

本出版物原版为英文，即 *Fisheries and aquaculture emergency response guidance*，由联合国粮食及农业组织于 2014 年出版。此中文翻译由中国农业科学院农业信息研究所安排并对翻译的准确性及质量负全部责任。如有出入，应以英文原版为准。

ISBN 978-92-5-107912-6（粮农组织）
ISBN 978-7-109-22862-7（中国农业出版社）

联合国粮食及农业组织（FAO）
中文出版计划丛书

前言

　　以渔业和水产养殖业为生的人们，目前所面临的自然灾害数量越来越多，强度也越来越大。大多数小规模渔业养殖户和渔业工人都生活在发展中国家，往往会面临各种各样不同的、易使他们受到危害的问题，包括粮食短缺、贫困、污染、环境退化、资源过度开采、海上事故高发以及与工业化捕鱼活动发生冲突等。捕捞与养鱼活动的特殊性（比如位置特殊、易于暴露）也容易使他们受到危害。

　　为应对灾害向国家和合作伙伴提供援助，目前正成为包括粮农组织在内的国际机构工作的一个重要组成部分。迄今为止，还没有一部系统指南能够帮助那些涉及渔业与水产养殖业的国际机构应对突发事件。本指南旨在填补这一空白以提高这类干预措施的有效性，并在2013年举行了一次专家会议后进行制定（FAO，2013a）。在应对那些已对渔业和水产养殖业造成影响的灾害期间，所得到的一些最佳实践和经验教训，都为本指南所利用。本指南章节包括常用良好行为规范和一些技术领域，比如渔业及水产养殖业政策和管理，捕捞渔业的渔具、船舶和引擎，码头位置、港口和锚地，水产养殖及捕捞后活动、贸易和市场。

致　　谢

对为本指南提供各类投入的人员，以及为本指南做出努力和贡献的粮农组织总部及地方办公室的技术人员，在此一并表示感谢。特别感谢在 2012 年举行会议期间提供技术报告的作者，包括 Phillip Townsley、Shakuntala Thilsted、Daniel Davy、Jean Gallene、Robert Lee、Jo Sciortino、Pete Bueno、Graeme Macfadyen、David James 和 Fiona Nimo，他们为本出版物的最终出版做出了贡献。同时，荷兰和瑞典两国通过粮农组织多伙伴机制（FMM/GLO/003/MUL）提供的资金资助，使得本指南得以顺利编写和出版。

目 录 CONTENTS

管理风险与危机
国家和地区为风险降低和危机管理采用并执行了合法的政策与规章制度

准备与响应
受灾害和危机影响的国家和地区准备并管理有效的响应

提高生计对冲击的弹性

关注保障措施
国家和地区提供定期信息和早期预警，应对潜在的、已知的和新出现的威胁

应用风险和脆弱性降低措施
国家在农户和社区层面上降低风险和脆弱性

弹性生计：在兵库行动框架下，食物与营养安全的灾害风险降低——粮农组织灾害风险降低框架的四大核心部分，应该与那些支持执行行动计划的国家进行密切合作。在本框架内，粮农组织的战略目标是为了提高人们的生计弹性，包括渔民和养鱼户应对威胁与危机的生计弹性。

第一章　简　　述

1.1　什么是渔业和水产养殖业应急响应指南

渔业和水产养殖业应急响应指南，旨在帮助挽救那些处在渔业和水产养殖行业中，并深受灾害和人道主义危机影响的人们的生命及其生计。另外一个目的是想在灾害发生后，通过改进渔业和水产养殖干预措施的设计、实施和评估质量，来实现人们生命和生计的挽救。该指南利用最佳实践和经验，来应对那些已对渔业和水产养殖业造成影响的灾害，同时支持那些工作在此行业的人们重建其生计。

1.2　本指南的由来

以渔业和水产养殖业为生的人们，不但要面临着越来越多的自然灾害（因受气候变化影响而导致的灾害），同时还要面临着人类活动所导致的灾害。为有效应对那些会造成渔业和水产养殖业损失的突发事件，需要了解这个关键食品生产部门活动的具体特征，同时还要了解那些工作在以下行业并对此有依赖性的人们，这些行业包括捕鱼，鱼类处理、加工和销售，鱼类养殖，以及支持这些活动的各类服务。迄今为止，在渔业和水产养殖业突发事件干预措施设计中，仍然没有普遍可用的指南，以供捐助者、计划管理者和技术专家使用。目前，本指南则可以填补该项空白。

1.3　谁应该使用本指南

本指南旨在帮助所有那些参与到渔业和水产养殖业应急干预中的人们。尤其是以下几类人员，指南将对其提供帮助：

策划者——指南可为粮农组织、合作伙伴和捐助者提供一个工作框架，以便快速地提出并评估救灾建议，同时，还可以在国际灾害风险管理社区，提升渔业和水产养殖业的形象和可接近性。

执行者——尽管指南并不能涵盖"怎么做"的每一项内容，但是设计它的

1

第一章　简　述

目的是为了提供一个工作框架（或者是第一站点），进而为方便那些参与到灾害应急干预措施实施的人们，提供一些技术支持、工具和更为详细的指导。

监测与评估官员——对渔业与水产养殖业中的应急响应和恢复工作的监测与评价，给予改进支撑。

1.4　指南涵盖哪些内容

该指南的编制目的是为了向那些参与到渔业与水产养殖业部门救灾与重建干预措施的制订、执行、监测与评估的人们，提供他们所需的关键技术信息，从而能够更有效地执行他们的任务。对于那些在渔业和水产养殖业方面经验或知识不足的人来说，在应对救灾与重建的时候，本指南将重点放在那些需要理解和考虑的因素上面。对于部门拥有广泛知识的技术专家来说，该指南可为他们提供一份基于他们经验的最佳规范的清单和概要，而且这些经验又是他们在执行工作期间需要用心记住的东西。

指南所给出的灾害风险管理的过程，涉及紧急事件的三个主要阶段，如图1所示。

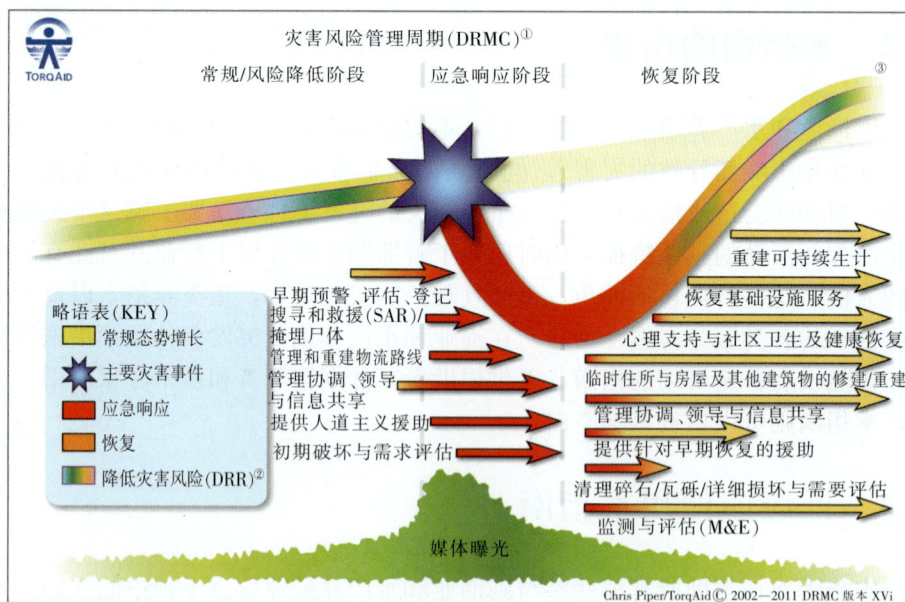

灾害风险管理周期（DRMC）①

常规/风险降低阶段　　应急响应阶段　　恢复阶段 ③

略语表（KEY）
- 常规态势增长
- 主要灾害事件
- 应急响应
- 恢复
- 降低灾害风险（DRR）②

早期预警、评估、登记
搜寻和救援（SAR）/掩埋尸体
管理和重建物流路线
管理协调、领导与信息共享
提供人道主义援助
初期破坏与需求评估

重建可持续生计
恢复基础设施服务
心理支持与社区卫生及健康恢复
临时住所与房屋及其他建筑物的修建/重建
管理协调、领导与信息共享
提供针对早期恢复的援助
清理碎石/瓦砾/详细损坏与需要评估
监测与评估（M&E）

媒体曝光

Chris Piper/TorqAid© 2002—2011 DRMC 版本 XVi

注：①本灾害风险管理周期适用于相对速发型灾害（比如飓风、洪水、地震、海啸、林区火灾等），而不适用于慢发型灾害（比如由干旱/战争引起的饥荒）。
②如想了解本灾害风险管理周期的详细内容，请参阅灾害风险降低示意图。
③理论上，在恢复阶段，社区能够重建更美好家园。

图 1　灾害风险管理周期

资料来源：www.torqaid.com/index.php? option=com_content&view=article&id=47&Itemid=58。

灾害风险管理周期的第一个阶段，即风险降低阶段，因为在其他系列出版物中广泛涵盖了此部分，所以本指南就不将其作为重点在此详细介绍。

灾害风险管理周期的第二个阶段，即对灾害和人道主义紧急情况做出立即响应阶段，此阶段必然要将重点集中在满足需求上面，而这些需求并不单单针对渔业与水产养殖部门：包括灾害发生后的生命挽救；损伤与创伤的治疗；以及确保人们可以获得食物、水、公共卫生、避难所等基本需求。

风险管理周期的第三个阶段，即恢复阶段，在此阶段，渔业与水产养殖部门的具体需求，需要给予充分考虑，这可能是使用该指南最富有成效的证明，即在渔业与水产养殖部门的恢复与重建工作中，承担具体需求的初步评估；在恢复和重建过程中，充分了解所涉及部门的潜在问题；同时对这样一些地区加以识别，即在这些地区，渔业与水产养殖业的业绩得到充分提升，而且参与到该部分的人们，其生计得到明显改善。在此阶段，提高渔业和水产养殖部门应对未来风险的弹性和适应能力，也将是非常重要的，同时通过降低未来风险，将提高的弹性和适应能力融入风险管理周期的第一个阶段中。

当灾害转变成紧急事件时，首要的道德责任是要满足当前的人道主义需求。这包括医疗救助、食品、清洁水、避难所以及因生活发生巨大变化而达成的援助。此阶段一旦完成，工作重点将会转向对渔业和水产养殖业的规划和提供支持上面。

1.5　如何使用该指南

本指南主要被用做一种规划和决策工具，从而为开展合适的应急响应提供支持。然而，本指南所包含的最佳实践的陈述，作为实时或后期操作时审核与评价应急响应的标杆可能也是非常有用的。

第二章：渔业、水产养殖业与紧急事件。本章概述了一些关键性问题，而且在制订基于渔业和水产养殖业的干预措施时（尤其是与危害、紧急事件和灾害相关的干预措施；与生计相关的干预措施；与渔业和水产养殖业管理与开发相关的干预措施，以及与食品和营养安全相关的干预措施），都要对这些关键问题给予考虑。与此同时，本章也概括了快速而复杂的紧急事件的各个阶段，同时涵盖了那些与应急响应挑战相抵触的问题。

第三章：渔业和水产养殖业的应急响应。本章讨论了渔业与水产养殖业面临各类危害的脆弱性，与此同时，给出了各类框架信息，而这些框架可用来为与渔业和水产养殖业相关的灾害应对给出一些方法建议。

第四章：常用最佳实践。本章重点讲述了灾害应对中一些最佳实践的主要内容，并适用于所有渔业与水产养殖业的干预措施。同时，本章适用于所有类

型的紧急干预措施的工作方式，给予一些信息和指导。本章由最佳实践的表述、关键指标以及每条表述的指导说明组成。具体安排如下：

对下文提到的干预类型及相关政策考虑进行了简单介绍。

最佳实践的表述

这都是一些定性表述，并对在应急响应期间所要达到的预期标准进行具体说明。这些表述适用于任何灾害状况，因此将用一般术语来表达。

关键指标

关键指标将附在每一种表述中，并作为"符号"来表示是否达到。关键指标提供了一种交流关键行动过程与结果的方法。关键指标与最佳实践的表述有关联，而与行动无关。

指导说明

指导说明概括了应当予以考虑的特定问题，同时最佳实践的陈述也要连带考虑在内。这些指导说明包括：在不同情况下，应用最低标准、关键行动以及关键指标时，所应考虑的具体要点。指导说明并不对如何准确地执行某一具体行动给出指导，他们仅在应对实际困难、参考标准或优先问题的建议方面给出一些指导。指导说明同时也包括：与标准、行动或指标相关的关键问题，另外还描述现代知识中的一些困境、争议和缺陷。如果最佳实践的所需水平不能满足需要，由此对受害人口所产生的不利影响应当予以评估，同时还要采取适当的缓解措施。

第五章：渔业和水产养殖业应急响应的最佳实践。本章涵盖了针对渔业和水产养殖部门干预措施的最佳实践的一些内容。本指南中所包含的技术性干预措施按如下方式进行分组：

（1）渔业与水产养殖业政策；

（2）渔业管理与捕捞作业；

（3）水产养殖业的开发；

（4）捕捞后实践与贸易。

对于每一部分来说，最佳实践的陈述、指标和指导与前面章节是一致的。

所有章节相互关联。在某一章节中所描述的最佳实践的陈述，可能也会出现在其他章节中，这种情况要一并处理。

第二章　渔业、水产养殖业与紧急事件

2.1　渔业与水产养殖业

捕捞渔业与水产养殖业有助于发展国家和地方经济、增加出口收入、提高食品供给以及增加就业机会。据估算，2010 年，捕捞渔业与水产养殖业共生产 1.48 亿吨鱼，其中 1.28 亿吨用于人们消费。2010 年，估计捕捞渔业与水产养殖业总产值达到 2 175 亿美元。在世界人均动物蛋白质摄入量中，鱼和渔产供给了 16％ 以上的比例，而在世界蛋白质消耗量中，鱼和渔产则供给了 6.5％的比例。鱼和渔产为世界 30 亿人口的动物蛋白摄入量提供了其中 20％ 的比例。而在某些国家，鱼所提供的动物蛋白比例会更高。渔产是世界上贸易量最大的食品与饲料商品之一。受雇佣的渔民和养鱼户以及以此产业为生的人们，在过去三十年（主要指发展中国家），其数量增长速度要快于农业部门。鱼因其拥有优质蛋白这一特性，所以可作为优质动物蛋白、必要脂肪酸、维生素和矿物质的一种很好来源（FAO，2012a）。

2.2　危害、灾害与紧急事件

那些自然因素或人为因素导致的现象或事件，有可能会引起灾害发生或者人道主义紧急情况，将此类现象或事件称为危害。危害本身并不构成灾害，危害仅当人们受到影响或成本出现损失时，才会变成灾害。

当发生以下情况时，危害就会变成灾害：

- 社会（或社区）基本结构和正常运转功能遭到破坏；
- 人员伤亡，财产、基础设施、基本服务或人们的谋生手段遭到损失或损坏；
- 影响规模之大，在无外援的情况下，超出了受灾社区的正常承受能力（FAO，1997a）。

FAO 将灾害划分为以下三类：

- 自然灾害：水文气象灾害（例如洪水、风暴、干旱等），地质灾害（例如地震、火山喷发）以及生物灾害（例如疫病和虫害）。
- 技术灾害：与人类活动有直接关系，由技术或管理失败引起，例如油轮、管道或钻井事故引起原油或化学品污染，核灾难。
- 复杂的紧急事件：军事冲突引起的人道主义危机，对其进行外部援助是非常必要的。

术语"紧急事件"指的是一种突发的、一般情况下难以预料的事情，该事情需要采取紧急措施，以便将其不利影响降到最低（FAO，1997a）。就灾害来说，紧急事件这一术语通常用来指一种正式认可的状态，当达到某一特定阈值时，此状态就会由相关当局进行公开发布。通常情况下，这些阈值指的是满足受灾地区人们基本生存需求的能力，对人们生命和健康造成直接危害的严重性，以及各级机构和机制对各种威胁和危机所做出的有效应对能力（FAO，1997a）。对地方、国家或国际紧急事件进行宣告，意味着开始采取一系列公认的各级应对机制来应对这些紧急事件。

2.3　渔业和水产养殖业的灾害脆弱性

捕鱼和养鱼社区，通常情况下其特征主要包括：遭受自然危害可能性高（见插文1）。那些可导致灾害情况发生的绝大多数自然危害，主要是水文气象方面的危害，而且渔民和养鱼户，其生活和工作地点靠近水体或海岸，这也就意味着他们遭受自然危害的可能性必然会很高（Alcantara-Ayala，2002；Badjeck et al.，2010）（见插文2）。随着全球气候变暖，人们普遍预测：危害发生的程度和频率，在未来10年（比如热带风暴、极端天气和风暴潮、干旱和洪水），可能会增加，因此，从事渔业和养鱼业的人们，遭受这些危害的可能性也会增加（IPCC，2001）。

插文1　遭受危害

就灾害和紧急事件来说，遭受灾害指的是人们接触到的自然和范围，他们生活的社区，他们的财产，以及他们赖以生存的各种活动，在遭受某一特定危害的物理影响。

来源：IPCC（2001）。

插文 2 沿海地区所遭受的灾害

在过去十年，已经发生的、最引人注目的几种自然灾害主要是地质性灾害（由地震引起，比如 2004 年 12 月发生在印度尼西亚苏门答腊岛西海岸的大地震，2011 年 3 月发生在日本的地震），但是它们的影响都与水文有关联——这些地震引起了海啸发生。就这两例事件来说，沿海地区的渔业社区就属于受影响最大的群体。

水系也能变成病菌、污染和捕食者的载体，它们将会对渔民和养鱼户的生计产生破坏性影响。养鱼户尤其容易遭受此类影响，因为疾病可以从其他渔场通过水系带入该渔场，并且通过供水方式传播疾病，而且供水对下游养鱼业又是非常必要的（Brown et al.，2010；Campbell，2010）。由上游地区或水域的工业直接产生的污染，或者因人类活动而引起（比如森林砍伐、土地开荒）的污染，都会对下游渔业和渔业相关的生计造成严重的、灾难性的影响（Campbell et al.，2006）。

一旦渔民和养鱼户遇到危害，那么危害对他们所造成的影响程度就会取决于各种较为复杂的因素，同时这些因素则决定着渔民和养鱼户对灾害的敏感度（见插文 3）。如果救灾工作合适的话，那么充分认识这些因素（尤其是在灾害发生后）可能会具有一定的挑战性，但这的确又是非常重要的。

插文 3 对危害的敏感性

对危害的敏感性指的是任何人群在遇到危害时，所遭受影响的程度。敏感性的形成是有一定原因的，即所遭受的危害为什么会转变成灾害，随之而来的是灾害对人们生命和生计造成了一定影响。

来源：IPCC（2001）。

对灾害敏感性有影响的重要因素可能包括：

- 从事捕鱼业和养鱼业的群体，他们的相对贫困性，但绝不是所有的渔民和养鱼户都是贫困的，在发展中国家或欠发达国家，绝大多数捕鱼和养鱼活动普遍由小规模经营者从事。在这些小规模经营者中，许多人的生活都比较贫困或很容易陷入贫困。
- 小规模渔民和养鱼户所面临的常见制约因素，可能会提高其对灾害的敏感性，以及应对灾害影响的能力。这些常见制约因素包括：帮助他们应

对生产中的危机期或波动期的储备或储蓄有限；他们缺少机构或部门支持的渠道；他们对有利于自己政策和决策的制定并不能产生影响；落后的基础设施、住房和服务；以及他们对单一活动的依赖水平高。

- 渔业工作具有高流动性（尤其捕捞渔业），同时，捕鱼业的迁移性也非常高。这就意味着，在灾害来临时，确定渔民所处的位置，或者在灾害发生后，在哪里可以找到他们，做到这一点尤其困难，因为并没有正确地考虑将离家渔民作为救灾工作的一部分。
- 捕鱼活动对市场和市场联动的依存度。在这类联动安全度过灾害的地方，它们可作为一种重要资产，将有助于促进人们生计的重建和恢复，但是在这类联动遭受灾害影响而被破坏的地方，市场无法进行运作，将会阻挡生计恢复的进程。

捕鱼和养鱼社区对灾害的脆弱性，也取决于他们对灾害发生时所产生影响的适应力和应对力（见插文 4）。此外，也受人们对灾害敏感性的因素影响，但是在救济和恢复过程中，人们所受到有效机构的支持程度则容易成为决定他们适应和应对战略的一个尤其重要的方面。

插文 4 面对自然灾害的适应能力

社区、社团或组织内所有可利用力量和资源组合在一起，能够降低风险等级或灾害所产生的影响。适应能力包括物理、制度、社会或经济手段，个人或集体属性或功能。"人、组织和体制利用可用技能和资源，应对和管理不利条件、紧急事件或灾害的能力，"这便是对应对能力的定义。

来源：UNISDR（2009）。

参与捕捞渔业活动的相对快速周期意味着，在设备和基础设施得到适当修复下，恢复时间会相对快一些，当然这要取决于灾害的影响范围和严重程度以及进入农产品市场的途径。养鱼业活动则需要更多的时间恢复，因为养殖周期比较长，而且与农业生产周期更为相似。

捕鱼和养鱼活动的复杂程度也影响着人们对灾害的适应能力和灾后恢复情况。小规模渔场在技术上可能会比较容易适应新的灾后环境，并且需要的外部投入相对较少，而大规模渔场运营可能需要更高的专业技术水平。

2.4 影响脆弱性和排斥性的跨领域问题

在考虑灾后救灾与重建问题时，那些从事渔业和水产养殖业的人，他们的脆弱性还取决于各种各样的、需要予以考虑的跨领域属性。面对灾害，那些影响人们脆弱性的绝大多数因素，在灾后救灾和重建期间，基本代表了可能会增加其排斥风险的因素（见插文 5）。所有这些因素都与受灾群体有关（不仅仅指那些从事渔业和水产养殖业部门的群体），但都会在社区内以特定方式得以体现，这主要取决于各类部门。因此，在灾害风险管理周期的各个阶段，都必须牢记这些因素。表 1 列举了这些关键的跨部门问题。

插文 5　社会排斥性

某些群体因社会排斥作用整体上处于劣势地位，他们因为民族、种族、宗教信仰、性趋向、社会地位、血统、性别、年龄、残疾、艾滋病状况、移民身份、居住地等原因而受到歧视。

表 1　影响脆弱性与排斥性的跨领域问题

性别：FAO/WFP（2008）估计：世界范围内从事渔业的 1.80 亿人口，可大致划分为男性和女性。渔业和养鱼业的性别角色通常给予了明确定义。对灾害的脆弱性，灾害一旦发生所造成的影响，以及支持灾害恢复的干预措施的影响，总是有着重要的、予以理解和考虑的性别尺度。	**社会地位和阶层**：社经阶级或某些文化中的等级结构，对于特定社区状况以及他们与外部机构的关系，都有着重要意义。捕鱼与养鱼社区经常与特定的社会经济群体有关联，这对其脆弱性以及参与决策和地方机构的水平可能会造成影响。
年龄：老年人和儿童容易遭受危害，因为他们对其他人有依赖性，同时还缺乏流动性，灾害一旦发生，他们就会对灾害产生一定水平的敏感性。同样的，获得救灾和重建的这些群体，其排斥风险会比较高，他们往往会需要特殊的措施和方法。	**种族和语言**：根据民族起源及其语言，对人群进行划分，往往会代表一个根本的、排除经济、社会或制度参与的决定因素。捕鱼和养鱼社区通常会根据种族和语言将其与其他职业群体区分开来，进而会影响其对灾害的脆弱性以及其参与救灾和恢复工作的能力。
残疾：世界卫生组织估计，世界 7%～10% 的人口患有一种或另一种类型的残疾。这些群体在面临灾害时表现出极度的脆弱性，因此需要对其进行特别关注和支持，以便从失去照顾以及平时赖以生存的稳定环境中恢复过来。	**移民和内部搬迁状况**：移民和那些因冲突或危机而导致流离失所的人们，在灾害发生的情况下，总是表现出特别的脆弱性，因此可能需要做一些特别工作，以便能将其特殊状况考虑在内。
艾滋病毒/艾滋病：流动的移民渔业社区，通常表现为高水平的艾滋病毒/艾滋病感染，正如其他所受影响人口群体一样，这对社区内的依赖模式和紧急事件期间的脆弱性经常会有一种暗示。	**长期贫困和边缘化**：灾害往往会对那些最贫困的和最边缘化的人口群体产生影响，而且这种影响会比较简单，原因是这些人都居住在比较容易受灾害风险影响的地区。这也是许多渔民和养鱼户的共同情况。在救灾和救援行动期间，应对长期贫困和边缘化常常会代表着另外一种挑战。

2.5 重建渔业和水产养殖业的重要性

渔业和水产养殖部门在快速恢复方面扮演着多重角色，尤其在灾后情况下，就显得更为重要。

2.5.1 恢复渔业和水产养殖业对食物和营养安全的贡献

渔业和水产养殖业为确保人们获得优质动物蛋白源做出了重要贡献。在世界范围内，渔业和水产养殖部门生产约 1.15 亿吨的鱼类作为食物，其中 46% 来自水产养殖部门，其余的来自捕捞渔业部门，这既包括海洋水域，也包括内陆水域。世界上约 15 亿人口，其大约 20% 的动物蛋白摄取量，依赖于鱼类，近 20 亿人口，其至少 15% 的动物蛋白摄取量，同样依赖于鱼类。在低收入缺粮国家（LIFDCs），动物蛋白消耗量相对较低，据估计，鱼类对其贡献特别大，占其动物蛋白消耗量的 20.1%。这些数据通常被认为是保守的估计数字，因为这些国家的大多数生产来自渔业和水产养殖业的小规模手工部门，数据缺乏记录，而且也未如实上报，在当地，鱼类作为重要的食物和营养来源，其重要性可能甚至会更高。

在灾害或紧急事件发生后，这些部门在当地的生产能力就会受到影响，鱼类生产的恢复，无论是来自捕获渔业还是来自水产养殖业，都是为能够获得动物蛋白和重要营养而恢复，而这些动物蛋白和重要营养对世界范围内许多人的饮食都起着非常重要的作用。尤其对于捕捞渔业来说，还有另外一种优势，即在多种灾害发生后，鱼类生产通常会比较迅速地得到恢复。如果不是对水产环境造成严重破坏，例如主要的技术灾害，即海上石油泄漏或化学泄漏，那么只要渔民拥有可用设备，那么他们就会恢复自己的捕捞活动，进而鱼类供应可以迅速得到恢复，至少在当地可以做到恢复供应。

鱼类富含微量元素、必需脂肪和脂肪酸，这类养分对大脑发育起着非常重要的作用，对其作用的认知已得到世界范围的认可（Siekmann and Huffman，2011）。灾害过后，恢复人们对这种优质食品源的获取将能够促进开发流程的扩展以及人力资源建设。在世界上许多欠发达地区，尤其是贫困人口高度依赖将鱼作为他们饮食中一种必要营养素的来源，否则的话，他们的饮食质量可能会比较差。

2.5.2 恢复渔业生计

渔业不但能够为受灾害影响的当地消费者恢复优质食物供应提供相对快速的选择，而且基于渔业的生计，一旦合适设备和原料得以供应，那么也就能够相对快速地得到恢复。因此，从事于该部门的人们能够快速地重建他们的谋生和赚钱手段，进而确保他们自己以及家人得到充足食物，同时，也有助于他们自己再次获得灾害重建的能力。

2.5.3 恢复当地经济活动与商品及服务的需求

渔业活动也具有重要的本地倍增效应。渔业活动有非常迅速的日周转速度，至少市场是完整的，并且正常运转，他们所产生的现金收入经常用于购买当地的商品和服务，进而重建那些因灾害而遭受严重影响的就业和创收机会。渔业活动具有地理集中性这一特点，在刺激地方经济活动和经济增长中起着重要作用，如果加上灾后的适当支持，这种作用就能够相对快速地得到恢复。

2.5.4 恢复渔业的安全保障功能

水产养殖业和渔业，在很大程度上，对当地社会也起着一种非常重要的安全保证作用，灾后渔业和水产养殖业的快速恢复，将有助于确保这种作用得以重建和维持。在某些捕捞渔业活动中，比如内陆水域或者浅海水域，在许多情况下，捕鱼所需的准入成本比较低，技能也不高，同时资源获取具有开放性，这意味着贫困人群比较容易回到捕鱼工作上面，并将其作为自己的最后一个职业。小规模渔业和水产养殖业，产鱼地比较分散和多样化（码头和鱼塘）。这也有助于为极小规模的鱼处理、加工和销售提供了多样性机会，意味着为贫困人群提供了一个非常重要的机会，尤其是偏远地区的贫困人群，同时对于妇女则更为重要，因为开放给他们的就业形式本来就少之又少。

然而这种安全保障功能，以及支撑这种功能的开放性安排，对于渔业资源的可持续性以及依靠渔业资源的生计来说，都具有重大的长期影响，同时这种功能在灾害发生后尤其重要。

第三章 渔业和水产养殖业的 应急响应

3.1 应急响应目标——重建更美好家园

应急响应不应该仅仅集中在拯救生命上面，还应当放在保护和加强生计上面，确保群体、社区以及国家在面对未来冲击和长期变化过程的时候能更有弹性。应急响应方法已被联合国大会批准，同时根据"重建更美好家园"这一目标，通过对 2004 年印度洋海啸灾害的评价，对应急响应的方法进行了清晰的表述（UN，2006）。

在渔业和水产养殖部门，渔业和水产养殖的生态系统方法已被联合国粮农组织认可，并作为一种重要方法来确保长期可持续性效益。在灾害或紧急事件发生后，确保组成该方法的主要要素都能够涉及，可以说是实现"重建更美好家园"这一目标非常关键的一部分。生态系统方法的关键要素包括：

（1）社区
- 支持当地人依靠其自身力量带头恢复，并过渡到长期发展。
- 促进渔业对食物安全和食品质量的贡献，并优先考虑当地社区的营养需求。

（2）经济
- 支持渔业和水产养殖部门的恢复，并过渡到经济的长期增长与发展。

（3）生态
- 支持水生生物资源及其环境和沿海地区的恢复以及保护。

（4）管理
- 加强政府的能力建设，为了履行渔业和水产养殖业的责任，建立或者改进所需的法律和制度框架。

3.2 一种灾害评估与恢复的整体分析

3.2.1 理解可持续生计

影响渔业和水产养殖部门的任何灾害影响都有可能是极其复杂的（FAO，

2013b)。对不同群体及其活动的这些影响进行理解和区分是极具有挑战性的。灾害影响不能被简化为一组简单的物质损失，很有可能也会涉及物质、人力、社会资产与机构资产间的相互关系，同时也会涉及更为复杂的关系，人们依赖这些复杂关系支持自己的生计。图2基于可持续生计框架，阐明这些复杂关系。

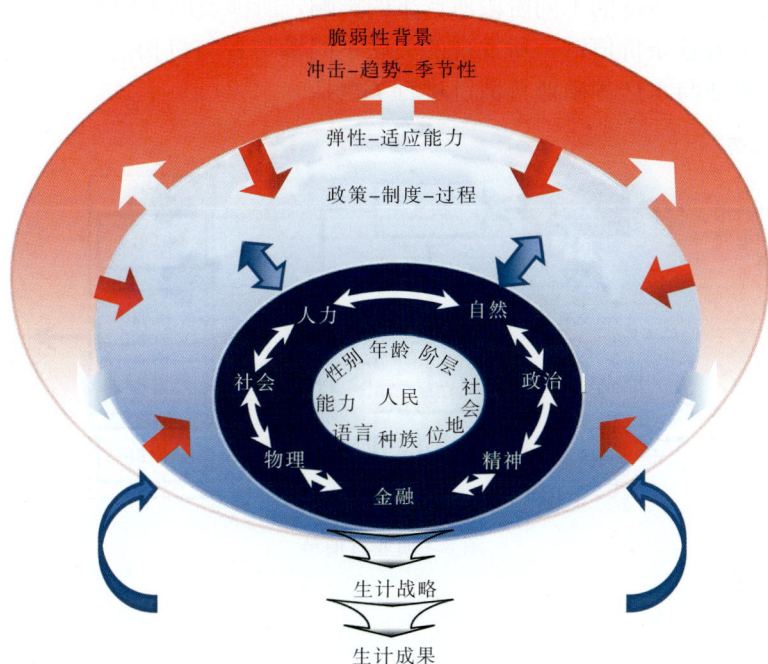

图 2　构建可持续生计

　　了解人们生计的复杂性，包括使人们产生灾害脆弱性的因素，对于执行重建更美好家园的原则是非常关键的。对灾害影响与后续恢复过程所做出的评估，必须与可决定人们生计的复杂关系相对应，与此同时，该评估还必须确定一些能够恢复生计并可改进人们体验成果的合适手段。物质损失包括设备、生产性资产、住房和基础设施，但这仅代表其中一部分，而更需要密切关注的事情则是人们生计的非物质方面。

　　为了重建生计，提高他们应对未来冲击和趋势的弹性，以及他们长期的可持续性，尤其需要将重点放在民生关系上。重要关系包括：人们必须利用由他们自己支配的资产以获取或转换成其他形式资产这一可能性；人们拥有的与服务提供者和机构之间的关系质量，以及这些机构对他们需求的响应程度；为确保人们能够降低其脆弱性并获得他们渴望的生计成果，他们从政策、机构和过程层面所能够获得的支持水平。

3.2.2　了解渔业价值链

　　了解人们生计的复杂性，对灾后评估和重建的总体响应也需要了解一个完整过程，该过程涉及把鱼从生产地点运输出来，不管是捕捞的鱼，还是人们养殖的鱼，最后都要转运到消费地点。在灾害发生后，需要对整个价值链予以了解——灾害对价值链的不同阶段所产生的影响，所涉及的不同参与者，以及有时还包括沿着整条价值链，所发现的关联不同参与者与机构的复杂关系。图 3 对典型的渔业与水产养殖业价值链进行了概括。

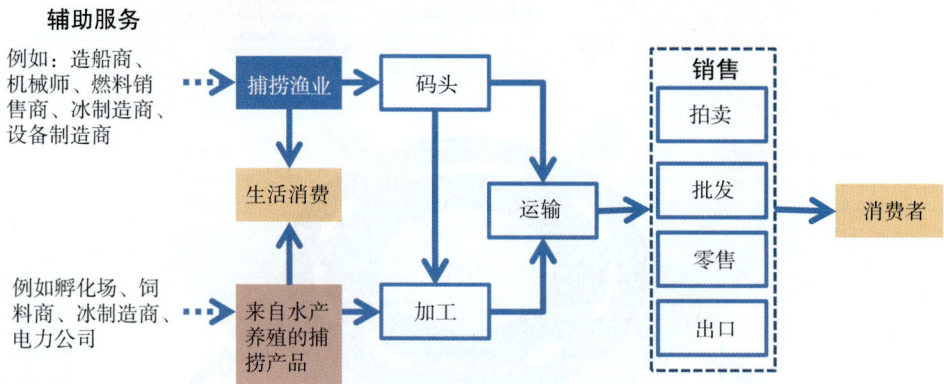

图 3　渔业价值链

第四章　常用最佳实践

4.1　引言

　　本章介绍了适用于各种干预措施的最佳实践的核心领域。最佳实践的常见核心领域描述了整个渔业和水产养殖部门救灾工作所首要关注的进程或原则。这些最佳实践领域需要付诸行动以确保第五章中所述更具体的紧急救援最佳实践能有效实现其预期结果。

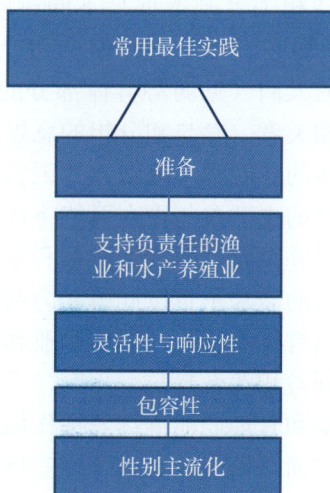

```
┌─────────────────────┐
│      常用最佳实践      │
└─────────────────────┘
           │
┌─────────────────────┐
│        准备          │
└─────────────────────┘
┌─────────────────────┐
│  支持负责任的渔      │
│  业和水产养殖业      │
└─────────────────────┘
┌─────────────────────┐
│   灵活性与响应性      │
└─────────────────────┘
┌─────────────────────┐
│        包容性        │
└─────────────────────┘
┌─────────────────────┐
│      性别主流化       │
└─────────────────────┘
```

4.2　常用最佳实践 1：准备

　　做好防灾准备和应急计划，以支持有效和高效的应急响应。

关键指标

● 所有利益相关者（包括弱势的和边缘化的）都要通过利益相关者分析来确定，并增补到准备计划中（参阅指导说明①）。

- 政策与管理行动的应急计划与应急响应策划应在灾害之前制定妥当（参阅指导说明②）。
- 作为防灾准备的一部分，在现有能力和预期需要的基础上，通过使用合适的实施办法向相关的利益相关者提供政策和管理问题上的培训和能力发展（参阅指导说明③、④、⑤）。
- 建立信息管理系统和数据采集机制以作为防灾准备的一部分。使用相关信息（包括地方知识）来提供风险评估、应急规划以及应对准备策略。管理信息系统具有弹性，且可采取措施以确保其在紧急情况下仍能发挥作用，它是建立在合适技术基础上的并且符合成本效益（参阅指导说明⑥）。

指导说明

①分担和利益相关者参与。在准备应对紧急情况/灾害时，利益相关者的广泛参与对渔业和水产养殖部门政策和管理干预的识别、设计和实施是必不可少的。利益相关者的定义应该是宽泛包容的，以确保所有涉及其中或对其感兴趣的人员、部门参与。利益相关者基本都是不同行政级别的政府（中央、区域、地方）和私营部门［在供应链中，包括较为边缘群体或弱势群体在内的，所有能够为其提供投入品的人们（见弱势群体部分的其他指标和指导说明）〕。民间组织也是重要的利益相关者。参与和分担的意思是所有涉及准备应对工作的利益者有权基于他们具体的技能和（地方）知识参与并对提高效率和有效性做出贡献。所有利益相关者的主动参与更有可能将社会、文化、宗教信仰和实践与应急响应结合在一起，并因此产生持续收益和服务以及利益的适度公平分配，而利益相关者广泛参与的需求正是以此事实为前提的。在实现所有利益相关者良好水平的参与方面虽有重大挑战，但是渔业和水产养殖业政策与管理的一个关键目标就是分担和利益相关者参与。

②紧急情况下确保政策和管理职能继续发挥作用。在确定和实施渔业和水产养殖部门的政策和管理方面，政府（通过合理安排参与政策及管理的其他利益相关者）的角色必须在灾后持续发挥功能性作用，以便提供总体管理和满足指导部门的需要。灾害发生之前，若有紧急情况，确保政策的弹性以便可以大大增加管理机构的职能。这些计划概述了紧急情况下可能要面临的潜在政策和管理状况，以及政府将打算如何应对。这些状况包括可能由不同类型灾害所造成的不同类别和不同规模的影响。然而，对确保紧急情况下部门持续政策和管理来说，或许更为重要的是，对参与政策和管理并可能受灾害影响的应急计划和应对方案识别的需要。对政策制定者以及来自政府的管理者或其他利益相关群体而言，这可能是特别的一种情况。应急计划（紧急情况下的应对）应该意识到：由于受人力资源能力限制，期望所有的政策和管理职能都能像以前那样

继续下去的想法，是不可能的或者是不现实的。反过来，可能还需要确定管理活动的优先次序，重点是确保那些被认为非常重要的职能的应变能力。如果因灾害人们无法完成职责，那么为确保在紧急情况下的政策和管理活动的应变能力得到提升，可以通过确保对关键政策与管理职责及职能进行增补/对更换人员进行提名这样一种方式来实现。

③何为人力资源能力发展？关于能力发展，虽然有许多不同的定义，但一种有用的定义是"个体、群体、组织、机构和社会单独或一起通过发展其能力，某一过程建立和实现目标、执行功能、解决问题并发展保障这一过程的手段和条件"。这个定义是为了突出能力发展的两个重要属性。第一，要求考虑不同层次的能力发展，例如在个人、组织、网络之间的不同层次（组织中的个人，网络中的组织）。每个层次有一个水平分析，而且重要的是，各种举措的一个可能切入点都是针对能力发展的。第二，这是一个过程而不是一种被动状态，从而必须建立在真实存在的核心能力之上。这个过程可能需要个人在现有核心技能和能力基础上不断建立。个人的新学识和能力最后将流入并嵌入到一个集体单位中，换句话说，他们不仅是个人财产，也表示某种系统或结构上的改进。一种机构的、部门的或社会的变化将发生，进而通过集体行为形成新的模式来支持一种新的绩效水平。这些新的行为即使在个体离开或组织解体之后必须仍然留存，换句话说，达到某种意义上的永恒或持久不变。

④人的何种能力需要发展？了解发展何种能力，需要对现有能力和政策与管理所要求的能力进行评估，并且思考哪种政策和管理问题在紧急应对情况下最有可能相关。考虑到前者，为不同个体或群体识别应对情境下的合适需求，需要一套"知识、态度、技能、能力"（KASA）的标杆化评估，而不是针对个人职位的一种理想化 KASA 剖析，这样差别才能被识别出来并且相应能力发展就可用来填补这个差距。对于后者，能力发展必须重点关注适用于该部门的多种最佳实践指南和政策管理工具，但最重要的是负责任渔业行为守则和基于生态系统的渔业管理方法。

⑤应该如何实现能力发展？发展能力有很多可能的机制，这些机制又很实用地分为面对面机制和远程机制。面对面机制包括：室内培训、研习会、研讨会、专题研讨会，研究项目，交换项目，示范试验以及在职培训。远程机制包括：出版物、培训材料、指导、远程培训以及基于信息与互联（ICT）科技的机制。通常比较合适的是对以上各类机制的混合使用，并且通过服务供应商的合作伙伴来提供这些机制。

⑥信息。准备和应对紧急情况对信息具有极大依赖性。为政策和管理所作的规划，必须以可靠信息和数据为基础，并且要使用本地知识。在应急响应情况下，不能以信息缺乏为由，而不采取行动。在应急响应准备期间，应使用信

息来降低风险暴露程度（例如，通过适应性来考虑已知高风险区，借助早期预警系统对未来事件信息进行快速传播）。先前的一些应对信息应被分享并纳入未来应急计划中，进而确保吸取教训。

4.3 常用最佳实践 2：支持负责任的渔业和水产养殖业

应对工作有助于健康的生态系统和可持续的渔业和水产养殖业。
关键指标
- 应急响应措施包括渔业的生态系统方法（EAF）准则以及水产养殖业的生态系统方法（EAA）准则（参阅指导说明①、②和③）。
- 对维持渔业和水产养殖业发展的生态系统的能力评估已经落实，对渔业和水产养殖业重建的干预措施也做了相应设计（参阅指导说明④）。

指导说明
①把 EAF 准则纳入应急响应中。EAF/EAA 旨在确保在不危害后代从海洋生态系统所提供的全方位商品和服务中获得利益的前提下，使规划、开发和管理满足社会和经济需求（FAO，2003）。对捕捞渔业而言，这些准则包括表2 所列内容。

表 2　渔业的生态系统方法准则

● 确保人类和生态系统福祉	● 制度一体化
● 资源短缺——赞同水生生态系统资源是有限的	● 考虑不确定性、风险和预防措施
● 可接受的最大开发程度——确保生物资源不受过度开发危害	● 设法制订在各级司法机构都兼容的管理措施
● 维持最大生物生产力	● 实施污染者自付原则
● 确保影响的可逆性和最小化	● 运用用者自付原则
● 在过度开发的地方重建资源	● 应用预防原则和途径
● 确保生态系统完整性	● 考虑辅助性、权力下放和参与性的管理原则
● 重视物种间相互依存	● 旨在通过干预措施实现利益分配公平

②将 EAA 准则纳入应急响应。EAA 遵守下列三大原则：
- 水产养殖业发展和管理应该顾及生态系统功能和服务的全方面，不能威胁到其对社会的可持续供应。

- 水产养殖业应该改善人类福利，提高对所有相关的利益相关者的公平性。
- 水产养殖业应该在其他领域、政策和目标的背景下发展。

③在渔业和水产养殖业部门，一系列改善灾后应对生态措施的实施机会应可获取。这些将会在之后针对环境的具体的最佳实践部分更详细涉及，包括：

- 改进鱼群评估；
- 改进捕捞能力评估和管理；
- 引入更低影响、更多选择性的捕捞渔具；
- 通过高效工程减少温室气体（GHG）排放；
- 水产养殖业中饲料的改良使用；
- 水产养殖业鱼苗和亲鱼的负责任采购。

④作为灾害响应过程的一部分，对渔业和水产养殖业的干预措施进行设计，应该基于当地生态系统可支持此类干预的能力评估之上。以捕捞渔业为例，这意味着要对现有鱼群和渔业生态系统状况进行最佳评估；而对水产养殖业而言，这意味着要对水生和陆地生态系统及其互作与健康状况进行深入了解。

4.4 常用最佳实践3：灵活性和响应性

在计划和实施对渔业和水产养殖业部门的救灾和重建时，应该维持灵活性和响应性以确保弱势群体的需求得到响应。

关键指标

- 弱势群体的不同需要和能力应特别认定为评估过程的一部分（参阅指导说明①）。
- 实施时考虑到各种干预措施的结合，并明确考虑不同干预措施对弱势群体的相对影响和适宜性（参阅指导说明②和③）。
- 考虑一系列干预措施的形式和时间架构，以确保纳入最适合弱势群体的干预措施（参阅指导说明④和⑤）。
- 干预措施的选择标准应基于当地人民所表达的经验和缓急（而非捐赠者或外围机构的经验和缓急）（参阅指导说明⑥）。
- 干预措施的设计和实施应纳入一些机制，以确保持续的反馈（包括弱势群体）和基于经验的了解并调整干预措施的机会（参阅指导说明⑦和⑧）。

指导说明

①接受多样性：在渔业和水产养殖业群体中，和大多数人相比，弱势群体总是有不同的需求和能力。为了对这些差异做出反应，在可能适合这些弱势群

体的干预类型方面，设计、规划和实施救灾和重建时需要保持开放的思想和极大的灵活性。

②适当的干预措施：为了有效满足最弱势人群的需求，可能需要混合的干预措施。这可能意味着对渔业和水产养殖业部门提供救灾和恢复支持的技术机构需要考虑超出它们正常的、纯技术方面能力的干预措施，并寻找机会与其他能提供更适合弱势群体支持方式的机构合作。例如，不只一味关注设备和基础设施的技术支持和更换，因为对于一些弱势群体，为期更长的能力建设和活动授权可能更为合适，而为满足他们的眼前需求，直接的现金调拨或提供赚钱和以物换岗的机会也许更恰当。

③灵活性：在应对更弱势的群体时灵活性常常会成为关键，因为预测哪种干预措施可能适合他们也许很困难，而且树立一些弱势群体的信心使他们能够判断适合自己的支持方式会花费一些时间。

④操作模式（比如致力于社区、小群体或个体家庭层面）也需要非常灵活，以确保采用的模式合适，能让更多弱势群体参与进来。尤其重要的是要辨别一些弱势群体，例如一些文化背景下的女性，年长者和年幼者，或是赤贫者和被边缘化者，为何不能有效地参与到社区或小群体层面的活动中。这些群体可能需要特定的运作方式，而这些运作方式与那些被视为对其他人群有效的运作方式是不同的。

⑤对不同的弱势群体而言，不同干预措施的时间设置和分配也许迥然不同，而这要求计划和实施团队具有极大的灵活性。

⑥选择干预措施和实施方式的外部决定标准不可能响应当地缓急情况，可能导致忽视弱势群体甚至不利于他们境况的不恰当干预措施。选择干预方式的标准应和当地人民意愿一致，有弱势群体的明确参与，以确保能够反映他们的需求。

⑦鉴于在与弱势群体工作中出现的一些固有困难，再加上对其背景材料往往了解不足，所以在干预措施中建立学习机制应该是非常必要的，从而可以逐步了解当地条件和能力以及弱势群体的一些问题。

⑧弱势群体负担投入品和采用新型活动或行为的能力往往有限。这些群体对新型活动的态度可能更为保守。这意味着提前决定干预措施的时间架构常常很困难，所以需要极大的灵活性以确保所允许的干预措施见效时间充足。

⑨捐赠者，尤其是在灾后情况下，常常会迫于强大的压力而宣称他们的资金已经在一段时限内用完。因此，为有效解决弱势群体的需求，往往需要通知捐赠者所需的时间和途径并给予解释。

⑩一些有关评估、计划和实施机制等关键性问题需要予以问及，以确保顾

及弱势群体特殊关切的一些关键问题包括在表3所列内容内。

表3　确保考虑到弱势群体所特别关注的关键问题

● 不同弱势群体的独特需求和缓急被识别的清晰程度是什么？	● 这些不同的方式和弱势目标群体的能力相匹配吗？他们能掌握这些方式并从中受益吗？
● 可以救灾和重建的方式范围是什么？这些方式反映弱势群体的需求有多有效？	● 什么样的操作模式可被预见呢？它们适合不同的弱势群体吗？女性、年长者、青年、残疾人和少数民族等可以有效地参与进来吗？
● 技术支持、硬件提供、能力建设和现金投入等如何很好地结合并使其能反映不同群体的不同需求？	● 不同弱势群体的时间要求有被恰当地考虑到吗？干预措施的时间框架足以灵活以让他们适应吗？
● 从与弱势群体相处经历中，什么样的了解方式有所发展？	● 在与弱势群体有效共事方面，捐赠者和相关人员对时间和资源的要求了解如何？可以怎样改进？
● 正在进行的干预措施将怎样纳入学习环节？	● 灵活性怎样被建构到干预措施的设计之内？怎样可以进一步改善？

4.5　常用最佳实践4：包容性

救灾与重建措施的相关决策需与受灾人群协商确定，并关注弱势群体的加入与参与。

关键指标

● 参与救灾过程的操作者需接受运用参与式、协商式方法进行的培训（参阅指导说明③）。

● 采取适当的措施与机制以确保识别弱势群体，并在救灾与重建进程的评估、规划与执行中，将其明确列入协商过程（参阅指导说明①、②、③）。

● 规划的时间框架是合适的，能够有充足的时间识别弱势群体，与其接触及确保其参与（参阅指导说明③、④）。

● 鼓励在救灾与恢复阶段采取形式多样的援助，确保更多适合弱势群体的方法可供选择（见指导说明⑤）。

● 规划与报告，监测及评估方式为覆盖弱势群体提出了具体要求，包括个体资料并考虑影响（见指导说明⑥）。

指导说明

①紧急救灾与重建期间确保弱势群体适当地参与决策取决于采取合适的程序。弱势群体，无论他们是按性别、年龄、民族、种姓、阶级、残疾、艾滋病

病毒感染状况或贫困状况而定义，往往由于很难识别与接触而成为弱势群体，与他们合作的过程中需要更多的时间和专业技能。因此，确保有足够的时间用于识别和接触这些弱势群体有助于使他们的需求得到充分考虑与满足。灾后未能考虑到弱势群体的需求及优先权通常是由于救援机构时间压力而造成的，救援机构没有足够的时间通过仔细的分析与实地考核，以识别和接触弱势群体，并为弱势群体做出规划。

②有关弱势群体的信息往往同时缺少基础信息与紧急情况后的评估信息。为了有效地确定最弱势的群体以及了解如何与他们取得联系，并接触，十分需要向当地人包括当地机构及相关领导进行咨询。然而，当地人提供的信息可能存在偏见，因此需要时刻注意并且尽量弥补这种偏见。

③运用参与式协商手段的技能和经验在该领域内进行评估和规划有助于确保当地人有效地参与评估和规划进程。这些同样能帮助操作员识别更多的弱势群体和"难以覆盖"的人群，并确保他们在与其他人平等的基础上参与进来。然而，运用参与式方法时要格外注意，保证这些具体的方法适用于弱势群体的参与。例如，在社区级别的会议上利用映射工作或其他参与式手段可能无法恰当地囊括弱势群体，因为他们要么可能不会参加，要么由于自卑或不自信而毫无贡献。弱势群体，如妇女、老人、少数民族成员，在一个更小的、有共同利益的群体中可能会感觉更放松，可以更自由地表达自己的想法。采用参与式评估和规划的方法时，可能需要相当大的灵活度来保证恰当的部署。

④同其他人群工作相比，与更多的弱势群体工作往往需要更多的时间。例如，老人或非常贫困的人，他们可能对外界缺乏自信，或是不习惯向陌生人表达自己。克服他们一开始的害羞和寻找让他们感到舒适的交流模式可能需要一些时间。紧急情况时，操作员需要在相当大的压力下迅速开展工作，但需要意识到的是，在坚持速度的前提下，开展评估和策划干预往往会导致将更多的弱势群体排除在外。

⑤最适合弱势群体的援助形式可能不同于适合其他人群的援助形式。在救灾与恢复过程中，保持选择的多样性和灵活性，追求这些灵活多样的选择对于确保弱势群体得到适当的支持十分重要。

⑥支持渔业和水产养殖业社区应急工作的机构和捐助者需要明确提出：在评估、规划和实施时，关注弱势群体问题；救灾与恢复过程各个阶段的报告应包括识别弱势群体，解决他们的需求，和所讨论的各种干预对他们产生的可能影响这三个部分。由于不可能得到所有群体的相关信息，但要提出要求，将这些弱势群体考虑在内十分重要。鼓励考虑这些问题的关键措施包括：

- 报告中具体指出如何处理弱势群体问题。
- 数据收集过程中，尽可能在恰当的情况下，根据主要弱势群体进行个体资料收集。
- 当讨论任何一项干预的效果及影响时，必须考虑任何可能对弱势群体造成的影响。
- 监测和评估机制需要明确覆盖弱势群体，由于针对弱势群体采取了不同的干预手段，这些机制需适合其参与，进而监测干预手段的有效性。

⑦在考虑如何与弱势群体接触并且确保他们的需求得到满足的过程中，可能需要解决（包括已列在表4中的）一些主要问题。

表4 与弱势群体接触时的主要问题

• 在评估需求和筹划干预过程中，什么工具能有效地与弱势群体接触？	• 弱势群体在多大程度上参与社区级别和小组级别的活动，以及他们做出什么贡献？
• 如何使用那些成熟并纳入团队的技能？	• 弱势群体需要替代机制以便参与协商和决策吗？
• 如何有效地识别不同的弱势群体并满足需求？	• 如何衡量和评估对弱势群体的干预情况？
• 什么样的现有机制可以确保弱势群体能够参与关键性的决策？	

4.6 常用最佳实践5：性别主流化

在紧急救灾和重建工作的各个阶段都必须做到的一点是：对性别相关的问题给予特别关注，并在实施干预的过程中努力解决这些问题。

关键指标
- 团队里要有掌握性别分析技能和经验的成员。同时要注意对渔业和水产养殖业的性别动态和性别问题进行一般性和专门性分析（参阅指导说明②和③）。
- 在调动当地人对救灾和恢复工作进行评价、筹划、实施的过程中，应该采取措施确保女性也参与进来（参阅指导说明④）。
- 以救灾和恢复为目标对渔业和水产养殖业实施的干预工作，既要包括面向男性的活动，又要有专门面向这些社区的女性的活动，不仅要考虑到主要生产活动，还要考虑到捕获后及销售等分支部分的活动（参阅指导说明⑤）。
- 预期影响，对影响进行监测和评价的机制，尤其要关注女性的工作量以及她们对家庭资源使用的支配权在所有救灾和恢复的干预工作开展中发挥的作用（参阅指导说明⑥）。

- 规划、报道、监测和评价方式特别要求按照不同性别分开，既包括把数据分列，也包括对男女所受不同影响进行分开考量。

指导说明

①性别问题需要特别关注，它们更能代表有关脆弱性的最重要的一套问题。这并不意味着女性应该自动被归纳为"弱势"的一方，而是说必须永远给予女性特殊关注，从而确保她们的看法、忧虑和头等大事在救灾和恢复的过程中得到充分考虑。

②虽然确保灾后评价小组内的性别平衡很重要，但是也应该承认，性别分析技能由于它的特定性，并不是通过组内有男有女就一定能保证。专家们必须掌握相关经验和技能，才能对灾害影响的性别维度以及在救灾和重建的阶段需要应对的问题做出正确分析，而对小组而言，能够接触到这样的专家很重要。

③评价和规划小组需要具备的性别分析的关键技能包括以下几项：

- 分析女性的时间使用和活动，从而详细地了解她们现有的活动以及从事新的不同活动的能力。
- 渔业的男女分工。虽然一般来说男性负责捕鱼，女性负责捕收后的活动，但是渔业的劳动分工可能更复杂。
- 分析生命周期，以便了解男性和女性在渔业和水产养殖业中从事不同形式活动所处的阶段。
- 男女之间的权力关系，尤其是关于如何支配从渔业和水产养殖业的不同活动中获得的收入。理解这些权力关系通常需要分析家庭内部的关系，而在灾后的环境下要做到这点可能会尤其困难。
- 理解"弱势"群体内部的权力等级结构，例如负责鱼类产品销售的一些女性相比较其他女性是如何拥有更多的权力和更大的影响力的。
- 理解男性女性获得主要生活资源的不同，以及他们获取资源的模式和对渔业资源、土地和共同财产资源的支配。和渔业社区的其他贫困弱势群体一样，女性通常特别依赖生活资源的使用。

④不是所有针对受影响人群的磋商活动都确保了女性的介入和参与。女性出席"社区"磋商会等会议被认为是不合适的。交流，尤其是外来人员与女性间的交流对当地人来说是完全陌生的一种文化，因此需要不断创新途径确保女性参与讨论并且使她们的想法和要求在讨论中得到充分的表达。通常情况下，这意味着必须投入额外的时间和资源，但是无论如何，创造一个合适的空间使女性能够有效参与进来都应被视为头等大事。

⑤注意对渔业和水产养殖业实施的救灾和恢复的干预工作并不应该只集中在由男性主导的主要生产活动上。对女性主导的重建阶段，如捕捞后加工处理和销售等分支部分，也应该充分考虑改善这些环节的机会以及由此带来的影

响。应该关注女性在生产活动和再生产劳动中扮演的双重角色，同时专门分析女性的工作量对所有的干预工作可能产生的影响。

⑥不同的干预举措，对女性的工作量，以及她们对使用家庭资源的支配权会产生不同影响，无论这些干预工作是否专门面向女性，对她们的影响都应该给予特别关注。这些影响常常被忽视，如此一来，导致有些干预工作，表面看来对恢复渔业和水产养殖业生产和改善生产机制有积极意义，但它们实际上对女性造成了消极影响，而且这种消极影响往往无形且不可衡量。女性既要从事再生产家庭劳动，又要工作挣钱养家，但是她们承担的双重工作量却常常被无视，这一点非常重要，应该给予特别关注。同样，改变所使用的技术类型，同时更换技术掌控人，不但会给家庭内部决策带来重大改变，同时也会对资源支配和干预措施所带来的好处的分配带来重大改变。

⑦在评估、项目设计、监测和评价的报告格式中，以及在对干预工作的影响和结果的评估中，数据应该按照性别分列，而且报告的所有内容都应该考虑到并明确指出男女之间的不同。这项工作常常很具挑战性，因为数据可能不足，但是只有建立起这样的要求，从事渔业和水产养殖业救灾和恢复工作的相关机构才会努力采集到，或者自己分析出所需要的信息，从而确定不同的干预工作是如何以不同的方式影响着男性和女性的。

⑧在渔业和水产养殖业的灾后评估，以及干预工作的设计和实施中，小组需要考虑一些涉及性别的关键性问题，包括表 5 中所列的几点。

表5　在灾后评估与干预措施的设计和实施中涉及性别的一些关键性问题

● 性别相关问题的分析工作将如何实施？又将由谁指导？	● 女性在家庭承担的生产活动中做出了什么贡献？
● 能获得哪些关于性别问题的辅助性信息和研究？	● 她们在决定如何使用这些活动的产出时有哪些支配权？
● 现有哪些机制能确保女性参与到救灾和恢复工作的决定和讨论中？	● 不同的干预措施将如何影响女性，如何影响她们的工作量和对家庭资源的支配？

第五章　渔业和水产养殖业
应急响应的最佳实践

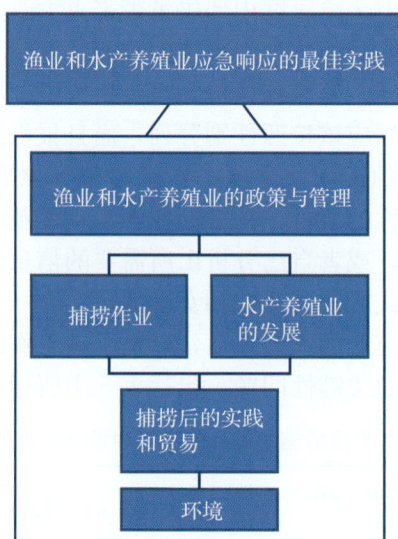

```
┌─────────────────────────────────────────┐
│     渔业和水产养殖业应急响应的最佳实践      │
└─────────────────────────────────────────┘
         ┌──────────────────────────┐
         │  渔业和水产养殖业的政策与管理  │
         └──────────────────────────┘
           ┌──────────┐  ┌──────────┐
           │  捕捞作业  │  │ 水产养殖业 │
           │          │  │  的发展   │
           └──────────┘  └──────────┘
              ┌──────────────────┐
              │  捕捞后的实践      │
              │  和贸易           │
              └──────────────────┘
                 ┌──────────┐
                 │   环境    │
                 └──────────┘
```

怎样使用本章节

本章主要分成四大部分：

5.1　渔业和水产养殖业的政策与管理

5.2　捕捞作业

5.3　水产养殖业

5.4　捕捞后的活动与贸易

5.5　环境

常用最佳实践必须始终和本章一起使用。尽管这些关于最佳实践的建议主要是为了告知如何对灾害做出响应，但它们也可以用于灾害备战阶段到恢复工作的过渡时期。本章节指南内容的初稿由一组专家完成，他们每个人都起草了一份背景文件（FAO，2013）。这些专家是：

1. 在渔业和水产养殖业应急响应中关注弱势人群的需求　Philip Townsley
2. 食品和营养安全　Shakuntala Thilsted
3. 渔船和海上安全　Daniel Davy
4. 渔具　Jean Gallene
5. 渔业基础设施　Jo Sciortino
6. 水产养殖的发展　Pete Bueno
7. 渔业管理　Graeme Macfadyen
8. 捕捞后的实践和市场　David James
9. 环境　Fiona Nimo

5.1 渔业和水产养殖业应急响应的最佳实践1：渔业和水产养殖业的政策与管理

```
┌─────────────────────────────────────────┐
│   渔业和水产养殖业的政策与管理（FAPM）      │
└─────────────────────────────────────────┘
                    │
          ┌─────────────────────┐
          │  渔业和水产养殖业的     │
          │    政策与管理1         │
          │     评估             │
          └─────────────────────┘
                    │
          ┌─────────────────────┐
          │  渔业和水产养殖业的     │
          │    政策与管理2         │
          │    响应支持           │
          └─────────────────────┘
                    │
          ┌─────────────────────┐
          │  渔业和水产养殖业的     │
          │    政策与管理3         │
          │  监测、控制和监督       │
          └─────────────────────┘
                    │
          ┌─────────────────────┐
          │  渔业和水产养殖业的     │
          │    政策与管理4         │
          │    改善管理           │
          └─────────────────────┘
                    │
          ┌─────────────────────┐
          │  渔业和水产养殖业的     │
          │    政策与管理5         │
          │   提高经济性能         │
          └─────────────────────┘
```

5.1.1 引言

"政策"是一个政府、一个人或者一个政党为了实现其目标而采取的行动方针。说得更具体些，政府政策可以被认为是一个国家的原则性指南或者是政治远见。它可能由记载完备的正式的政策文件组成，包括目标和指标，法律和规定，也可能由不那么正式的决策组成。因此，渔业和水产养殖业的政策是这个部门的管理基础。所有可能与渔业和水产养殖业相关的政策内容的例子如表6所示。重要的是，还应该认识到，政策不仅可以由国家制定，还可以在更广泛的地理范围内由地区或国际社会制定，以及在较小的地理范围内由一个国家内部的某个地区制定。因此，一个国家的渔业政策可能受国际上的这个行业的政策、方针或者战略的影响。

渔业和水产养殖业政策

它可以是：
- 正式或非正式；
- 在地方、国家或国际范围内制定；
- 受到其他许多行业政策的影响。

渔业和水产养殖业管理是实施政策的手段、行动和能力。"渔业和水产养殖业管理"这个术语指的是那些用来控制和指导这个行业的工具，而这种控制和指导是以符合政策愿景的方式进行的（表6）。

表6　渔业和水产养殖业的政策与管理实例

"渔业的生态系统方法"维度	政策目标的实例	管理工具的实例
环境	<ul><li>确保资源的可持续开发，总捕获量不超过最大可持续产量（MSY）</li><li>把渔业对生态系统的影响最小化</li><li>减少未报告、未经管制的非法捕鱼数量（IUU）</li><li>减少温室气体（GHG）的排放量</li></ul>	<ul><li>给渔船颁发许可证并登记</li><li>限制对渔业的投入（限制渔船、渔具或者空间）</li><li>设定捕捞限额或最小尺寸</li><li>监测、控制和监督（MCS）</li></ul>
社会	<ul><li>最大化创造就业</li><li>确保食品安全</li></ul>	<ul><li>支持捕鱼</li><li>在禁止捕鱼的季节发放福利金</li></ul>
经济	<ul><li>增加附加值</li><li>增加出口值</li><li>提高水产养殖业的价值和（或）渔业生产的价值</li></ul>	<ul><li>支持出口</li><li>需求和战略具有可追溯性</li><li>支持增值</li><li>提供贷款和小额信贷</li><li>用户支付费用，例如码头收费、执照费、港口费</li></ul>
管理	<ul><li>加强代表渔民的组织</li><li>改善跨部门联系</li><li>支持决策权下放</li></ul>	<ul><li>将渔业纳入减贫战略</li><li>开发信息和数据收集、共享系统</li><li>转让技术，分享经验教训，复制成功</li><li>共同经营和安排社区管理，常常伴随着权力下放</li></ul>

资料来源：Macfadyen（2012）。

第五章　渔业和水产养殖业应急响应的最佳实践

5.1.2 应急背景下的渔业和水产养殖业的政策与管理

在应对突发事件的背景下，可能需要调整政策以应对发生了根本性变化的环境状况或社会状况，或者是以应对短期需求（比如说允许放宽管理措施来适应应急捕鱼的需要），这是合理的。能够做到这一点的政策都包含了足够的风险评估和应急计划。这些新的或变更的政策可能转而会需要不同的或修改了的管理策略，同时灾害可能会严重影响政府的能力，使政府不能保证管理好渔业和水产养殖部门，比如说政府因为损失了资金或者人员，或者缺乏坚持良好管理实践的政治意愿。

渔业政策制定者和管理者（无论是受雇于政府还是社区和行业管理机构的一个部门）在促进应急响应方面扮演着许多重要的角色。这些包括：

- 帮助协调渔业和水产养殖业与其他部门（见 FAPM2）。
- 支持为本部门提供资产（船舶、渔具和加工设备）（见 FAPM2），比如：
  - ——提供一些使计划投入不会导致渔业资源过度开采的建议；
  - ——支持渔具和船舶登记，或者至少跟踪对渔业的新投入从而理解资源方面的压力会怎样变化；
  - ——提供详细的规定以确保新的渔具和船舶符合这些规定，并确保重建或搬迁水产养殖作业的计划和此策略一致；
  - ——重建加工和码头的基础设施，并恢复供应链（和产品质量）与市场的联系。
- 建立安全标准和树立消费者信心：
  - ——确保受污染的鱼类和贝类不会流入供应链；
  - ——基于对污染事件的影响进行的评估，启动区域关闭；
  - ——制定并支持监测和抽样计划。
- 通过监测、控制和监督支持本部门。
- 支持部门从应急响应过渡到长期发展（见 FAPM4 和 FAPM5）。

除了管理者和政策制定者必须扮演的这些角色之外，灾后形势代表着一种合适机会，以便对政策和管理实践做出积极的改变，进而重建更美好家园。考虑到这一点，确保新政策吸收了以往应急响应的经验和教训很重要，因为这可以使新政策更适合促进应急响应以及从应急响应到长期发展的过渡。

重建美好家园

应急背景为改善渔业和水产养殖业的管理和政策提供了许多机会。包括如下：

- **改善捕捞能力的评估和管理。**把许多渔场里渔船的数量和使用的渔具数量减少到可持续的水平，是渔业政策制定者和管理者面临的最大的挑战之一。当船舶和渔具受到灾害影响时，可能会有机会少引进一些船舶和渔具，而引进的那些船舶和渔具，其破坏性也不强。为了能把握住这样的机会，管理者们应该对捕捞作业的可持续水平以及如何更好地在受灾的渔场实现此水平有清晰的理解。仅有这个计划还不够，还需要从其他方面进行灾后应对，主要集中在帮助人们把握住其他维持生计的机会。

- **引进影响小和更具选择性的渔具。** 如果有适当的专业技能和资金援助，就可以用更具选择性的渔具代替失去的渔具，而且前者对鱼的栖息地影响较小且误捕率低。通常需要召集利益相关者们进行高水平的磋商从而确保这样的技术既恰当，又适用于当地的情况。

- **改进水产养殖。** 水产养殖设施的更换，比如池塘、供水渠和辅助性基础设施，提供了两种可能，要么重建，简单直接，要么恢复，但这样一来要考虑的东西很多。许多水产养殖业的发展计划都是很久以前制订的，从那时起到现在，空间规划方面已经有了相当大的提高，因此为以更可持续的方式恢复水产养殖提供了机会，从而提高产量和效率，减少危害生物安全的风险。沿海水产养殖也依赖于当地生态系统的状态。在灾害中可能会失去像红树林这样的自然系统，那么更换它们就应该被纳入灾害应对中。

- **为公认的紧急情形提供短期收入援助、补贴以及资源，对此要制定清晰透明的战略。** 因紧急情况造成生计和家庭收入短期中断时，应对方式应该始终保持一致，这是政策中一个很重要的元素。虽然减少对政府援助的长期依赖是一个合理的政策目标，但是弱势群体在面临不同寻常的情况时可能需要支持，而且在某些情况下补贴是合乎情理的，认识到这一点很重要。这样的决定最好提前计划好，而不应该在最紧急的情况下临时做出。

- **让当地社区更多地参与渔业和水产养殖业的规划和发展。** 灾害为那些之前截然不同的群体提供了一个团结协作的机会，尤其是在最初的应急响应阶段。这样就为建立长期伙伴关系提供了机会，使得参与政策制定和共同管理安排成为可能。让利益相关者参与到需求分析过程和环境修复（例如红树林的再植）中来，可以增强他们对恢复工作的"主人公"意识，从而帮助他们建立或者改善与政府积极持续的关系。

- **提高应变能力，改进海鲜供应链。** 供应链和基础设施可能被自然灾害（破坏港口、道路、桥梁、冷冻/冷藏和其他基础设施）和复杂的突发事件（缺乏安全性和维护减少）破坏。在重建过程中，应当特别关注改进基础设施，从而纠正其之前的弱点和缺陷，例如，不仅仅在基础设施选

址和设计及其对冷链管理和供应链的影响方面，而且在基础设施的管理方面，比如可以把提供新基础设施和改进对这些设施的管理结合起来以保证正确的管理、维护和用户支付。

5.1.3 与其他部门的联系

对渔业和水产养殖业进行应急响应时，机构采取整体的处理方式很重要。这并不意味着他们必须做所有的事情，但这的确意味着，他们需要理解提供的支持将会怎样影响作为一个整体的渔业和水产养殖业系统。渔业和水产养殖业的政策和管理战略为指导部门间的联系提供了一个总体框架，也有可能使他们得到来自其他部门的支持。

5.1.4 渔业和水产养殖业的政策与管理（FAPM）的最佳实践

5.1.4.1 渔业和水产养殖业的政策与管理1：评估

迅速实施损害和需求评估以了解促进应急响应的政策和管理能力的可持续性。

关键指标

- 灾后迅速完成基础调查和需求评估，并纳入适合有效应急响应的政策框架和管理能力评估（参阅指导说明①）。
- 在缺乏完善信息的情况下，完成对灾后政策和管理反应的风险评估，使行动不因信息缺乏而延迟（参阅指导说明①）。
- 通过利益相关者分析，确定所有利益相关者（包括弱势群体和被边缘化群体），并在灾后将其纳入需求评估和定向标准中。这些人应参与到行动和共同管理的响应中来，并在政策和管理影响的成败评估时咨询他们（参阅常用最佳实践和指导说明②）。

指导说明

①了解政策和管理能力：识别政策和管理的需求及能力有三方面关键要求。第一，应完成对现有政策和管理内容及流程的审查，对该政策框架已经达到的灾后响应能力的审查（即做到清晰、灵活、强有力、基于最佳方法等）。第二，相关的现有数据和信息应该从受影响区域的二手和/或三次资料中获得（如：船舶数量、特定区域的管理办法、物种捕获量和价值）。第三，应对受影响区域进行实地调查。这三项步骤应该通过咨询和参与的方式完成，由政府、领域专家和当地社区、民间团体合作以确保政策和管理需求及潜在行动得到当地利益相关者的全力支持。

完成以上步骤要求在政策和管理以及处理应对情况方面具备一定程度的技术和能力。灾害发生前对这种能力的评估也可以帮助政府和外围机构为突发事件作准备，并评估政策和能力是否充足，是否适合灾后情况（因此能够帮助识别灾害发生前需要什么）。灾害发生前这些步骤的完成也可能是有益的，因为能比灾后实施（当时间限制更多时）更强有力、更彻底。不论灾前或灾后实行，完成这三个步骤都能够帮助决定现有政策和管理的流程和内容：

- 是否已经强有力、切题，能够给灾后响应提供好的框架。
- 是否大体上表现得强有力，但由于灾害所造成的特殊情况仍需要修改（如：是否应该在某些时段放松特定的管理措施，或者是否应该采用其他情况下不可行的特殊补助）。
- 是否大体上表现得薄弱，灾害情况也因此提供改善的机会（如：应优先考虑更长期的目标；可以通过控制社区新船舶供给的方式解决船舶许可与登记的弱点和船队的产能过剩问题；可采用管理扶持的方式建立本没有的渔业管理计划）。上述三项步骤一旦完成，与可利用资源相比较，就能够利用灾后响应所涉及的方面评估渔业和水产养殖业政策及管理所要求的潜在成本。

②信息：准备和应对对突发事件的极其依赖信息。政策和管理应对的规划必须基于可靠信息、数据和地方性知识。而信息的缺乏不应在应对情况下成为行动力缺失的借口。应在降低风险的准备中运用信息（如：既通过适应行为来反映已知的高风险区域，又通过早期预警系统使阻碍性事件的信息快速传播）。应共享先前应对的信息并将其构建到未来应急计划中以确保吸取经验教训。

5.1.4.2　渔业和水产养殖业的政策与管理2：响应支持

渔业和水产养殖业应得益于，并基于良好的管理原则（参与性、弹性、一致性和适应性、良好信息、矛盾最小化、良好的跨领域合作与整合）。

关键指标

- 如果没有先例，应建立应急救援协调和特定部门特别小组机制并使之起作用（参阅指导说明②和③）。
- 在突发状况下使核心管理服务和功能保持在适度水平。为那些掌握关键政策、管理责任和功能却不能完成其职责的个体，任命替补人员（参阅指导说明②）。
- 提供支援使应急响应与现有国际及国家法律、政策文件和管理办法一致，基于最佳实践并认识到应急响应可能需要对政策目标的平衡和管理措施进行改动（参阅指导说明④）。

指导说明

①救灾协调机制：这一机制旨在允许部门利益相关者相互参与和协调，以

减少矛盾，并与涉及非渔业/非水产养殖业领域响应的相关人员一起，确保纳入政策和管理响应，并使之与其他国家或行业的响应框架一致。确定上述利益相关者参与到救灾协调机制中，可以改善渔业和水产养殖业政策和管理的准备和响应。这应该建立包括有各利益相关者代表参加的特定部门特别小组。特别小组和参与者应该明确认同关键任务和责任，定期会面和报告；确保该领域在更广泛的多领域的应对实施中有适当代表；确保所有方案和应对是正当合理的（在技术可行性和对经济、社会、环境的影响方面）。

②矛盾最小化：平衡并最大化社会、经济和环境目标总是不容易的，尤其是在突发事件发生的情况下。同样，不同的利益相关者对应急响应会有不同的优先安排。这些不同的目标和缓急可能会造成矛盾，并可能对响应活动造成严重的消极影响。矛盾最小化可以通过在环境中良好的参与水平实现（如：救灾协调的部门专责小组）。在这种环境下，所有参与者都感到自己的观点被倾听和尊重。然而，不同的利益相关者的互动可能也需要用心管理和推进。

③一致性（和在适当的地方做些改动）：政策和管理的计划与响应必须力图遵守一切强有力的政策和管理框架，以及可能已经存在的相关指南和标准，而不是忽视最佳实践或者在政策和管理方面试图从头开始。在突发情况下的政策和管理措施必须根据当地实际情况做出反应。针对突发状况下的特别需求，应对措施可能需要调整政策和管理措施。为了更长期的发展战略，这些行动的实施环境应被记录下来，使政府了解并对可能的影响做出反应。

5.1.4.3　渔业和水产养殖业的政策与管理3：监测、控制和监督

重视灾后需求情况以确保有效的监测、控制和监督具有连续性。

关键指标

- 完成并记录监测、控制和监督（MCS）操作（参阅指导说明①和②）。
- 对未能遵守的情况给予制裁（参阅指导说明①）。
- 社区参与治安（参阅指导说明③）。
- 采用风险评估以确保MCS操作的合适定向（参阅指导说明③）。
- 遵守附加交付和完工合约所涉及的任务（参阅指导说明④）。
- 养殖户群体使用良好的管理实践参与合规的监测和监督（参阅指导说明⑤）。

指导说明

①重视灾后需求情况以确保有效监测、控制和监督具有连续性：不论是在捕捞方式、数量或区域方面，偷猎者可能视渔业的突发情况为非法捞取贵重资源的机会。在水产养殖业背景下，威胁可能来自：偷猎者从网箱渔场盗鱼；养殖户采用被禁的化学产品或未经排放处理的废水急于重启渔业作业；或者在社

会或环境敏感区域建造渔场。渔业和水产养殖业管理者应该继续保护资源，并与非渔业部门的响应建立联系以确保实施合适的措施减少非法、不报告、不管制（IUU）的捕鱼行为。

②MCS操作的类型和活动的记录：MCS操作可能需要综合基于海陆空的三大资产（船舶、车辆和飞机）以实行监督和检查活动。检查活动可以行政检查为支持，比如根据船舶监控系统（VMS）数据对航海日志的数据进行多方核对。操作应该比照所有关于输入控制（如：有限许可）、输出控制（如：配额）以及技术措施（如：网目尺寸限制）的管理条例监视船舶的活动。应记录所有检查、违反和制裁或处罚情况，使指标能估量遵从性和检查有效性及效率随时间的变化。

③规划MCS操作：不同的检查方式（海、陆、空）会产生不同的成本影响和效率，也有检测不同违法行为类型的能力差异。例如，基于海洋的检测可能对于检测渔具违法和鱼类丢弃情况格外有效，而船舶监控系统和空中监测两种方式则对于检测封闭区域的侵犯情况有效。因此，平衡检测方式应该基于对潜在或可能的违法情况、当地的主要管理措施、渔民通过违反管理条例的不同类型获得的潜在违法收益以及检测方式各自成本的仔细评估之上。这种方法可以确保MCS操作使投入的金钱实现最大价值。MCS操作的规划应该是包括所有相关检测机构（具有代表性的有海岸警卫队、海军、渔牧司和警察）的共同行动，并基于一致同意、有文件证明的风险管理措施，确定高风险的船队区域或者时期，把它们作为检测活动的焦点。在紧急情况下，对MCS操作财务和人力资源可能受限的区域，将MCS聚焦在关键违法风险上以确保效率和效益格外重要。效率和效益可以通过监测活动中群体利益相关者的参与得到进一步提高。

④合约涵盖重建和建造工程：合约规定对建造进度表、工程的完成时间和交货付款进行监测。

⑤良好管理实践的具体规定：养鱼户自身应更有效地监测各项条款，例如不使用禁用药品和化学品以及排入公用水前对废水进行处理。应对措施应鼓励养鱼户代表或群体带头进行MCS操作。应为养鱼户提供最佳管理实践培训，并且该培训应强调每个人都可能因单个成员不遵守最佳管理实践关键条款而遭受财务以及社会风险。

5.1.4.4　渔业和水产养殖业的政策与管理4：改进治理

在可能的情况下，利用针对改进社区和资源管理治理的机会。

关键指标

● 从紧急情况期间汲取的教训用来改进渔业和水产养殖业政策与管理治理（参阅指导说明①和④）。

- 为采取政策和管理决策在应急响应情形下建立联系和合作关系，并作为潜在的长期政策和管理安排（参阅指导说明②）。
- 灾后评估和汲取的教训用来促进治理改进，例如必要的体制变化或能力发展计划（参阅指导说明②）。
- 分析并利用机会，通过确保对环境目标的适当重视来改进政策（参阅指导说明③）。

指导说明

①资源调动：在应急响应中，可以利用财力与人力资源，同时利用在此情形下为改进可持续资源与生态系统的先前政策和管理措施的特殊动机，以便为改善环境的可持续性做出政策和管理的改进。

②改进治理：良好的渔业和水产养殖政策与管理取决于其良好制定和实施治理（例如参与性、透明度和责任制）。应急响应情况提供以下可能性：（Ⅰ）治理缺点以及机构能力和流程的差距的确认；（Ⅱ）改进政策与管理的制度安排和过程，在这里，紧急情况本身就可作为改进的催化剂。应急响应期间和之后，必须记录良好治理差距和缺点以及应急响应带来的改进。这样就可以采取适当的措施来将改进的治理机制嵌入政策与管理流程中。

③政策中的环境目标：政策中平衡环境、经济和社会目标往往是一项值得考虑的挑战。通常情况下，政府会将重点更多地放在政策目标而不是经济和社会目标上，针对生产和就业提高的政策中目标的使用可以证明这一点。实现经济和社会的长远目标需要在政策上对环境目标给予足够重视，因为环境可持续性支撑着经济和社会的可持续。

④管理计划：管理计划提供以可持续方式管理物种或生态系统的具体方法。应急响应可用来调动资源和利益相关者，以确保两者都到位。管理计划应该以 EAF 原则为基础。理想的情况下，自然中应该存在多个物种，并且考虑生态系统问题，例如兼捕；濒临灭绝、受到威胁和受保护（ETP）物种；以及栖息地。计划应该包含捕捞控制原则和触发/参考点，使用适当改进的投入范围、产出范围与技术管理措施的范围，以及将投入、产出和技术管理措施综合考虑，以确保捕鱼量不超过最高可持续产量（MSY）。

5.1.4.5　渔业和水产养殖业的政策与管理 5：提高经济效益

将改进的市场纪律引入渔业和水产养殖业管理中，以确保激励措施促进可持续增长。

关键指标

- 只针对特殊需求群体提供特定时期的补贴，并且用来支持不对环境可持续性产生负面影响的业务（参阅指导说明①）。
- 受灾害影响的人可以获得和使用信贷及小额信贷方案（参阅指导说明

②）。

● 介绍使用费（参阅指导说明③）。

指导说明

①补贴：在应急响应情况下，对固定成本（例如船只和基础设施）或运营投入（例如燃料和作为水产养殖投入的鱼苗）免费或以降低的市场价供应代表一种对部门的补贴。补贴供应在支持灾害响应以重建渔业和水产养殖业部门，并支持社会福利、企业财政维持能力和个体经营者的短期目标中是必要的。但是，如果不认真考虑如何使用，补贴可能对长期可持续性产生负面影响。因此，决定接受支持的人员（参阅关于目标的指导说明⑩）、接受时间长度、接受程度和接受形式时必须极为小心。由于运营成本降低而可能对环境和财力可持续性产生潜在影响来说，有些补贴可以被视为"坏"补贴，结果可能导致低效运营商或者那些从事环境不可持续性作业的人员仍然因"坏"补贴的支持而继续着他们的作业。但是，如果用来激励和将重建过程导向更加可持续的实践，补贴也可能是"好的"。例如，可以为具有低环境影响的捕捞和水产养殖方法或已知更具财务可行性的企业提供补贴或特殊支持。

②小额信贷：获取正式信贷的缺乏和无法产生存款对许多处于最有利时机的渔民和养鱼户，特别是对穷人和政府鼓励商业银行提供补贴信贷的地方来说是主要限制。非正式信贷机构虽然具有可利用性优势，但经常缺少透明度和具有高利率。非正式信贷市场和传统正式信贷机构（例如银行）的问题暗示了对作为应急响应关键工具的小额信贷的强烈需求。小额信贷可以提供广泛的金融服务，例如存款、贷款、支付服务、汇款和保险。它最常以小额贷款为特征。和所有信贷供应一样，必须基于仔细筛选和申请流程，并且以借款人承担得起的利率来提供贷款。根据是否存在为放款人提供资源和为存款人提供保护的法律基础设施，小额信贷提供者可以是正式金融机构（例如公共与私人发展银行和商业银行）、半正式机构［非政府组织（NGO）和信用合作社］或者非正式提供者（即在政府监管和监督结构之外运营的实体）。贷款模式可能包含以下几种：作为金融中介的自助性团体；作为贷款担保人的团体；以及贷款给连带关系团队中的个人。必须仔细地量身定制贷款方法和程序，这样可以恰如其分地为渔业、贸易和水产养殖团队关心的财政需要提供服务。

③使用费：向渔业政策与管理的职能部门支付费用，对相关基础设施支付费用，同时那些支撑良好政策与管理的研究也是需要付费的。从 20 世纪 80 年代起，政府考虑他们产生的费用的规模、应该回收哪种类型的成本、来自谁和使用哪种成本回收机制。在许多情况下，渔业和水产养殖活动都可以产生相当大的利润，并且对国内生产总值（GDP）做出重要贡献，现在认为那些可以产生利润的最佳实践，可以对其部门内部的政策制定和管理成本做出贡献。因

此，私人捕鱼和养鱼的运营商越来越多地被要求支付费用，或至少要为 MCS 操作成本，政府管理部门运行，有益于渔业部门发展的公共基础设施投资，以及研究等方面作出贡献。收费可以通过多种机制来征收，比如码头收费、使用费、支付许可证/资源获取费，以及进出口税。在应急响应情况下，因为灾害可能会对企业的生存能力产生负面影响，所以要求用户支付使用费可能会非常困难。

④然而，应急响应行动可能会为用户收费的引入提供一个机会，而且在用户收费被引入的地方，先前并没有到位过，也没有过能更好地代表管理成本的收费设置。例如，灾害之后，新的或改进的渔业港口的建立和运行可以提供一个引入新港口费或提高已有收费水平的机会。同样，冰厂规定与售冰成本捆绑在一起，而且以此为条件，并足够覆盖管理、维护和再投资成本。通过此类举措，应急响应可以借助提供的改进政策和管理来支持设施的长期可持续性。

资源和工具

信息资源	网络链接	与技术挑战的相关性
渔业政策与管理		
FAO. 1995. 负责任渔业行为准则. 罗马，41 页.	www.fao.org/fishery/code/en	定义与渔业政策和管理相关的关键问题。
FAO 负责任渔业技术指南 (FAO, 1996).	www.fao.org/fishery/publications/technicalguidelines/en	一套支持法规实施的完整技术指南，包括与渔业管理、水产养殖业的发展以及渔业与水产养殖业生态系统方法的实施相关的指南。
Garcia, S. M., Zerbi, A., Aliaume, C., Do Chi, T. & Lasserre, G. 2003. 渔业生态系统方法：问题、术语、准则、制度基础、实施与展望. FAO 渔业技术报告 No. 443. 罗马，粮农组织. 71 页.	ftp://ftp.fao.org/docrep/fao/006/y4773e/y4773e00.pdf	概述渔业生态系统方法关键特征和实施时出现的问题，包括针对政策与管理的问题。
Cochrane, K. L. & Garcia, S. M. 2009. 渔业管理指南——管理措施及其应用. 罗马，粮农组织，牛津，英国布莱克威尔出版公司，544 页.	www.fao.org/docrep/015/i0053e/io053e.pdf	关于渔业管理和实施渔业管理方案时出现问题的论文集。

信息资源	网络链接	与技术挑战的相关性
Fletcher, W. J., Bianchi, G., Garcia, S. M., Mahon R. & McConney, P. 2012. 渔业生态系统方法（EAF）管理计划和实施。罗马，粮农组织.		供决策者和顾问使用的技术指南和支持工具。
Macfadyen, G., Cacaud, P. & Kuemlangan, B. 2005. 共同管理政策和立法框架。用于 2005 年 8 月 9～12 日举行的使共同管理融入主流的研讨会的 FAO 背景文件。海神水产资源管理有限公司.	ftp：//ftp. fao. org/docrep/008/a0390e/a0390e00. pdf	案例研究和从亚太地区共同管理经验中汲取的教训。
FAO. 2005. 海啸受灾国破碎生活恢复共同体（CONSRN）. 针对亚洲海啸受灾国渔业与水产养殖业恢复的地区战略框架（CONSRN，2005）.	http：//www. apfic. org/apfic _ do-wnloads/tsunami/2005－09. pdf	
FAO. 2006b. 亚太区域办出版 2006/08 地区研讨会——一年之后亚洲海啸受灾国沿海社区渔业与水产养殖业的恢复.	http：//www. apfic. org/apfic _ do-wnloads/tsunami/	

水产养殖政策与管理

FAO. 2010a. 水产养殖业的发展. 4. 水产养殖生态系统方法. 负责任渔业技术指南 No.5，增刊 4. 罗马 . 53 页.	www. fao. org/docrep/013/i1750e/i1750e. pdf	概述水产养殖生态系统方法的关键特征并提供关于如何实施的指南。
Arthur, J. R., Bondad-Reantaso, M. G., Campbell, M. L., Hewitt, C. L., Phillips, M. J. & Subasinghe, R. P. 2009. 水产养殖业的理解和应用风险分析：供决策者使用的手册。FAO 渔业和水产养殖业技术报告 No. 519/1. 罗马，粮农组织 . 113 页.	www. fao. org/docrep/012/i1136e/i1136e. pdf	关于渔业和水产养殖业发展风险评估的政策和决策者指南。
Brugère, C., Ridler, N., Haylor, G., Macfadyen, G. & Hishamunda, N. 2010. 水产养殖业计划：可持续发展规划和实施政策 . FAO 渔业和水产养殖业技术报告 No. 542. 罗马，粮农组织 . 70 页.	www. fao. org/docrep/012/i1601e/i1601e00. pdf	水产养殖业政策规划和实施中关键问题的综述，以及关于流程改进关键步骤的指南。

5.2 渔业和水产养殖业应急响应的最佳实践 2：捕捞作业

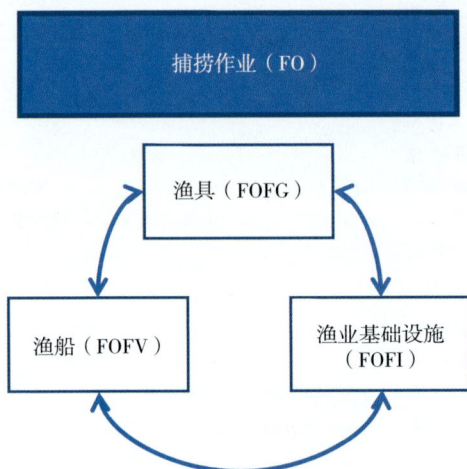

5.2.1 集成方法的需求

捕捞作业伞形图下方展示了以下三个子部分（渔具、渔船和渔业基础设施）。对于世界各地的大多数捕捞作业来说，渔船都需要捆绑一些相关的渔具。在许多情况下，这两者是不可分的。渔具可以相对较快地提供给那些仍拥有作业船只的人。但是，对于船只已遭毁坏的人来说，造船将花费很多时间。仓促造船将不可避免地产生低质船只。捕捞作业需要一个可以在卫生条件良好情况下将鱼卸货上岸的港口或码头，以及允许将鱼运输到市场的基础设施。与这些场地相关联，渔民还需要可以建造和修理渔具的设施。没有这些设施的话，将极大损害渔具使用寿命和延长工作寿命的机会。

渔船、港口和码头等设施与渔具之间的关联和依存关系需要有一种综合方法来紧急恢复。

5.2.2 捕捞作业—渔具（FOFG）

5.2.2.1 引言

渔具的类型多种多样。依据以下项目进行建造或组装：目标物种，所用于的生态系统，渔民的技能和喜好，部署渔具可用的设备/设施，捕捞作业的规模，可用的材料，以及使用的季节和时间。任何一位渔民可能使用的渔具数量取决于以下

```
┌─────────────────────────────────┐
│                                 │
│      捕捞作业—渔具（FOFG）         │
│                                 │
└─────────────────────────────────┘
                 │
┌─────────────────────────────────┐
│   捕捞作业—渔具1（FOFG1）          │
│         评估与计划                │
└─────────────────────────────────┘
                 │
┌─────────────────────────────────┐
│   捕捞作业—渔具2（FOFG2）          │
│         交付与可用性              │
└─────────────────────────────────┘
                 │
┌─────────────────────────────────┐
│   捕捞作业—渔具3（FOFG3）          │
│         支持环境                  │
└─────────────────────────────────┘
                 │
┌─────────────────────────────────┐
│   捕捞作业—渔具4（FOFG4）          │
│         幽灵捕捞                  │
└─────────────────────────────────┘
```

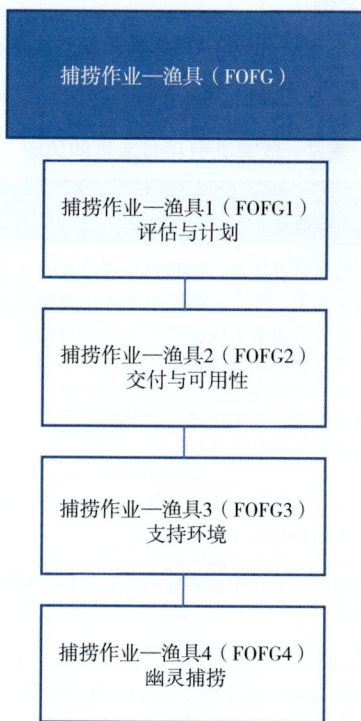

事项：船只大小，购买所需的投资数额，以及渔具是单独所有还是渔民共同使用。

渔具基本概述

Nédélec，C. & Prado，J. 1990. 渔具类别的定义和分类 . FAO 渔业技术报告 No.222，修订版 . 罗马，粮农组织 . 92 页 .

特别是在人们遇到为新渔具准备规格的难题时，处理渔具的多样性和复杂性的挑战就显示出来了。通常情况下，渔具必须由不同部件组装起来以便建造完整渔具。例如，刺网由主网板、浮板、水砣、浮纲和水砣绳，以及麻线组成。还需要标记浮标和浮标绳，在某些情况下，还需要将网固定到位的锚。这意味着应该替换带有所有必要部件的整个套装。只提供渔具的部件可能导致渔具的贱卖，摒弃或者导致接收者依赖中间商购买剩余部件，以换取低价鱼。

许多妇女和儿童参与渔具的建造和修理。这常常是一项可对家庭收入做出重要贡献的需要技能的工作。当代理商计划提供替换渔具时，需要认真考虑支持其利用的辅助设施提供商——尤其是妇女和儿童在其中所起的作用。

5.2.2.2 应急背景下的渔具

虽然不可能准确预测不同类型的突发事件会如何影响渔具，但不同类型的危害会带来不同的风险。表7陈述了特定类型危害带来的典型风险。

表7 危害类型和对渔具的风险

危害类型	对渔具的典型风险
气旋、潮汐潮和海啸	岸上的渔具被冲走，渔具自身或与其他物体缠在一起。 渔栅在海上丢失了，带来了海洋垃圾和幽灵渔捞。 渔栅丢失后也会出现损坏——波浪和风暴会驱使它们在海洋栖息地内四处移动，或者移动到内陆水生栖息地。
地震	存储在被地震损坏的建筑内的渔具丢失。 海底隆起导致航行危险。
火山爆发	在陆地上，渔具丢失或损坏的风险有限，除非存储渔具的建筑直接暴露在熔岩和火山碎屑流中。
洪水	船只被带到海洋中或者撞到固定物体，被汹涌的激流毁坏或损坏（特别是引擎设备）。 渔具、车间、材料和设备缠在一起，并且被洪水带入海洋。
石油和化学品泄漏	石油泄漏可以通过物理污染和毒性效应来损坏渔业和水产养殖资源，也可以损坏渔具。石油泄漏对海鲜产品和渔具的影响的性质和程度取决于所泄漏石油的特征、事故的环境和捕捞活动或受影响业务的类型。在某些情况下，有效的清理和保护措施可以防止或将损害降至最低。只要不是严重堵塞并且石油没有高度风化和凝血，仍可以清理布满油的渔网。 渔具合成材料的化学老化。重油和轻油以及石油产品都对用合成材料（例如聚酰胺、聚乙烯、聚酯和聚丙烯渔网和绳索）制成的渔具产生降解作用。 硬塑料浮标受到的影响可能较小，并且可以清理；但是，橡胶和泡沫塑料浮标会被损坏并且失去浮力。 来自石油和有毒气体的火灾风险。
复杂紧急情况（内乱）	经验表明，在复杂的紧急情况中，渔具遭到抢劫和盗窃，船只被用来运输武装组织。捕捞被用来为武装组织提供食物。 渔具可能被作为惩罚而毁坏，或者被盗和被使用；而且，渔民可能被强迫进行捕捞以便为武装组织供应鱼和鱼制品。

（1）评估挑战

在评估危害对渔具的影响中，涵盖渔业所有其他方面的集成式方法是很重要的。需要对以下方面给予考虑：渔具的建造，捕捞作业，捕获量，鱼类处理、加工和保存，以及鱼类销售。这些都必须在人们的生活背景和紧急事件对其影响程度内加以考虑。工具2给出了一个决策树，概述了一些在应急响应形成中需要询问的关键问题。

在灾害的初始阶段，执行技术上需要的深入评估往往是一种挑战。这通常是由缺少技术知识和关于受害区域内渔业各个方面的一致性数据引起的。困难的条件或缺少运输造成的某些区域难以到达和将重点放在提供人道主义援助方面增加了这些挑战。许多不同的救济机构执行自己的评估，收集的数据往往不统一，并且含有重要的数据差距，例如渔业的季节性、所有权模式、性别角色、市场营销和资源的实际状态。没有意识到这些信息差距，救济机构可能会在未正确了解灾害来袭之前渔民的情况下，就快速替换船只和渔具。

（2）重建美好家园

在通常情形下，渔业在商业和生计层面均可进行。渔业管理者有责任执行法律和法规，以便用一种可持续方式来管理资源。但是因为缺少技术和资金、物流不畅，以及缺少科学研究和作为决策基础的统计信息，许多国家和地区在管理其渔业资源方面都遇到了挑战。

灾害之后，在存在鱼群情况不确定性和缺少关于捕捞作业量的科学信息的国家和地区，存在一种危险，即提供过多或错误类型的渔具作为救灾工作的一部分。无论是哪种情况，对渔业社区和自然资源基础都是一种威胁。作为一个非常普遍的规则，渔具的替换不应超过灾害前的水平。但是，紧急情况提供了一个审查和改进捕捞作业和渔业管理的机会。这可以包括对所用渔具的数量和质量引入一些变化。质量的变化可以包括以下方面：改进渔具的可选择性；改进渔具标记；减少渔具对海洋栖息地的影响；以及引入可生物降解的紧急出口来减少幽灵渔捞的影响。利用这些机会来重建更美好家园所面临的挑战在最佳实践陈述中进行了阐述。

5.2.2.3 捕捞作业—渔具（FOFG）最佳实践

（1）捕捞作业—渔具 1：评估与计划

根据社区需求发放渔具。

关键指标

- 渔具替换计划遵循现有国家法律和法规框架，并且符合 FAO 负责任渔业行为守则第 6、7 和第 8 条（参阅指导说明①和 FAPM 2）。
- 恢复服务提供商与国家渔业管理局和国际援助机构（例如 FAO）的联系，以确保有合适的专业知识可用来确认和支持渔具替换和恢复要求，以及确保与国家渔业管理和国际援助机构的联系到位（参阅指导说明②和 FAPM 2）。
- 计划确认了不同时间不同生态系统渔民使用的渔具类型，以及它们可能包含的潜在影响（参阅指导说明⑦和 FOFG 3）。
- 计划对任何一位渔民可能使用适当的渔具数量给予考虑（参阅指导说明

③和⑥)。

- 计划就丢失渔具和供给变化模式对妇女和儿童产生的影响给予识别和考虑（参阅指导说明④）。
- 渔具仅分发给有经验的真正渔民，他们被所在社区确认或由可靠信息来源确定（参阅指导说明⑤）。

指导说明

①政策调整：通常情况下都存在国家渔业法规、政策和战略，但是因为缺少足够的资源，渔业管理局无法进行监督和控制，所以也无法用一种系统方式来确保渔业部门遵循法律和法规。因此，在自然灾害后的渔业恢复中，渔具供应不应破坏渔业管控工作，相反，应该补充和支持现有法规和政策（参阅FAPM 2）。

②协调：在具有联合国工作组或渔业技术工作组的地方，订购渔具前，请寻求技术工作组和联合国工作组关于正确类型和恰当数量渔具的技术建议。如果不存在这种小组，那么就要提议创建这样的技术交流、协调和指导机制（参阅 FAPM 2）。

③经济可行性：特定渔具的类型和数量决定渔具的经济可行性。如果考虑用于分发的渔具的数量低于使捕捞作业经济可行实际需要的数量，那么渔民将被迫从其他来源（可能包括中间人或价值链中的其他经营者）寻找额外的渔具。在可能的地方，应根据每种渔具类型的单位捕捞努力量渔获量（CPUE）1 的计算，确定渔具替换计划提供的渔具类型和数量。为了在无法从现有文献或当地专家获得的地方进行此类计算，可能需要一位渔业专家。

④重视妇女和儿童在渔具供应中的作用：在发展中国家，妇女和女孩在修理和制造小规模渔具中扮演着重要的角色。在发达国家，她们常常在渔具制造公司工作。在应急响应中，可以为妇女和女孩提供材料来制造渔具，这些渔具可以出售、租赁或者供社区内的渔民使用。这种方法将给予妇女权力，并为她们未来参与渔业给予生计支持。妇女还可以成为船只或渔具的所有者，即使她们不直接捕鱼。应该寻求聘用妇女和确保她们在渔具替换活动中获得好处的机会，同时关注对妇女时间的其他需求和她们在支持家庭生活中的多种角色。

⑤渔民身份确认：捕捞作业会很危险，没有经验的人使用渔具会导致死亡、严重受伤和财产损失。没有捕捞技能或经验的人还可能用一种对环境造成过度不良影响的方式来使用渔具。因此，渔具应该只分发给能够安全和可持续使用它并拥有一定技能和知识的人。真正的渔民可能为社区和渔业管理局所熟知。在某些情况下，渔民应该进行注册和持有一张卡。了解和访问这些信息应该是有帮助的。但是，在所有情况下，应该与政府官员和社区代表一起验证此

类信息。这是因为文档可能会丢失、注册系统可能不完整或丢失，或者可能将边缘群体（例如移民或少数民族）排除在注册流程之外。

⑥订购合适的数量：船只可以携带的渔具数量受船只的大小、形状、推进力和到渔场距离的限制。在鱼笼渔业和鱼篓渔业中，船只携带少量捕鱼篓或捕鱼笼到渔场并且将它们留在那里，只返回来从捕鱼篓或捕鱼笼中取出的鱼或甲壳动物。发放的捕鱼篓或捕鱼笼的数量不应超过法规中规定的数量。如果没有法规，那么应该与社区和渔业管理局商量，以商定适当的数量。此数量应该保守并且具有预防性。湿渔具的重量可以使船只失去平衡，导致翻船及船、渔具和生命的丢失。除了地方级磋商，有关渔业资源的信息也应该用来计算作为在任何特定区域内计算分发特定渔具数量的依据。只要有可能，应该咨询经验丰富的渔业生物学家，借助渔业资源生物学研究和了解鱼群状态，以推算渔具替换的模式。

⑦了解渔具使用情况：从本地、地区和国际知识机构收集现有渔具信息并且加以分析。应该联系本地渔具技术专家，以帮助阐明时节、多样性、不同渔具的使用季节。表8提供了一个针对不同渔业社区（A、B和C）不同渔具类型的季节性捕鱼图的示例。

表8　季节性捕鱼图示例

城镇	渔具类型	物种	1月	2月	3月	4月	5月	6月	7月	8月	9月	10月	11月	12月
A	底部固定网	黄花鱼		■	■	■					■	■	■	
		鲅鱼		■	■						■	■		
A	表层流网	金枪鱼		■	■	■	■	■	■					
C		西班牙鲭鱼				■	■	■	■	■	■	■	■	■
B	细眼流网	沙丁鱼				■	■	■	■	■	■			
A、B、C	捕虾篓	大鳌虾			禁渔期						■	■	■	■
C	大拉网	小虾							■	■	■	■	■	■
A+C	底延绳钓	鲷鱼	■	■	■	■					■	■	■	■
		石斑鱼	■	■	■		禁渔期							■
		方头鱼	■	■	■	■	■	■	■	■	■	■	■	■

（2）捕捞作业—渔具2：交付与可用性

渔具以一种便于生计早日恢复的方式来交付。

关键指标

● 渔具从本地获得并首先通过已建渠道分发，因为这会促进区域内的经济活动。如果不可能做到这一点，则应该寻求来自可靠来源的优质渔具

（参阅指导说明①）。

- 渔具成套无损交付，确保受益人收到正确数量、正确规格的渔具（参阅指导说明②）。
- 替换渔具和设备的交付应以良好规划和调查为基础，以便减少延迟交付（参阅指导说明③）。
- 提供的渔具应该质量良好，这样可以延长其使用寿命并帮助渔民提高捕捞作业收益，从而提高其替换渔具的能力（参阅指导说明⑤）。
- 应该针对渔民、渔船经营者以及渔业官员和非政府组织将关于良好作业实践和渔具维护与保养的能力建设纳入进来（参阅指导说明⑥）。

指导说明

①本地购买：基于以下四种主要原因，应尽量从本地购买渔具：（ⅰ）本地或地区获取供应意味着可以更加快速地提供帮助，因为可免去长时间的运输以及关税、存储和其他费用；（ⅱ）从本地市场购买支持本地区域的经济复苏；（ⅲ）本地购买可使类似货物的本地价格降低风险达到最低，并确保易于获得备件；（ⅳ）可提高渔具适合本地需求的机会。通过调查，确定渔具的本地成本，与进口捕捞材料的价格对比将更加容易。

②渔具套件：应该要求供应商以单个捕捞套件方式供应渔具。每个套件应该包含为一位渔民制作特定渔具所需的所有组件。这种方法的优势是可以节省时间，且分发渔具时减少困惑。整批订购所有单独组件的缺点是分发时要花很多时间在受益人之间均分组件，而且很有可能单个受益人不会收到所有组件。

③所有套件都应用足够牢固的包装材料来包装，以经得起陆路海路运输和粗野的操作。此外，包装应标记清晰，以便容易对内容进行识别，因为它们涉及运输单据和货物清单。提供完整的渔具包装以便收货人快速组装渔具是非常重要的。交付时，应该为每位利益相关者附一份阐明受益人姓名、分发组织的名称和交付日期的捕捞套件交货证明书。出于统计目的和为了记录受益人拥有所有权，应该为渔业管理局提供副本。

④分发计划：制订一份渔具分发计划是非常重要的。这份分发计划在为渔具的运送和交付准备物流时就显得非常有用，而且它还可以用作一份清单。

⑤确保规格正确：应该注意为渔具供应商提供关于渔具规格的准确详细资料。当有疑问的时候，应当提供尽可能详细的资料，从而确保不把时间浪费在重复订购上。FAO（1990）提供了关于制定渔具规格的指南。

⑥渔具质量：在订购和编制渔具规格时，必须规定所需渔具的质量，这在行政管理程序要求对最低出价给予优先考虑或优先购买时特别重要。对于非专家，相同规格的高品质和低品质渔具往往看起来是一样的，但是高品质渔具将拥有更长的工作寿命。高品质和低品质渔具的区别在于价格、所用的

生产标准和生产过程中使用的原始化合物的质量。这些会转化成强度、耐磨性、耐水力和耐阳光（导致用于制造现代渔具的化学组分发生降解）之间的差别（Klust，1973）。应该记住的是，在许多重建项目中，只会将渔具分发给受益人一次，因此，提供耐用的良好品质的渔具尤为重要。有关不同类型渔具相对质量的信息，渔民往往是信息的最佳来源。应该与国家渔具专家一起检查他们的回答，不要问销售代表，因为不同渔具供应商的代表不大可能提供公正的质量评估。

⑦保护渔具：渔具用合成和天然纤维、塑料、金属等制成。该设备可能是电子的、电动的和化学的。水生环境和阳光对渔具有强烈的损坏效应。为了防止降解、腐烂，同时提高使用寿命，有必要适当地对渔具进行保护。防止渔具被阳光直晒，清洁和修理渔具，制作和使用防护盖，以及定期维护可延长渔具的使用寿命。因此，培训受益人正确保养所分发的渔具是非常重要的。

（3）捕捞作业—渔具3：支持环境

在提供渔具的情况下，应该加强渔业资源及其所处生态系统的保护。

关键指标

- 应当使所分发渔具的选择性提至最高，并且降低对生态系统和环境的影响（参阅指导说明①和②）。
- 该计划应该考虑到渔具替换对鱼种场、繁殖场和季节性鱼类产卵影响的风险（参阅指导说明③）。
- 恢复工作所提供的信息，将加强渔业管理与政策的国家知识基础（参阅指导说明④）。

指导说明

①降低渔具的影响：显而易见，不管是通过渔民和渔业官员的报告还是通过关于渔获量和捕获量的数据，渔业资源都可能处于不可持续捕捞的压力下，应该努力确认任何可能产生此压力的特定类型的渔具。在被损坏渔具类型得到积极识别的地方，可以设计和实施恰当的计划来用其他更合适类型的渔具进行替换，或者通过修改它们的物理和操作特性来进行转换，以减少损害。应该聘请一位渔具技术专家从一开始就提供必要的技术建议，以制订和实施这类计划。

②为了引进这些类型的渔具，有必要用备选渔具类型进行试捕，以确定它们对本地情况的适用性、捕获率、渔民的可接受性，以及任何可能的风险。应该记住，不是始终都必须引进新的渔具类型。现有渔具的修改更加环保、更加资源友好。例如，增加网格大小或者更改针对特定刺网和捕鱼笼的织带材料的缩结系数，可以降低幼鱼的捕获量。同样，兼捕减少装置可以降低拖网渔具的影响。

③了解不同渔具类型对渔业生态系统的影响：不同渔具类型对不同生态系统有不同的影响。知道和了解分发渔具所在地区中存在的生态系统类型非常重要。敏感的珊瑚、暗礁、海草草甸、沙质和泥泞海底、河口和河流盆地、湖、稻田、红树林、公海和海岸地区都为不同生命阶段的不同物种提供了不同的栖息地，正在使用或通过灾害后的渔具替换计划引进的渔具的类型将以不同的方式影响这些不同的生态系统。提供的渔具数量也将有影响。多套渔具集中在一个相对较小的区域可能对资源和生态系统产生负面影响，但是，当分散到一个更大的区域时，影响将减弱。容易丢失或被遗弃的渔具类型可能是损坏得特别严重的。在资金允许的情况下，恢复机构应寻求或生成关于本地生态系统的信息，并且聘请专家来提供关于不同渔具对这些生态系统可能产生影响的指南。

④加强知识库：研究和信息是良好决策和确保渔具供应不损害中长期渔业生计的关键。可能需要一系列专业技术知识，以加强确保救灾、重建和渔业长期发展的过程中所需的渔具选择知识库。渔业技术专业知识和对新技术进行彻底检验的流程非常重要，针对海岸地区自然资源管理分析与规划的技能和经验也非常重要。旅游开发、自然环境保护和水产养殖业发展方面的专业知识也非常重要。

（4）捕捞作业——渔具4：幽灵捕捞

采取行动以减轻幽灵捕捞的影响。

关键指标

- 进行了残骸和丢失渔具的数量分析，并做出详细目录（参阅指导说明①、②和③）。
- 实施灾后清理计划，以在陆地和海洋中找回丢失的渔具（参阅指导说明④）。
- 捕鱼篓或捕鱼笼配有可生物降解的逃生面板，以减少幽灵捕捞的影响（参阅指导说明⑤）。
- 对渔具进行了标记，以改进渔具数量、捕捞工作和渔具损失的确认和监控（参阅指导说明④）。
- 如有可能，应该使用技术（例如应答器）来定位丢失的渔具（参阅指导说明⑤）。

指导说明

①丢失的渔具：灾害后渔具经常丢失或被冲到海里，并且可能最终在生态敏感区内缠绕在一起，或者仍在海上漂流并且在丢失很久后捕获了水生生物。洪水、海啸和飓风过后，其他残骸（例如家用物品和其他固体材料）也会被冲到海里，最终到达海岸、敏感珊瑚礁和其他重要鱼种场区域。所有这些材料都会对环境产生负面影响。灾害发生后，尽力降低这些丢失渔具的影响是非常重

要的。对残骸类型和数量以及渔民所报告的渔具丢失数量进行分析，以确定它们对敏感区域的潜在影响。

②水产养殖设备和渔具：就丢失的水产养殖渔具来说，当灾害前无法从水中取出这类渔具时，自然灾害可能会产生特别大的影响。在这种情况下，如果预见到，灾害之前应该正确维护和加固锚泊系统。

③评估渔具损失：在自然灾害中核查渔具损失不总是那么容易。但是，表9提供了一个正常捕捞条件下丢失、遗弃和废弃的渔具的想法。灾后，有人可能期待更高的损失。与幸存者和本地捕捞技术专家就正常捕捞作业、捕获量和生产率进行面谈，将会对部署在特定渔场内的渔具数量有一个很好了解，与灾后仍发挥作用或可用的渔具进行对比可以方便计算最终损失。

表9 全球渔具损失、遗弃和废弃指标概述

地　区	渔业/渔具类型	渔具损失指标（数据源）
北大西洋和东北大西洋	底部固定刺网	每艘船只每年丢失 0.02%～0.09% 的渔网
英吉利海峡	刺网	每艘船只每年丢失 0.2%（鳕和鲽鱼）至 2.11%（黑鲈）的渔网
地中海	刺网	每艘船只每年丢失 0.05%（近海鳕鱼）至 3.2%（海鲷）的渔网
亚丁湾	捕鱼笼	每艘船只每年丢失 20% 捕鱼笼
海洋环境保护地区组织（ROPME）海域	捕鱼笼	2002 年丢失 260 000 个捕鱼笼
印度洋	马尔代夫金枪鱼绳钓	丢失 3% 的鱼钩/套装
澳大利亚	蓝蟹笼渔业	每艘船只每年丢失 35 个捕蟹笼
东北太平洋	布里斯托尔湾帝王蟹笼渔业	渔场每年丢失 7 999～31 000 个捕蟹笼
西北大西洋	纽芬兰鳕鱼刺网渔业	每年 5 000 张网
	加拿大大西洋刺网渔业	每艘船只每年丢失 2% 的渔网
	圣劳伦斯湾雪蟹	每年丢失 792 个捕鱼笼
	新英格兰龙虾渔业	每艘船只每年丢失 20%～30% 的渔网
	切萨皮克湾	每艘船只每年丢失高达 30% 的捕鱼笼
加勒比海	瓜德罗普岛鱼笼渔业	每年丢失 20 000 个捕鱼笼，主要是在飓风季节

资料来源：Macfadyen，G.，Huntington，T. & Cappell，R.（2009）。

④清理计划：组织一次海滩清理是避免海洋垃圾和其他漂浮物重新进入海洋环境的好方法。海滩清理应该在灾害袭击之后尽早组织，以防止残骸被下次浪潮或大雨冲回大海或水体。这可以减少对动植物的影响。可以将本地居民和渔民或者渔夫、志愿者计划、学校和环保团体组织纳入清理工作中。但是，开始任何清理工作之前，负责组织清理工作的小组应确定清理人员可能遭受的风险程度，无论这些风险是来自物理残骸、化学品、石油或核废料或其他可能在清理工作中对海滩地区产生影响的危害。

⑤在所有情况下，参与海滩清理的人员可以穿上安全防护服。装备应该包括（但不限于）：坚固的手套；结实的鞋子或靴子；基本面具；运输容器；耙子和铲子之类的手工工具；独轮车；垃圾袋；分拣台和机动交通设备。对有效的清理来说，每日简报和计划是非常重要的。可行的话，应该使用本地劳力、环境可持续材料和有社会责任感的企业，以利于当地经济，促进经济复苏。在资金允许的地方，如果水足够浅，也可以部署潜水员到敏感区域（例如珊瑚礁）清除残骸和渔具，从而改善养殖生境，促进渔业早日恢复。

⑥采取措施避免损失和减少幽灵捕捞：为了减轻幽灵捕捞的有害影响，不同类型的渔具均可以安装可生物降解的面板。在某些国家和地区，如果可生物降解的逃生面板是渔具建造的一部分，则只能使用特定类型的渔具。用可生物降解材料制成的逃生面板或紧固件通常用于主要龙虾笼渔业。可生物降解的材料包括随着时间的推移可以腐烂的黑色金属紧固件、棉花、黄麻或者软质木材。逃生面板腐烂的时间取决于渔场和使用的材料，通常通过实验来计算，并且是规则的一部分。

⑦在可用和适当的地方，应答器和声呐之类的技术也可以用来标记、寻找和监视渔具。但是，这些可能代表着高水平的技术和投资，当考虑此类措施时，应该想到本地渔民承担最终替换成本的能力。用于标记和监视渔具的技术通常需要适当的地面设施和人员进行监视活动和定位措施跟踪。此类安排的可用性和可持续性需要予以考虑。

资源和工具

信息资源	网络链接	与技术挑战的相关性
FAO. 1995. 负责任渔业行为守则. 罗马. 41 页.	www. fao. org/fishery/code/en	第 6 条与资源保护、良好资源管理和保护、生物多样性和过度捕捞的预防有关。第 7 条和第 8 条与捕捞作业、捕捞实践以及关注点有关。

信息资源	网络链接	与技术挑战的相关性
FAO. 1996. 捕捞作业.FAO负责任渔业技术指南 No.1. 罗马. 26页.	ftp：//ftp. fao. org/docrep/fao/003/W3591e/W3591e00. pdf	除了提供状态、标志状态和港口状态的一般指南，此出版物还提供关于渔具的指南，同时指出规则中需要加强的部分。另外也提供关于与多余近海建筑的移除、人工礁的创建和鱼群搜寻设备的部署有关的政策指南。
FAO. 1998. 捕捞作业.1. 渔船监控系统.FAO. 负责任渔业技术指南 No.1, 增刊 1. 罗马. 58页.	ftp：//ftp. fao. org/docrep/fao/003/w9633e/w9633e00. pdf	这些指南尤其与拥有更大捕捞能力的大型渔船的替换有关。 渔船监控系统（VMS）极大提高了渔船监视、控制和监督（MCS）的潜在效率。指出了MCS系统的成本。本文件概述了VMS的状态、为考虑在其渔业管理系统中实施VMS的渔业管理员和渔业渔船涉及的所有其他人员提供指南。
FAO. 2009. 减少捕捞渔业中海鸟意外捕获的最佳实践.FAO负责任渔业技术指南 No.1, 增刊 2. 罗马.49页.	www. fao. org/docrep/012/i1145e/i1145e00. pdf	本指南提供针对海鸟计划的制订和实施以及国家、地区和次区域级别准备的海鸟监视和评估报告的建议和框架。
FAO. 1997b. 内陆渔业。FAO负责任渔业技术指南 No.6. 罗马. 36页.	ftp：//ftp. fao. org/docrep/fao/003/W6930e/W6930e00. pdf	本指南提供关于内陆渔业管理的一般建议。
FAO. 2000. 渔业管理.1. 鲨鱼的保护与管理.FAO负责任渔业技术指南 No.4, 增刊 1. 罗马. 37页.	www. fao. org/docrep/003/x8692/x8692e00. htm	本指南提供针对用于共享跨界鲨鱼物种的联合鲨鱼计划的一般建议和框架。当考虑提供可能用来攻击鲨鱼的渔具时，了解这些指南是非常重要的。
FAO. 2005a. 提高小规模渔业对扶贫和食品安全的贡献.FAO负责任渔业技术指南 No.10. 罗马. 79页.	ftp：//ftp. fao. org/docrep/fao/008/a0237e/a0237e00. pdf	关于小规模渔业及其重要性、脆弱性和恢复力的信息。 这些技术指南的目标是为小规模渔业和它们在扶贫和食品安全方面的当前和潜在作用提供特别关注，方法是进一步阐述规范中陈述的相关原则和标准，以及提供关于确保可以加强该作用的方法的可行性建议。

51

第五章 渔业和水产养殖业应急响应的最佳实践

信息资源	网络链接	与技术挑战的相关性
东南亚渔业发展中心（SEAFDEC）	www. seafdec. org/	13种不同渔具类别的技术规格和图纸。用于文莱、柬埔寨、缅甸、菲律宾、泰国和越南的渔具类别的清单。
Prado and Dremiere. 1990. 渔民工作簿 .	英语 ftp：//ftp. fao. org/docrep/fao/010/ah827e/ah827e. pdf	渔民工作簿是一种供现场使用，随身携带以易于在陆地或海上参考的工具。它含有关于商业捕捞必需的各种材料和设备的选择和使用的信息。包括以下内容： "渔具和作业"，将帮助选择特定类型的渔具、它们的特性和用途。 "甲板和驾驶室的设备"概述了用于操作渔具的回声测深仪和甲板机械的特征，并提供了此类设备的示例。 "渔船作业"提供了关于最有效使用渔船的信息以及捕捞作业成本和收益计算指南。 "公式和表格"提供用于在不同测量系统之间转换单位和数量的表格。 "订购设备"提供关于订购渔具和设备时要列出的规格的建议。

工具1：关于如何确定渔具替换需求的决策树（FAO, 2013a）

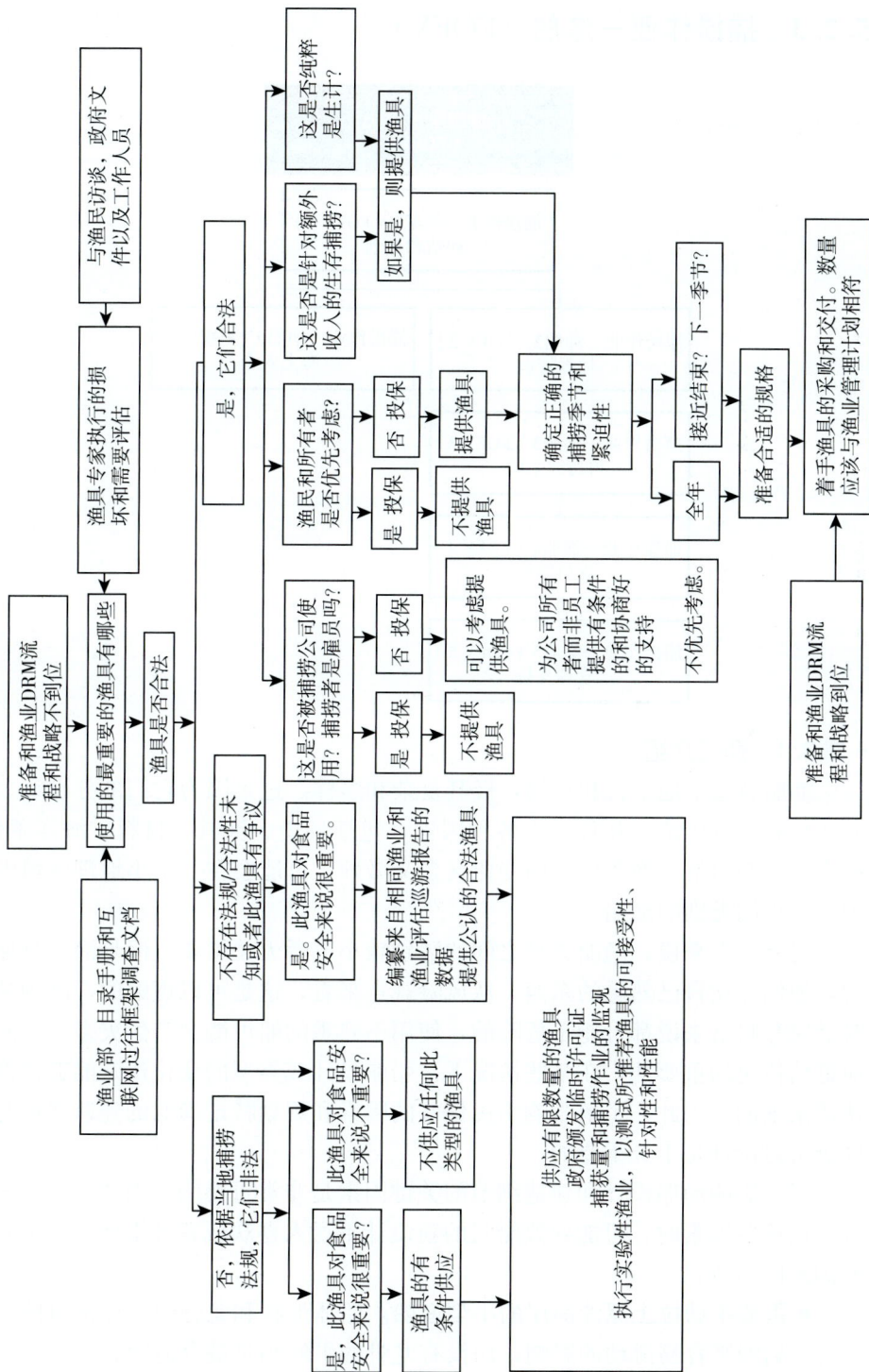

与渔民访谈、政府文件以及工作人员

渔具专家执行的损坏和需要评估

准备和渔业DRM流程和战略不到位

使用的最重要的渔具有哪些

渔具是否合法

渔业部、目录手册和互联网过往框架调查文档

这是否纯粹是生计？

这是否是针对额外捕捞？收入的生存收入计？

是，它们合法

如果是，则提供渔具

渔民和所有者是否优先考虑？

否 投保　是 投保

提供渔具

不提供渔具

确定正确的捕捞季节和紧迫性

接近结束？下一季节？

全年

准备合适的规格

着手渔具的采购和交付。数量应该与渔业管理计划计相符

准备和渔业DRM流程和战略到位

不存在法规/合法性或者知道此渔具有争议

是。此渔具对食品安全来说很重要。

编纂来自相同渔业和渔业评估巡游报告的数据 提供公认的合法渔具

这是否被捕捞公司使用？捕捞者是否雇员？

否 投保　是 投保

可以考虑提供渔具。

为公司所有者而非员工提供有条件的协商好的支持

不优先考虑。

不提供渔具

否，依据当地捕捞法规，它们非法

此渔具对食品安全来说不重要

不供应任何此类型的渔具

是，此渔具对食品安全来说很重要？

渔具的有条件供应

供应有限数量的渔具 政府颁发临时许可证 捕获量和捕捞作业的监视 执行实验性渔业，以测试所推荐渔具的可接受性、针对性和性能

第五章　渔业和水产养殖业应急响应的最佳实践

5.2.3 捕捞作业—渔船（FOFV）

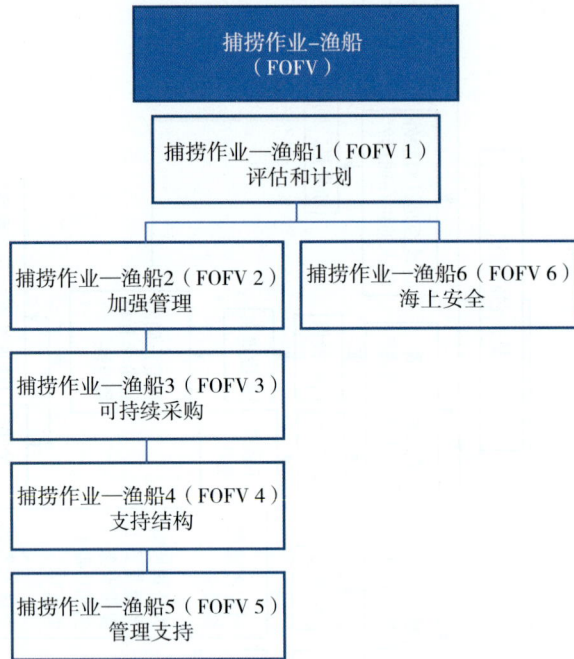

```
┌─────────────────────────────┐
│        捕捞作业-渔船          │
│          （FOFV）            │
└─────────────────────────────┘
              │
┌─────────────────────────────┐
│  捕捞作业—渔船1（FOFV 1）    │
│         评估和计划           │
└─────────────────────────────┘
        │
        ├──────────────────────────────────┐
┌─────────────────────────┐   ┌─────────────────────────┐
│ 捕捞作业—渔船2（FOFV 2） │   │ 捕捞作业—渔船6（FOFV 6） │
│        加强管理          │   │        海上安全          │
└─────────────────────────┘   └─────────────────────────┘
        │
┌─────────────────────────┐
│ 捕捞作业—渔船3（FOFV 3） │
│        可持续采购        │
└─────────────────────────┘
        │
┌─────────────────────────┐
│ 捕捞作业—渔船4（FOFV 4） │
│        支持结构          │
└─────────────────────────┘
        │
┌─────────────────────────┐
│ 捕捞作业—渔船5（FOFV 5） │
│        管理支持          │
└─────────────────────────┘
```

5.2.3.1 渔船介绍

渔船就像本地语言和食物，极其复杂和多样。这是因为它们部分设计、部分演化和部分传统，并且适应各种因素，包括环境、渔具、材料、海洋条件、社会因素和习俗。渔船设计的变化又多又微妙，可能会在一个小地理区域内遇到许多不同类别的渔船。

对外行人来说，渔船类型之间的区别较小或者无关紧要，但是渔民是保守的，他们喜欢自己熟悉的东西。从风险观点来看，这是可以理解的，因为捕捞对健康和财富来说都可能是危险的，使用不熟悉的船可能会产生灾害。虽然不应低估传统的重要性，在某些情况下，船舶设计或类型的变化还是能够被渔民快速采纳的。因此，了解影响渔民偏好的因素和规划特定渔船的建造之前与社区进行讨论都是十分重要的。

确认影响渔船设计和建造细节的关键因素是非常重要的。当忽视或者未公开讨论这些因素时，可能导致船只的新设计不讨人喜欢或者被拒绝。以下是这些因素的示例：

- 需要手动拉上泥泞海岸的小型渔船。船体形状和龙骨的设计很可能会受到泥浆容易滑动的影响，而没有龙骨的平底则是最合适的。

- **用手从小船中舀水。** 许多无甲板船都用勺子或桶往外舀水，所涉及的运动跨越整艘船。如果引入内部龙骨（拱）以改进强度，可能会妨碍渔民舀水（即使龙骨的引入可能是更好、更坚固的设计）。

- **舷内和舷外马达。** 舷内柴油马达比舷外汽油马达更省油。但是，舷外马达也有优势，比如更低的震动（可以将船的结构震开）和可以从船上取下并带回家（避免被盗或者船沉没时被淹没）。如果船被淹没和引擎被浸没，采用柴油机可以节省成本，不会给渔民造成深远影响。

- **船速的提高。** 因为船只牵引功率的提高，需要采用相应的速度和船型。任何指定运行速度都有一个最佳船形，背离这一点将降低效率。功率的阶跃变化需要设计的阶跃变化，例如，船帆到舷外马达的变化，舷外到强大的舷内马达的变化。

- **海况。** 渔船需要适应意料之中的海况，水深、潮流和天气变化都会影响局部的海况。适用于一侧海岬的渔船可能并不适合另一侧。在印度尼西亚亚齐省，东海岸和西海岸渔业中使用的渔船类型就存在显著的区别，因为盛行风和海况会非常不同。

渔船在紧急情况下与所需要的大多数其他投入物截然不同，渔船显得更加多种多样，比设备的其他物品更复杂。无法简单地从货架上买下渔船，就能满足用户的要求，需要建造成特定的规格。这个建造过程需要渔船和建造材料方面的专业知识。没有此专业知识的话，会导致品质差、不适合和可能不安全的船只。

重要的是要认识到：渔船建造者可能在此领域拥有很长的工作历史，甚至家里几代人可能都参与了渔船建造。此历史可以代表渔船精妙设计（设计的演变）的大量知识，以满足本地渔业的技术、环保和社会需要。但是，最新的变化（例如传统使用的用材树种的消失）、新材料［例如玻璃钢（GRP）］和过渡成机动船只对尝试采用来说是具有挑战性的。在斯里兰卡，海啸后造船和修理活动显示出某些造船厂中基本 GRP 造船技能的缺乏，这是影响工作质量的一个事实。缺乏干净、干燥和阴凉的工作区和材料的不良混合与应用更突显出对培训的需求。

5.2.3.2　渔船和应急背景

渔船的主要威胁是飓风、潮水涌浪、海啸和洪水。但是，不同类型的渔船可能会遭受到不同的风险。例如，在海上，海啸对不同类型的渔船可能有截然不同的影响，并且对渔船类型（例如按尺寸）进行某些基本划分以了解这些影响是十分必要的。大船常常在海上的深水中待很长时间，经过的海啸波对它们可能有轻微的影响或者没有影响。但是，相比之下，花更多时间待在岸上或者在海岸附近作业的小船非常易受海啸影响的伤害。相比之下，在一个港口，上

面提到的灾害几乎对所有船只来说都是危险的，特别是在它们可能从正常锚位漂浮到岸上和建筑区中或者被脱落碎片破坏。

表10描述了一些不同类型危险对不同渔船的常见影响（参阅工具1和2以了解关于不同类型渔船的更多信息）。

对民生的影响包括因灾害所引发的财产损失和收入损失，而且这类影响所带来的问题是复杂而影响深远的，因为存在一长串其他活动，它们既服务于渔船，又依赖于所有捕捞作业。

表10　对渔船和海上安全的影响

渔船类别	小型（10米以下）	大型（10米以上）
飓风	海上和港口中的渔船会受到影响。小船可能被严重损坏或者全部损失。可以将小船拖出来，这样也许可以给予保护。	海上和港口中的渔船会受到影响。大船可能受到更加严重的影响，因为无法拖出来，虽然全部损失可能性不大，但可能导致严重损坏。海上的船只可能被风和波浪掀翻。靠近海岸可能不会有帮助，因为水深降低，波浪高度和倾斜度会增加。
海啸	港口中的船只比海上的船只受到更严重的影响。水中和拖出来的小船非常容易严重受损、全部损失或迁移。	海上的大船可能不受海啸的影响，甚至没觉察到海啸。
地震	港口中的船只可能受到影响；海上的船只受到的影响较小（参阅海啸）。小船非常容易严重受损或丢失。	大船易于严重受损或丢失。
火山爆发	如果处于沉降物路途或区域中，港口中的船只可能受到影响。海上的船只可能不受影响。	如果处于沉降物路途或区域中，港口中的船只可能受到影响。海上的船只可能不受影响。
洪水	洪水猛烈的地方，港口特别是内河港中的船只可能受到影响。小船可能严重受损或迁移。	大船可能严重受损或迁移，除非远在海上。
石油和化学品泄露	来自化学品的安全问题。海岸附近的小船可能受到更多的影响。不太可能受到损坏。	远离海岸的大船受到的影响可能更小。
核泄漏	来自辐射的安全问题。海岸附近的小船可能受到更多的影响。不太可能受到损坏。	远离海岸的大船受到的影响可能更少。
复杂紧急情况（内乱）	船可能被用于各种非捕捞任务，可能导致严重损坏或全部损失。	大船可能被强制用于运输食品、设备、平民、难民或军队/叛乱者。海上活动会变得危险或受到其他控制。

（1）评估挑战

了解渔船设计的多样性。正确识别受灾害影响的渔船的类型和种类并了解设计和设备中的区别是非常重要的。为了解这种多样性和复杂性，用近似分组或归类方式考虑渔船是非常有用的（参阅工具1）。每种船只都拥有其典型功能、活动和装备。

确保正确建造。来自计划不佳的应急响应的主要威胁是交付建造质量不佳和潜在不安全的船只，以试图在灾害后的初期做出快速响应。这对渔民安全、渔船寿命和经济实用性都是一种威胁。这种结果可能由不良计划和监督以及缺少对技术问题的了解引起。此外，执行机构可能努力督促造船者快速、低价、用他们不熟悉的材料交付为数众多的船只；结果常常是交付了质量极低的船只。此外，熟练造船者的丧失（例如2004年海啸期间）可能在市场中留下一个将被拥有少量或没有造船经验的人填补的（声称拥有建造好船的必要经验，可能是木匠）缺口。

供应正确的数量。过量供应渔船，或者将船只供应给灾害前不是所有者的人，对渔民的生计和他们赖以生存的鱼类资源会有负面影响。举个例子，有效开发的资源会因为没有规划好的并增加总捕捞工作的应急响应而变得过度开发。

遵守规则。需要仔细考虑非法或未许可捕捞活动中受损的渔船的恢复。尽管这类特定设计的渔船在紧急情况的早期阶段为了恢复食物和生计或许可接受，但是却不可能成为一项可以接受的长期策略。

了解和处理所有权模式。虽然追求以相似替代相似的目标听起来可能很简单，但是机构仍需要仔细考虑许多可能围绕渔船所有权模式的社会、政治和经济因素。例如，发现渔船所有者或债权人以及捕捞船员之间的剥削关系是很常见的。这些可能包括不良就业状况、与不良贸易协议挂钩或高利贷。相反，这些安排可能支持一些贸易商和加工商（常常是妇女），他们可能因为权力移交从长期发展中被边缘化，而这种权力移交主要是由作为应急响应措施一部分的捕捞资产的最终分配引起的。

提供支持。所提供渔船因技术支持、培训和维护的缺乏会导致其过早在海上变得不安全或者被受益人抛弃。结果，试图恢复他们的生计可能证明是不可持续的。渔船或引擎之类新资产的正确使用和维护的培训缺乏也会导致渔船变得破损和不可用。

交付完整包装。交付不完整渔船或者交付不完整渔船、设备、引擎和渔具包装也会导致渔船变得在海上不安全或者被受益人丢弃（可能争取来自热心捐助的更好的产品）。示例包括不带关键技术物品的船只交付，而这些关键技术物品对捐助者来说似乎是便宜和现成的（例如舵和螺旋桨），但对受益人来说

太贵或无法获得，特别是在灾后环境条件下。

加强海上安全。对海上安全的考虑常常与财富有关——国家和渔业越富有，工作场所安全标准越高。对海上安全来说至关重要的大多数设备在本国内无法获得，或者支付与渔船或产生的渔业收入不相称的成本才可以获得。例如，6米的独木舟式渔船可能花费不到500美元来建造。任何其他设备，尤其是进口设备，对所有者来说将极大增加成本，例如符合国际标准的救生衣通常至少需要花费80美元。

更改设计细节以满足海上安全要求会遭到渔民的反对，因为这些渔船和他们习惯的渔船的外观、感觉或功能可能不同。例如，构造改进可能会增加船只重量，这就意味着将重得多的渔船拖到海岸上，进而可能遭到渔民的反对。

因此，在渔船的修理和替换中，虽然海上安全最为重要，但还是必须了解它与现有财富和技术状况的适合程度，以便为渔民提供帮助，使他们能够用与其经营和支付能力相称的成本来提高安全性。

（2）**重建美好家园**

通过仔细考虑渔业资源和可替代资源，与灾害前所追求的目标相比，所更换的渔船和关联渔具可能会产生更可持续的活动和更有利可图的未来。从本质上来说，再次确定捕捞工作的方向，远离破坏性或不可持续的做法，则可能会受到一定影响。渔民常常意识到了这种可能性，但是在无援助的情况下，却没有做出改变的方法或经验。

对渔船设计和设备引入细微变化，都可以提高经营效率和增加收入。机会与改善船体形状、引入不同的马达或者增加变速箱共存。即使是简单的改变，例如正确调整尺寸、安装螺旋桨和船尾机齿轮可以极大地提高燃料效率。Davy（2012）指出始终存在改进的机会，即使在相对发达的渔场中也是如此。

建立或更新船舶登记和文件系统，既加强渔业管理的知识基础，又使社区的安全性和信心度得以提升。知道渔船捕捞的地点和时间，以及相同捕捞区域有哪些其他人，在海上事故事件或未来的危险或紧急情况事件中可以挽救生命。社区特别是渔民家庭成员的参与在这里非常重要。

提供培训和造船技能升级可以提高渔船的强度和寿命，也可以提高材料使用效率。实现此类改进全部与细节有关，木材组件之间的排列和连接可以显示不良质量渔船和坚固耐用渔船之间的区别。了解可用木材及其在设计中的有效使用，可以节省材料，这具有明显的成本效益。

提供基本海上安全培训，可以用少量成本减少严重事故的可能性。同时可以提高留在岸上的人对家庭和社区成员可以安全返回的信心。简单检查和维修船只和机械可以挽救生命，使用手电筒、镜子和救生圈之类的便宜物品也同样可以挽救生命。

5.2.3.3 捕捞作业—渔船（FOFV）最佳实践

（1）捕捞作业—渔船1：评估与计划

计划包括一份对丢失船只的技术细节、捕捞活动以及可能使用渔船的其他活动的详细评估。

关键指标

● 用于评估的技术专家（参阅指导说明①）。

● 在应急响应的计划和实施中确认和利用社区的技能和知识（参阅指导说明②）。

● 创建了人员、船只和设备的清单（参阅指导说明③和⑤以及工具）。

● 创建了渔船所有权与信用/金融的模式（参阅指导说明③）。

● 确认了渔业中已存在的问题，并且讨论了备选方案（参阅指导说明④）。

● 充分考虑并记录了有助于渔船设计和开发的因素（参阅指导说明⑦）。

● 未登记或记录不齐的渔船都要包括在渔船数量中（参阅指导说明②和⑧）。

指导说明

①技术能力：进行渔船修理和替换的机构可能缺少该领域内的经验或技术能力。在这种情况下，制订详细计划之前认识到这一点并寻求专家的帮助至关重要。专家可能拥有造船、船只设计和船只生产之类的多种经验。有用的知识领域包括以下几项：

● 了解影响渔船选择的因素；

● 确认合适的渔船设计；

● 了解渔民和社区；

● 改进渔船安全；

● 改进渔船经济；

● 改进材料使用。

除了所需的基本知识外，专家还应该拥有以下针对涉及渔船替换的项目的相关经验和能力：

● 与相关权威、造船者和渔民一起识别受灾渔民所使用的最常见类型渔船。

● 识别能够在受影响区域内充分利用合适材料（木材和 GRP 等）建造渔船的造船公司。

● 针对合适渔船的初步或最终详细图纸和技术规格的准备。包括强度、安全和设备在内以与相关法规匹配和促进更好的海上安全。

● 关于渔船设计构造的详细使用手册的准备。

● 详述调查结果、结论和有关承担工作建议的技术报告的准备。

②使用本地技能和知识：一个已经建立好的渔业社区，需要详细了解当地

所使用的船只和渔具种类，而这些船只和渔具种类同时又是将来锁定要使用的。他们还了解本地情况和影响捕捞活动的其他因素。因此，在应急响应的筹划和实施时，了解和利用社区的技能和知识是非常重要的。

③确定损坏和丢失的数量：应该快速准确地创建丢失和损坏渔船以及受影响渔民的清单。此类数据对避免不适当的项目设计、曲解社区或未来资源过度开采来说至关重要。在存在应急响应协调机构的地方，可以获得该信息。在收集新信息的地方，它应该可以供其他机构来访问和使用。通常情况下，所需要的最少信息可能包括以下几点：

渔船：

物理的	操作上的
● 类型和本地名称	● 捕捞活动类型
● 登记数据	● 渔场位置和距离
● 尺寸：船长、船宽、船深	● 捕捞作业，每月或每年的天数
● 甲板式或开放式	● 捕捞季节和限制
● 建造材料和细节	● 目标鱼的种类
● 引擎制作、类型、动力	● 捕获率：每天，每年
● 使用的渔具和尺寸	● 船员数量
● 特点：冰箱、鱼舱、拖网、烹饪、睡觉、洗手间、安全设备等	● 每天或每月使用的燃料

渔民：

工作岗位	社区职位
● 船长和所有者	● 船主，单独或群体
● 船长和员工或承租人	● 以负债购买资产
● 熟练船员	● 联系鱼商
● 劳动者	● 销售自己所捕获的产品

④了解灾前问题：受灾害影响的渔船可能存在影响其环境、经济和社会可持续性的众多先前已存在的问题。可能包括非法渔具的使用、产能过剩、过度捕捞和与现有政府渔业策略冲突。社区可能意识到某些或全部问题，但可能缺少知识和方法，或者将采取措施来减轻它们对生计和环境造成的负面影响。努力确保社区参与确认此类问题的识别，同时在重建计划的制订过程中，社区还应当用一种能够提高可持续性的方法来帮助重新定位活动方向。在某些情况下，可能无法用相同的渔船和设备替换丢失的资产；相反，改变渔业的方向以便更好地适应社区或政府政策和国际最佳实践。

⑤**使用现有数据**：可以咨询地方或国家政府来创建关于捕捞活动重要方面的数据。可用的信息可能包括渔船细目和登记（应该包括渔船大小、类型和其他细节）、所有权详情和渔获量信息（重量和价值）。但是，此类信息不可能呈现渔业全貌，也许因为信息保存或更新不正确、记录中遗漏了渔船、渔船处于偏远位置，或者渔船属于未正常登记的种类。获得的所有信息都可以用作背景检查和未来（社区）评估的基础，但不应被视为情况的最完备表述。

⑥**了解渔船的不同用途**：灾害对全职渔船之外的渔船有巨大的影响。家用船只和多用途船只可能受到严重影响，并且这些船往往属于最穷的家庭。此类船只通常很小，不太可能由当局登记，因为当局主要考虑的是一定长度的专职渔船。它们可能被用于购买或销售、带孩子去学校或用于兼职农业、水产养殖和捕捞。船是重要的通信和运输工具。在某些地方，它们是社会组织的一部分，特别是在水路比道路多得多的地方。

⑦**渔船设计中的主要考虑事项**：在建造或供应替换渔船并返回捕捞的过程中，可能会忽略一些影响渔船设计和外观的关键因素。渔民可能很保守，只想使用符合其现有经验、传统和工作实践的船只。一些维修习惯也需要考虑在内，比如保持船只的形状或风格，或将一些特定功能纳入其中。应考虑以下事项：

- 基于社区或地理规范的渔船传统。
- 基于文化和迷信的渔船传统。
- 渔船操作环境，例如使用季节、海况、河流情况。
- 码头设施的考虑事项，海滩、河流或港口。
- 潮汐和水位。船是脱离了水还是漂浮在水上？
- 水的清除或捕捞设备的存储等操作特征。

参阅工具 3 以了解更多关键问题。

⑧**渔船登记**：不是所有受影响的渔船都会被登记或记录，因为它们超出政府当局涵盖的种类或者只是忽略或避开了此类正式手续（参阅指导说明②）。经济上不可行的船只不可能被登记或记录。因此，评估丢失的船只数量时，必须咨询社区团体。而且咨询不应仅仅局限于渔业社区，还应当包含可能丢了船只的所有人，例如，有些个体渔民可能在主要社区之外生活和工作，但可能同样处于船只丢失的不利处境。

（2）捕捞作业—渔船 2：加强治理

涉及船只替换和修理的活动应该有助于实现更好的渔业治理，并提供可持续的渔业，从而提供长期生计。

关键指标

- 咨询有关当局来创建已存在的情况和关注的领域（参阅指导说明①）。

- 针对渔船的实际情况检查海上安全条例或指导（参阅指导说明②）。
- 新渔船设计和需求与政府渔业政策和战略一致；在缺少此政策和战略的地方，它们与国际法规和标准一致（参阅指导说明①和③）。
- 与渔民和当局进行了讨论，以确定哪些区域需要重新定位，以及实现这一要求所需的改变（参阅指导性说明①和③）。

指导说明

①**创建针对应急响应的基本原理**：针对新渔船建造的规划应该考虑受影响渔业的资源状态和管理机构确定的正式目标。参考的信息应该包括与相关当局（渔业部）的讨论和报告，以及渔业专家编写的评估报告。渔民、贸易商和社区的轶事证据在创建渔业蓝图中也很重要。在没有此类信息的地方，完成计划之前应该考虑让专家参与这项工作。目标是拥有最好的信息资源，无论来自科学评估，还是政府的意见或与社区的讨论。

不管渔船的替换是否符合当前情况，或者是否需要重新定位捕捞活动的方向以确保可持续性，都应该确定该目标。

要考虑的关键领域可能包括以下几项：

- 非法渔具的使用；
- 与政府战略有冲突；
- 过度捕捞的信号；
- 恶化的生态系统；
- 减少捕获率；
- 与以前数据作对比，并对其更改；
- 减少物种和降低尺寸；
- 捕捞活动和渔场的更换；
- 渔民迁移；
- 从事其他工作的渔民。

评估需要考虑渔业本身资源情况和船只建造所需要的木材等当地材料的资源情况。在木材成问题的地方，有可能会广泛使用不适合造船的非法砍伐或劣质的木材。

②**登记和法规**：渔船登记和监管始终是关联在一起的；但是，关于海上安全的规定在小型渔船上的应用可能有所不同。可能存在没有相关法规、有一些相关法规但未应用或者有许多法规并且应用了一些和忽略了一些的情况。船只大小在法规的应用中是重要的——船只越小，有效的法规可能越少。长度低于6～7米的船只可以彻底逃避法规。咨询受影响地区内的社区对了解情况和它如何影响捕捞活动来说是必要的。

③**政策方向**：相关政府（渔业）当局要能够提供有关渔业的战略、计划建

议以及文件。在此类指导不完整或不可用的地方，有许多最佳实践信息来源，包括但不限于以下几项：

- FAO 负责任渔业行为规范（FAO，1995）
- 针对长度小于 12 米的甲板渔船和无甲板渔船的 FAO/ILO/IMO 安全建议（FAO/ILO/IMO，2012）
- FAO/ILO/IMO 渔民与渔船安全法规 2005（FAO/ILO/IMO，2005）
- A 部分——安全和健康实践
- B 部分——渔船建造和设备的安全与健康要求
- FAO/ILO/IMO 小渔船设计、建造和设备自愿准则（IMO，2005）

（3）**捕捞作业—渔船 3：可持续采购**

木材和 GRP 之类造船材料的来源证明是可持续、适合的和经济上可行的。

关键指标

- 项目与相关当局（例如林业部）建立联系，并且接收关于材料采购的建议（参阅指导说明①）。
- 机构接收和保存有关木材产品来源和合法性的文件（参阅指导说明①）。
- 在材料和设备必须进口的地方，例如玻璃和树脂，项目要使大家了解海关要求，以及成本和时间影响（参阅指导说明②）。

指导说明

①**可持续采购**：在普遍受自然灾害影响的国家和地区，存在木材资源方面的重大压力也是常见的，这可以导致非法伐木活动的兴起，而这种非法伐木活动却是灾难之后渔船替换工作的结果。有关政府当局应能提供有关情况的资料，并有助于识别经批准的木材来源。任何赞助使用木材造船的机构都应该寻求他们的建议。当机构购买木材产品时，应该从贸易商那里获得单据，以验证木材的原产地和合法性。源自非正规或非法部门的木材产品可能会便宜很多，但是环境代价很高，并且不可能保证所造船舶质量上等或被正确建造。

②**了解进口法规**：根据特定受影响国家和地区内的情况，设计此类项目和规划此类投入品是合适的，即这类项目和投入品需要尽可能少地进口物料或只需要通过受影响国家和地区内正常商业渠道便能够获得。如果这是不可能的，并且进口物料对渔船替换来说又非常重要，应该咨询海关当局，以获得关于进口系统的运作和时间安排以及需要针对国际重建项目的特殊措施的建议。还可能需要考虑进口税，这些都将被计入成本。

（4）**捕捞作业—渔船 4：支持结构**

支持渔船修理或替换的结构在经济上是可行的，并及时进行重建。

关键指标

- 建造新船的工作地点要考虑到与供应商之间的运输条件和支持性基础设施的可用性（参阅指导说明①）。
- 新船建造地址的规划，旨在将其变成一个建造公司，而不是用于短期投入物交付的项目地点，该规划包括经济可行性评估（参阅指导说明②）。
- 规划包括与提供培训、技术支持、原型研制和知识库的组织合作（参阅指导说明③）。
- 新设施符合工艺和安全指南（参阅指导说明④）。

指导说明

①**支持结构**：有效的造船计划要求有设施、资源、设备、通信和劳动力。这些在受灾害影响的区域可能无法轻而易举地获得。对于重建活动的初始评估来说，需要将当地技能的使用需要和考虑与基础设施和服务相接近的需求加以平衡。在正在建立新造船设施的地方，项目范围内的位置需要易于接近，最好不要太多，因为在紧急情况中转运会很困难。

造船设施将至少需要获取以下项目：

- 电源或发电机；
- 培训设施；
- 遮阳和遮雨；
- 培训师食宿；
- 用于材料和工具的安全存储设施；
- 培训生食宿；
- 本地服务提供商，例如机械；
- 本地材料供应商，例如木材。

②**经济可持续性**：在目标是为建造长期可行的造船活动的地方，设计设施的时候考虑到经济可持续性是非常重要的。对此的评估可以包含以下项目：

- 区域内可用的人员和设施（参阅指导说明①）。
- 区域内造船资源的可用性。对于木材造船来说，这尤为重要。
- 沟通连接。道路或铁路网络以及与供应源的连接。
- 区域内渔业状况和卫生。船队职位、捕获量和收入是什么？
- 新船或船只维修的可能要求对造船设施的生存能力至关重要。

③**技术支持**：作为救灾和恢复运作而计划造船的机构可能缺乏必要的技术专家。在这种情况下，他们应该与主管机构或权威机构合作，或者向他们寻求帮助，因为这些机构能够为其提供一些必要的技术援助、协调服务和知识资源。

④**最佳实践和支持**：最佳实践和与渔船及其建造和安全相关的标准的来源有许多。

- FAO 负责任渔业行为准则（FAO，1995）
- 针对长度低于 12 米的甲板渔船和无甲板渔船的 FAO/ILO/IMO 安全建议（FAO/ILO/IMO，2012）
- FAO/ILO/IMO 渔民与渔船安全法规 2005（FAO/ILO/IMO，2005）
- A 部分——安全和健康实践
- B 部分——渔船建造和设备的安全与卫生要求
- FAO/ILO/IMO 小渔船设计、建造和设备自愿准则（IMO，2005）

（5）**捕捞渔业—渔船 5：管理支持**

计划的造船活动规模应该反映可用的管理和监督能力。

关键指标

- 制订了管理计划，包括渔船建造项目的监控、监督和跟进（参阅指导说明①）。
- 足够的资源可用于项目管理（参阅指导说明②）。
- 定期监控建造项目，在必要的地方提供帮助和质量控制（参阅指导说明③）。
- 依照原始计划交付渔船（参阅指导说明③。）。
- 交付良好品质和满足所需规格的渔船（参阅指导说明④和 FOFV⑥）。

指导说明

①**项目管理的价值**：建造大量的船只具有挑战性，将需要良好的管理、检查和监督服务。此任务与交付农机或家畜之类的其他投入物不同，因为此投入物必须在原处生产。缺少适当的支持会使实现计划的目标变得困难。可见的影响可能包括不良渔船建造质量、不符合规格和法规，以及持续延误交货。

②**将资源分配给项目管理**：项目设计与技术/工程部门的管理和监督包括造船需要熟练的、有经验的人员和足够覆盖整个项目持续期的预算。例如，在商业造船中，据了解将会有重要设计、管理和监督成本（除造船合同价值之外），这些成本在计划中都是允许的。通常情况下，这些会添加 10% 或更多到渔船成本中。对于旨在交付成本为 5 000 美元每艘的 250 艘小船的重建项目来说，这将意味着约 125 万美元的总渔船成本价值。此类项目所需的大量管理和监督投入，预计将给该地区增加 125 000 美元或更多的船只总成本。

③**监控与质量控制**：这些活动最好由经验丰富的技术人员来定期或在造船过程中的关键点执行。例如，如果组件安装掩盖了渔船的其他区域，致使以后检查时顾及不到它们，那么这之前应该进行检查。除了检查渔船本身，还应该根据计划的时间表来检查进度。在这过程中，任何延迟都是值得注意的，都应该与建造者进行讨论。船通常会延迟交付，需要持续努力来将该延迟降至最

低。使用另一方来提供需要的监控和质量控制服务也许是可能的，例如，专门从事这类工作的公司或个人，或拥有适当的内部专长的其他机构，如粮农组织。

④规格：船舶建造合同应附有书面说明。该合同规定了船舶、船舶质量和完工状态与合同规定相符的措施。工具4制定了一个典型的小船规格。

（6）捕捞作业—渔船6：海上安全

海上安全的改进对重建工作来说是极为重要的。

关键指标

- 咨询用户，以获得关于交付渔船的安全与可持续性的反馈（参阅指导说明①和②）。
- 渔民使用经过改进和更安全的渔船——它们明显地可以接受（参阅指导说明②）。
- 造船者和渔民在他们自己的工作中采用更好的渔船结构和海上安全实践（参阅指导说明②和④）。
- 为渔民和更广泛的社区（包括船主、造船者、服务提供商和妇女儿童）提供了支持、培训和意识升级（参阅指导说明③）。

指导说明

①**成本效益**：花费在海上安全的精力往往与财富有关，更多的财富等于更高的工作场所安全标准。被认为对海上安全至关重要的许多设备可能在国家和地区内不可用或者需要支付与渔船成本或捕捞收入不相称的费用才能获得。因此，在这个领域，需要了解改进的海上安全如何适应渔业中的现有财富和技术模式。帮助渔民实现改进的安全是需要支付一定成本的，而这种成本要与他们的支付能力以及使用适合技术的能力成正比。例如，一艘（6米左右）小独木舟型渔船可能需要500美元建造费。因此，任何额外的设备，特别是进口的话，将极大增加成本。例如，一件符合国际标准的救生衣通常至少要花费80美元。

②**管理更改**：为了符合海上安全要求而进行的设计和渔船设备的重大更改可能会遭到渔民的反对，因为这些改进的渔船和他们所熟悉的渔船的外观、感觉或功能可能不同。例如，改进的构造通常意味着增加渔船的重量，如果意味着将船拖到岸上变得困难得多，渔民可能不会喜欢。在渔民认为问题很大的地方，有关的渔船可能最终会留在岸上并且很少用于捕捞。

③**海上安全改进的可接受性**：可以通过在工作渔船上明显采用了新的技术与设备而得以验证。然而，对于实际工作的渔船，忽视监管、指导和安全最佳实践的现象却又极为普遍。

④**培养海上安全技能**：以较少成本提供基本的海上安全培训可以降低严重

事故发生的可能性，还可以提高留在岸上的人认为家庭和社区成员在海上会很安全的信心。活动可以包括培训手册的制作、国家培训师的培训和每次捕捞航行都携带安全设备的重要性论证。此外，对船只和机械进行简单的检查和维护也可以挽救生命。

⑤遵循标准：最好是根据已知文件的标准来衡量渔船的强度和安全性。这要求检查员做出的判断具有一致性和透明度，因为造船者拥有相同文档的访问权。以下是最佳实践和标准的众多来源：

- FAO 负责任渔业行为准则（FAO，1995）
- 针对长度低于 12 米的甲板渔船和无甲板渔船的 FAO/ILO/IMO 安全建议（FAO/ILO/IMO，2012）
- FAO/ILO/IMO 渔民与渔船安全法规 2005（FAO/ILO/IMO，2005）
- A 部分——安全和健康实践
- B 部分——渔船建造和设备的安全与健康要求
- FAO/ILO/IMO 小渔船设计、建造和设备自愿准则（IMO，2005）

资源和工具

信息资源	网络链接	与技术挑战的相关性
国际标准和准则		
针对长度小于 12 米的甲板渔船和无甲板渔船的 FAO/ILO/IMO 安全建议（FAO/ILO/IMO，2012）	www.safety-forfishermen.org/50769/en/	为了促进渔船安全和船员安全与健康，关于小渔船的设计、建造、装备、培训和保护船员的信息。这些建议的条款适用于世界上 85% 的渔船船队。
FAO/ILO/IMO 渔民与渔船安全法规 2005 A 部分——安全和健康实践	www.safety-forfishermen.org/50769/en/	法规 A 部分的目的是促进甲板渔船上船员的安全和健康而提供信息。法规的此部分还用作针对关心甲板渔船上安全和健康改进的人员指南，但不是国家法律法规的替代品。
FAO/ILO/IMO 渔民与渔船安全法规 2005 B 部分——渔船建造和设备的安全与健康要求	www.safety-forfishermen.org/50769/en/	法规 B 部分的目的是促进渔船安全和船员安全与健康而提供关于渔船的设计、建造和装备的信息。
FAO/ILO/IMO 小渔船设计、建造和设备自愿准则	www.safety-forfishermen.org/50769/en/	自愿准则的目的是促进渔船安全和船员安全与健康而提供关于小渔船的设计、建造和设备的信息。自愿准则的条款适用于长度为 12 米和大于 12 米但小于 24 米的甲板渔船。

（续）

信息资源	网络链接	与技术挑战的相关性
与渔船安全《托雷莫利诺斯国际公约1977》相关的《1993托雷莫利诺斯协议》（综合版，1995）	www. IMO. org	此出版物包含针对长度24米及以上的渔船建造和装备的法规。此法律文件尚未生效。
IMO 完整稳性国际法 2008	www. scribd. com/doc/49852375/Intact-Stability-Codemsc-267－85－08	本法规提供强制性和建议性的稳定准则和其他措施，以确保渔船的安全操作，从而将渔船、甲板人员和环境遭受的风险降至最低。
针对关于渔船船员的培训与认证指导的 FAO/ILO/IMO 文件	www. IMO. org	它涵盖小渔船和大渔船上以工业规模捕捞的船的船员的培训和认证。
ILO. 捕捞工作公约 2007（No. 188）与建议 2007（No. 199）	http：//www. ilo. org/wcmsp5/groups/public/@ed_dialogue/@sector/documents/publicaction/wcms_161220. pdf	提供一套关于甲板渔船上工作条件的综合标准。 除其他事项外，包括关于住宿、职业安全与健康和海上医疗处理的标准。
ILO. 职业安全与健康管理系统准则（ILO，2001）	www. ilo. org/public/english/region/afpro/cairo/downloads/wcms_107727. pdf	旨在帮助工人远离危险和消除与工作有关的伤害、健康不佳、疾病、事故和死亡。 它们为国家和企业层提供指导，可以用来创建用于职业安全与健康管理系统的框架。
关于捕捞工作公约 2007（No. 188）实施的 ILO 培训手册（ILO，2002）	http：//www. ilo. org/sector/Resources/training-materials/WCMS_162879/lang_eng/index. htm	本培训材料主要针对为了符合国家法律、法规和针对捕捞工作公约 2007 的实施的其他措施而将要执行船旗国检查的人员，也用于将执行外国渔船港口状态控制检查的人员。它是供任何想要更好地了解捕捞工作公约 2007（No. 188）要求的人员使用的有价值工具。
FAO. 1995. 负责任渔业行为准则. 罗马. 41 页.	www. fao. org/fishery/code/en	FAO将此法规用作促进与海上安全有关的各种问题的工具。此法规中与海上安全有关的条款是：6. 17、7. 1. 7、7. 1. 8、7. 6. 5、8. 1. 5、8. 1. 6、8. 1. 7、8. 1. 8、8. 2. 5、8. 2. 8、8. 2. 9、8. 2. 10、8. 3. 2、8. 4. 1、8. 11. 1、8. 11. 4 和 10. 1. 5。

信息资源	网络链接	与技术挑战的相关性
捕捞作业		
FAO. 1996. 捕捞作业 .FAO 负责任渔业技术指南 No. 1. 罗马. 26 页.	www. fao. org/DOCREP/003/W3591E/W3591E00. HTM	提供技术指南是为了支持与捕捞作业有关的行为规范的实施。它们是针对国家和国际组织、渔业管理实体、所有者、管理者和渔船承租人，以及渔民及其组织的。
海上安全		
FAO. 1989. 用于渔船标记和识别的标准规格. 罗马. 粮农组织. 69 页.	ftp：//ftp. fao. org/docrep/fao/008/t8240t/t8240t01. pdf	此文档含有针对 FAO 渔业委员会支持的渔船标记和识别的标准化系统的规格。
Petursdottir et al. 2001. 作为渔业管理主要部分的海上安全. FAO 渔业通告 No. 966. 罗马，粮农组织. 39 页.	www. fao. org/DOCREP/003/X9656E/X9656E00. HTM	本文提供一个全面的海洋安全问题概述，并且得出海上安全应该整合进渔业管理的结论。
Gulbrandsen, O. 2009. 海上安全——小渔船安全指南. FAO/SIDA/IMO/BOBP-IGO REP 112. 52 页.	www. fao. org/fi/oldsite/eims _ search/1 _ dett. asp? lang＝en&-pub _ id=261572	本安全指南旨在提供简单的方法来确保新船符合国际接受的安全标准。目标群由船舶设计者、船长和负责起草新法规和安全监督的政府官员组成。此指南主要处理长度小于 15 米的船只，凭经验这种船只最容易出事故。
渔船设计和建造		
Haug, A. F. 1974. 渔船设计：1. 平底船 .FAO 渔业技术报告 No. 117，修订版. 罗马，粮农组织. 46 页.	http：//archive.org/stream/fishingboat-desig034778mbp # page/n0/mode/2up	此出版物提供一些易于建造的、用于小规模非工业渔业的船只的基本设计。
Gulbrandsen, O. 2004. 渔船设计：2. 厚木板与胶合板建造的尖底船 .FAO 渔业技术报告 No. 134，修订 2 版. 罗马，粮农组织. 64 页.	www. fao. org/docrep/003/w3591e/w3591e00. htm	该出版物内容包括 4 类小型船舶（5.2～8.5 米）的设计，详细列明了所需材料的规格和清单，并提供了详细的、使用厚木板和胶合板建造船舶的说明。
Fyson, J. F. 1980. 渔船设计：3. 小型拖网渔船. FAO 渔业技术报告 No. 188，修订版. 罗马，粮农组织. 51 页.	ftp：//ftp. fao. org/docrep/fao/012/t0445e/t0445e. pdf	该出版物内容包括一系列适合在沿海水域作业的小型拖网渔船的设计。它提供了详细的技术信息，并就渔业官员、船舶所有者和造船厂如何选择合适的船舶提供指导意见。

69

第五章 渔业和水产养殖业应急响应的最佳实践

信息资源	网络链接	与技术挑战的相关性
Fyson，J. F. 1988. 渔船建造：1. 建造一艘锯木渔船. FAO 渔业技术报告 No. 96，修订版. 罗马，粮农组织. 63 页.		该出版物旨在介绍设计师如何绘制船舶的曲线外形，如何获取船舶制造所必需的细节信息和尺寸信息。
Coackley，N. 1991. 渔船建造：2. 建造一艘玻璃钢渔船. FAO 渔业技术报告 No. 321. 罗马，粮农组织. 84 页.	www. fao. org/DOCREP/003/T0530E/T0530E00. HTM	该出版物旨在为读者介绍玻璃钢的基本知识及其用于制造船舶的可能性和局限性。
Riley，R. O. N. & Turner，J. M. M. 1995. 渔船建造. 3. 建造一艘钢丝网水泥渔船. FAO 渔业技术报告 No. 354. 罗马，粮农组织. 149 页.	www. fao. org/docrep/003/v9468e/v9468e00. htm	该出版物旨在为读者介绍钢丝网水泥的基本知识及其用于制造船舶的潜力和局限性。
Anmarkrud，T. 2009. 渔船建造：4. 建造一艘玻璃钢渔船. FAO 渔业技术报告 No. 507. 罗马，粮农组织. 70 页.	www. fao. org/docrep/012/i1108e/i1108e. pdf	
Mutton，B. 1980a. 工程应用：1. 小型船舶中的发动机安装与维护. FAO 渔业技术报告 No. 196. 罗马，粮农组织. 127 页.		该出版物为小型造船厂、船舶所有者和渔民提供了安装细节、必要的维护程序等信息，可以作为基础手册之用。
Mutton，B. 1980b. 工程应用：2. 小渔船的拖运设施. FAO 渔业技术报告 No. 229. 罗马，粮农组织. 146 页.		该出版物介绍了规划和制造简易起网机的基本原则。
Czekaj，D. 1990. 工程应用：3. 小型渔船水力学. FAO 渔业技术报告 No. 296. 罗马，粮农组织. 199 页.	http：//books. google. it/books? id = 2kjAgBppTC4C & printsec = frontcover & hl = it & source=gbs _ ge _ summary _ r & redir _ esc = y ♯ y = onepage& q& f =false	该出版物介绍了一般设计原则的一些思路和基本规则，适用于各种机器的安装细节、施工、安装和维护，以及其他液压回路的元素。

信息资源	网络链接	与技术挑战的相关性
Gudmundsson，A. 2009. 与小渔船稳定性相关的安全实践. FAO 渔业与水产养殖业技术报告 No.517. 罗马，粮农组织 . 54 页 .	www.fao.org/docrep/011/i0625e/i0625e00.htm	本文介绍了小型渔船稳定性的基本原理，为渔船船员就如何保持渔船稳定性提供指导。本文目标受众主要包括渔民及其家庭成员、渔船所有者、造船厂、当局，以及其他对渔船安全感兴趣的人。
Anmarkrud，T.，Danielsson，P. & Gudmundsson，A. 2010. 热带气候中纤维增强塑料船舶简易维修指南 . BOBP/ MAG/27. 罗马，粮农组织，		这本小册子不仅有助于渔村的渔民和小作坊对纤维增强塑料（FRP）船舶进行简易维修，还为渔业主管部门的官员，以及开展 FRP 船舶简易维修培训的其他有关机构提供指导。
McVeagh，J.，Anmarkrud，T.，Gulbrandson，Ø.，Ravikumar，R.，Danielsson，P. & Gudmundsson，A. 2010. 纤维增强塑料海滩登陆船舶的培训手册. BOBP/REP/119. 罗马，粮农组织 . 148 页 .	www.fao.org/docrep/012/al360e/al360e.pdf	这本关于 FRP 海滩登陆船舶的手册旨在为位于印度泰米尔纳德邦地区，制造 FRP 海滩登陆船舶的小型船厂提供帮助。然而，它也为制作优质 FRP 船舶以及 FRP 培训提供指导。
Davy，D. & Svensson，K. 2009. 在缅甸建造小型木船——12～18 英尺①多用途船舶. 项目 SRO/MYA/805/SWE. 罗马，粮农组织 . 39 页 .	www.fao.org/docrep/012/ak202e/ak202e00.htm	该指导手册内容包括小型多用途船舶的制造，小型多用途船舶以伊洛瓦底江三角洲地区为典型。该指导手册不仅为有关机构提供造船的详细信息，将有助于该三角洲地区制造合适的船舶；还将帮助有关机构增加对船舶制造过程的理解，提供良好实践的指南。此外，该指导手册还有助于船舶制造有关的合同审查和质量控制。

---

① 英尺为非法定计量单位，1 英尺＝30.48 厘米。

关于船舶制造和海上安全问题的信息很多。部分信息包括在下表中：

信息来源	信息概述	网络连接
粮农组织渔业及水产养殖部	关于渔业和水产养殖业的信息、统计表和出版物。	www. fao. org/fishery/en 查找出版物可从：www. fao. org/fishery/publications/en 查阅技术论文可从：www. fao. org/fishery/publications/technical-papers/en 涉及负责任渔业，参考：www. fao. org/fishery/publications/code/en www. fao. org/fishery/publications/technicalguidelines/en
渔民安全网	关于渔民安全的相关信息。该网站由粮农组织主办，由渔业部门的专家负责管理运营。	www. safety-for-fishermen. org/50769/en/
SeaFish（英国）	海鲜产业有关的服务和支持，包括信息、安全、环境、监管、标准、消费者。	www. seafish. org/
英国海事和海岸警备局	海上安全组织为渔民培训和安全提供指导。	www. dft. gov. uk/mca/mcga07-home/workingat-sea/mcgafishing. htm
孟加拉湾计划（BOBP）	该政府间组织旨在加强该地区内国家和组织之间的合作，为沿海渔业可持续发展和管理提供技术和管理咨询服务。	http: //www. bobpigo. org/ safetyatsea/
京都大学全球环境研究所	该手册为越南渔民应对台风和强风提供帮助。	www. iedm. ges. kyoto-u. ac. jp/aboutus _ e. htm

工具1：基本船舶类型

长度（LOA）	<10 米	10～15 米	15～24 米	>24 米
类型	手工	半工业	工业	工业
甲板状况	很少	有时	经常	总是
推动力	频繁使用船帆或划桨，但也用船内或舷外的机动设施（汽油或柴油）	主要靠机动设施，常用船内（柴油）	使用船内机动设施（柴油）	使用船内机动设施（柴油）

长度（LOA）	<10 米	10～15 米	15～24 米	>24 米
船员	1～6 名	3～12 名	不确定，可能在6～15名	不确定，可能多于15名
航行	一般 1 天	3～7 天	7 天或以上	7 天或以上
区域	近海	沿海	离岸	远海
设计、建造	常常是简单的传统设计和相对粗糙的建造。	基于传统或现代设计，木质或现代建造。	常常是现代设计，主要为现代建造。	主要是现代设计和建造。
材料	主要是传统类型的木质结构。简单的玻璃钢（GRP）船舶不断增多。	根据地点和渔业情况，可能是木头、GRP、钢材或铝构造。总的来说大多数仍是木质。	根据地点和渔业情况，可能是木头、GRP、钢材或铝构造。非木质结构更受喜爱。	对于 15～24 米的船舶，非木质结构更受喜爱。除非木材便于取用，钢材可能是易选的材料。
齿轮	常常是小齿轮，手工操作。	大齿轮，经常是机械操作。	大齿轮，主要是机械操作。	超大齿轮，机械操作。
海上安全性	由于构造简单和设备落后，记录可能贫乏。	有所改善的记录，尤其在有甲板的船舶上。	船舶安全性不断增强，但是齿轮和设备危险性也增加。	关注重点在甲板设备和船员保护上。这些船舶的航行也很不安全，因此需要良好的通信和救生设备。
注册	不可能	可能	可能	经常强制性
所有权和金融	常常是个体渔民。自己或非正规金融。	渔民和投资者交叉所有，非正规和正规金融交叉。	富有的投资者。可能有正规金融。	富有的投资者。可能有正规金融。

工具 2：船舶类型

除了按长度分类，还有很多给船舶分类的方法。许多国际组织和政府有他们自己的方法。在印度尼西亚和秘鲁，吨位（GT）测量法被用来进行渔船分类。在英国和北爱尔兰，Seafish 建设标准（被设计师和管理员广泛提及）使用立方数标识船舶规模。

在拟议的项目活动区域或国家，在讨论造船时了解和采用当地的船舶分类体系很重要，同时了解这些方法之间的关联性也非常重要，如长度（L/LOA）和吨位（GRT/GT）之间的关联性。

下表提供了一些船舶分类的常用方法：

分类	描述	评价
吨位（GRT/GT）	基于校正系数的船舶体积的可用内部体积衡量方法。在1994年，总注册吨位（GRT）完全被总吨位（GT）取代，在工业中不再被广泛使用。更多信息和计算方法见附录2。	长24米及以上的船舶的航行标准，有时被用于捕捞船只分类。例如在印度尼西亚（0～5，5～10，10～30和30＋）。
立方数（CUNo）	船箱体积的衡量方法，以长×宽×深计算。更多测量和计算方法见附录3。	由于可以在重量（排水量）方面比较船只规模，经常用于渔业。比长度更准确地真实衡量船舶规格的方法。
机动船只发电机功率	是否装有发动机	发动机可以是一个、一对、船内、船外、汽油、柴油或煤油。功率通常用千瓦或马力计算。
甲板	是否装有甲板	有甲板是指船只需要有连续水密甲板，而不是小区域或可移动的甲板。
木质	是否木质	近些时候，全球范围内大量小型船只（长度<12米）由木材建造。这已经并将持续改变成由GRP或其他材料建造。
不安全的距离	船舶操作不再安全的距离	通常以海里标识，如5、20、100、200海里和无限制。其他距离根据地区确定。
设计类型	描述风力、海洋条件对船只航行的适合性。由ISO完善，并在FAO/ILO/IMO安全建议中使用。通常用于娱乐设备。	类型划分如下： A——海洋 B——离岸 C——近海 D——受保护水域 详细信息见附录4。

工具3：主要问题

在识别船只替换和修理要求方面，有一些主要问题需要给予考虑：

- 对受影响船只的业主或使用者，关于所有权和船只的详细信息的识别。所计划的投入是否吸引新的或经验不足的业主进入渔业领域？现有的所有权模式是否是不公平的？
- 所使用船舶与机械设备及所部署渔具的设计与尺寸。是否有作要求以提高捕捞能力？此外发动机大小和渔具数量是否有作要求？这些仅仅是机会主义升级的正当理由吗？

- 灾前所关注的现有安全和设计、施工或安全问题。或许现有的木材成本和可获性迫使生产质量低和有潜在安全隐患的船只。现有的船只安全吗？
- 灾前所关注的现有维护和设备供应问题。设计的技术层面可持续吗？
- 捕捞面积包括所覆盖距离和可能的海洋条件。此信息对进行渔船的恰当设计非常重要。
- 突发情况对个别船只影响的详细信息，如设备和机械的损害和损失。
- 不同类型的船只损失数目和不同地点的船只损失数目。这一信息或许可以从实地工作者和政府那里获取。然而，值得注意的是最小和最易受损的船舶（如长度在 6 米或更短）常常未进行注册或者不知道编号。
- 该地区的渔业战略是什么？当下的关注点是什么（如过度捕捞和非法渔具）？灾害是否真的提供了一个机会，重新引导活动向更可持续的未来走去？

工具 4：典型的小型船只规格

组别	项目	注 释
000	综合	
001	综合描述	对船舶和典型用途的描述
002	主要特征	长、宽、深和其他特性
003	规范	船舶需要遵守的规范或标准
004	重量	完整船舶的预期重量
005	稳定性	船舶需要遵守的稳定性标准
006	试验	船舶验收前进行的试验
100	建设	
101	一般细则	建造的描述和综合评价
102	容忍度	和所给规模相差的允许程度
103	材料	使用的材料（包括来源）的类型和质量
104	紧固件	钉子、螺栓等的材料和具体要求
105	焊接	焊接零件的预期标准
106	船材尺寸	船舶结构各部分的尺寸
107	舱壁	水密封舱的数量和位置
108	内置浮力	提供内置浮力的方式和材料
109	基础	支持重物的构建（如发动机）
200	机械	
201	主要机械	发动机的制作、马力和其他细节
202	齿轮箱	齿轮箱的制作、等级、比率和其他细节

组别	项目	注　释
203	船尾装置	螺旋桨、轴、轴管、轴承和其他物件
204	运作	在已知马力下船舶的预期速度
205	掌舵	掌舵系统的详细信息，包括建造
300	**电力**	
301	综合	电力系统的描述和综合评价
302	锚索	使用的锚索类型和质量
303	电池	电池的类型、数量和质量
304	照明	需要的内部和外部灯光
400	**电子设备**	
401	通讯	电台和通信设备
402	导航	GPS、雷达和其他电子设备
500	**系统**	
501	综合	管道系统的描述和综合评价
502	海水	管道、泵、阀门等材料和设计
503	船底	管道、泵、阀门等材料和设计
504	燃料	管道、泵、阀门等材料和设计
505	尾气	管道、软管、连接等材料和设计
506	火灾	防火系统和设备
600	**装备和设施**	
601	综合	装备的描述和综合评价
602	抛锚	锚、链条/绳索和设备的规模、重量
603	系舶	系船柱、系舶绳索和设备的规模和数量
604	船体保护	船体两侧和栏杆上的碰垫；材料和设计
605	外部设备	甲板上的设备
606	内部设备	内部包括铺位、厨房灯等
607	捕捞设备	甲板上的捕捞设备，包括绞车等
608	航海设备	固定式桅杆和船帆的设计和建造
609	设备	船舶上的综合设备
609	安全设备	船舶上的安全设备
610	备件和工具	船舶上的部件（为简单维修）
611	着色	着色的类型和质量，包括颜色
附录 A	技术指导	恰当的技术指导；这可能包括给出建造标准

5.2.4 捕捞作业—渔业基础设施（FOFI）

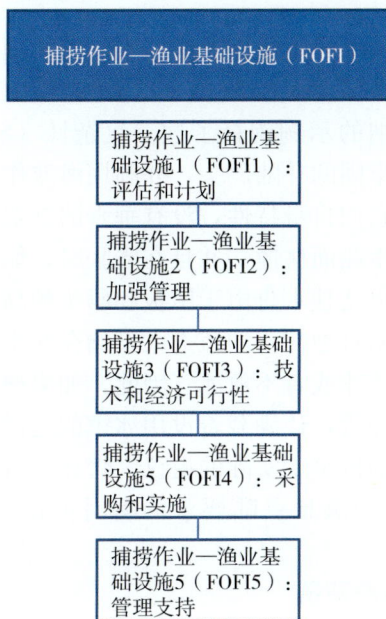

```
┌─────────────────────────────────────┐
│  捕捞作业—渔业基础设施（FOFI）        │
└─────────────────────────────────────┘
              │
    ┌─────────────────────┐
    │ 捕捞作业—渔业基      │
    │ 础设施1（FOFI1）：   │
    │ 评估和计划           │
    └─────────────────────┘
              │
    ┌─────────────────────┐
    │ 捕捞作业—渔业基      │
    │ 础设施2（FOFI2）：   │
    │ 加强管理             │
    └─────────────────────┘
              │
    ┌─────────────────────┐
    │ 捕捞作业—渔业基础    │
    │ 设施3（FOFI3）：技   │
    │ 术和经济可行性       │
    └─────────────────────┘
              │
    ┌─────────────────────┐
    │ 捕捞作业—渔业基础    │
    │ 设施5（FOFI4）：采   │
    │ 购和实施             │
    └─────────────────────┘
              │
    ┌─────────────────────┐
    │ 捕捞作业—渔业基      │
    │ 础设施5（FOFI5）：   │
    │ 管理支持             │
    └─────────────────────┘
```

5.2.4.1 基础设施介绍

渔业不只是渔船和渔具。所有的渔业作业都要求有广泛不同的基础设施支持，以保障渔民、加工商、服务部门和消费者联合在一起。示例包括：

- 开放海滩
- 防波堤
- 高桩码头
- 码头
- 建筑物
  - ——港口管理办公室
  - ——处理和拍卖大厅
  - ——设备棚
  - ——加工厂
- 电力供应
- 饮水供给和存储
- 卫生设施
- 液态废物处理设施

- 燃料存储
- 机械装置（发电机、冷藏室等）
- 道路

支持基础设施面临的挑战不只涉及这些不同的物理结构，还包括处理所有权模式、社交网和权力关系等复杂网络。这要求实用工程技术以及社会、政治、经济技能。下述加纳的示例阐释了这一复杂性（Sciortino，2012）。重建计划正考虑为村庄提供牢固的登陆码头，并利用海滩作为独木舟的登陆区。然而，当地的独木舟由于它们自身特性，没有垂直的框架来支撑形成船体两侧的木板。这使它们容易发生侧面碰撞，并且在膨胀时，船主倾向于避开坚固的垂直结构。大型潮汐变幅也使独木舟由于甲板和码头的高差而不适用于在一天的某些时候出航。这些独木舟把捕获的鱼类大量储存在水井和隔间内，并依据捕鱼工作的持续时间决定放冰或者不放冰。因此，如果捕获的鱼类需要在凌晨气温上升到无法承受之前卸货，让满载着没用冰镇的远洋小鱼（如：沙丁鱼、马鲛鱼或小银鱼）排队等泊位是不实际的提议。将独木舟搁浅在沙滩上的这种水流系统提供了尽可能多的满足登陆要求的瞬时泊位，而这应该被永久维护下去。

5.2.4.2 基础设施和应急背景

渔业基础设施的许多不同部分可能会遭受不同形式的灾害影响。虽然确切地预测这些影响是不可能的，但是表 11 指出了基础设施部分所遭受的不同类型的灾害风险。

表 11 基础设施组成部分所遭受的不同类型的灾害风险

	基础设施遭受的典型风险	
飓风、旋风	• 改变海滩轮廓，影响通道 • 损坏电力电线	• 建筑物 • 燃料储藏
潮涌、海啸	• 改变海滩轮廓，影响通道 • 建筑物 • 道路 • 电线杆上的电线受海浪夹带的碎片影响 • 损坏防浪堤（尤其是抛石防浪堤）	• 高桩码头 • 浅水井 • 总管道供水（道路和桥梁被冲走的地方） • 废水处理 • 机械 • 燃料储藏
地震	• 建筑物 • 道路 • 损坏防浪堤 • 高桩码头 • 燃料储藏	• 码头 • 总管道供水（道路和桥梁被冲走的地方） • 废水处理

基础设施遭受的典型风险		
火山爆发	● 建筑物 ● 电线上积累的灰尘可能引起破坏	
洪水	● 建筑物（尤其是内有家具的） ● 道路	● 浅水井 ● 废水处理 ● 机械
石油泄漏、化学品泄漏	● 会限制海滩的使用	
核泄漏	● 会限制海滩的使用 ● 建筑物	
复杂突发事件（国内动乱）	● 所有基础设施在复杂的突发情况下会受到严重影响，尤其在有战略价值的地方或者贵重资源或设备可能被窃的地方	

（1）评估挑战

对于援助机构，基础设施更换似乎为灾后重建，尤其是在紧急情况下呼吁资金调拨时，提供了不少好机会。鉴于挑战的复杂性，可能会导致决策不佳的风险发生，尤其是当相关专家未参与的情况下。除了理解渔业基础设施在渔业系统中的作用会有困难之外，紧急情况也提出了自己的挑战：

- **耗时：**大型基础设施部件的重建工作可能是一个长期过程。依据国家采购程序，在起草合约之前可能需要将近 6 个月的时间。因此，受损和需求评估报告需要在灾后尽可能快地进行准备和提交。
- **大的不一定是好的：**为了工业的可持续性，海岸设施的规模（无论是海滩码头或者相应港口）应该基于资源的可持续产出。救灾工作评估阶段对工业的一个主要威胁是对需要重建的基础设施数量和规模的过高估计，尤其是当先前的基础设施的运作已经不可持续时。非常笼统地讲，港口设施越大，被当地鱼类吸引的船舶也越多越大。这既为不可持续的捕捞作业打开了一个通道，也可能引发不可持续的操作成本。
- **改变人口：**在重大灾害之后，码头或港口周围的居民人口组成可能和灾前有所变化。在海啸或地震的情况下，整个区域的人口可能会消失。在慢发型灾害发生期间，对渔业缺乏知识和兴趣的国内流离失所人口（IDPs）也许会大大超过当地人口数量。

（2）重建美好家园

灾害后果也可以为长期发展提供重要机遇。例如，作为主要救灾工作一

部分的道路条件、电力和供水的改善可以极大地提高捕捞后的处理和销售改善的可能性。在受损评估和救灾与重建工作规划期间，对渔业部门（从捕捞到装盘）整体的认识能帮助机构识别那些能产生最大收益的部分。重建过程为改善渔业基础设施的质量和适应性提供了很好的机会。例如，很多支持捕捞作业的基础设施部分可能在数十年之前就已经设计建造了。而那时设计原则和建造规范不是不尽如人意就是被不恰当地应用。建造规范、设计原则、环境意识项目、风险管理措施以及国际约束性公约随着时间不断改进。现在可以提供很多工具以缓解除了最具毁灭性灾害之外的所有灾害的影响。除了对电力冷却有极大需求的地点，如冷藏室和制冰厂，可再生能源和太阳能现已为减少渔业作业的能耗和碳排放提供了多样的选择（尤其是对偏远地区）。同样的，露天浅水井可用不易受灾害损伤和下水道废物污染的深钻井代替。

5.2.4.3　渔业作业—渔业基础设施最佳实践

（1）渔业作业—渔业基础设施 1：评估和规划

基础设施计划与社区的意愿、渔业和水产养殖发展战略以及国家长远发展计划相一致。

关键指标

- 评估渔业基础设施的损毁情况和需求评估主要由渔业专家在公共基础设施工程师的协助指导下给出（参阅指导说明①）。
- 在工程施工正式开始之前，重建管理计划和建造进度应得到所有利益相关者的同意（参阅指导说明②和③）。
- 在优先清单中，应包括提供安全的饮用水（不仅只是提供进口瓶装水）和废水处理设施（参阅指导说明④）。
- 在合适的情况下，重建计划为红树林的补植、海岸沙丘重建和海洋保护区的设立提供环境影响评估（参阅指导说明⑤）。
- 重建计划包括对社会影响的评估（参阅指导说明⑥）。
- 在适当的渔业经营管理中，需要进行码头和港口的战略规划（参阅指导说明⑦）。
- 重建计划为偏远地区改善公共设施和基础设施（水、电、公共照明、卫生和道路）状况提供机会（参阅指导说明⑧和⑨）。

指导说明

①**专业知识**：经验丰富的渔业管理机构或专家了解捕鱼社区所需要的特有基础设施。专家主要依靠包括所捕获鱼的种类、捕鱼方式、船舶类型、捕捞后的处理、营销、供水和卫生等方面的知识储备进行判断。有经验的当地工程师了解合适的建筑材料和施工方法。

②**提供知识**：在需要快速介入和提供救援的最初阶段，人道主义救援机构总是冲在最前线。然而，渔业部门的高技术性和巨大的负面环境影响的潜力，对知识深度要求较高，而这些知识只有专门机构或顾问可以提供。

③**重建管理计划**：当重建可能会对一个捕鱼社区带来巨大影响时，管理计划的制订需要当地渔民、渔业管理部门及当地市政部门（水、电、污水处理等）的参与。借鉴来自水、卫生管理和住房领域等其他人道主义机构的经验也是非常有潜力的。

④**采购和施工管理**：施工进度计划针对采购和建设活动制定。施工进度应该服从整个重建管理计划（见 FOFI 1），应包括关键时间点，如目标完成日期和主要建设活动的日期。同时应建立一个有响应的、高效的、可靠的材料、劳动力供应链和现场监管管理系统。该系统涵盖采购、运输、处理和管理全过程。

⑤**优先问题**：渔产极易腐坏，处理不当会影响其市场价值。当不注意个人卫生时，处理不当的渔产还可能影响身体健康。早期的自来水安全运行规定和废水处理规定将确保渔民的捕鱼活动会在最短时间内获得最大收益。

⑥**周围环境**：应评估重建基础设施对周围环境的影响（见工具 1 对环境影响的评估大纲）。如果用于替换的基础设施对环境产生负面影响，应依据渔业行为守则，制订预防措施。退化的红树林和海岸沙丘，应该包含在重建计划中，因为它们将保护沿海地区免受海水的进一步侵蚀。海洋保护区应沿敏感海岸线建立，这样将有助于退化海岸线的自我修复。

⑦**社会影响研究**：需要制订紧急情况下支持渔业社区的临时措施，如食物分发、住所和渔具更换，也需要适当进行社会影响研究。研究应该包括突发事件前的当地营销组织，社区各部门在日常捕鱼作业中扮演的角色，以及一个特定社区的阶层或性别偏好。除了实际的船上操作，角色可能还包括卸货、分类、批发和零售、运输、熏制和其他本地处理。在许多国家，有些角色有性别针对性。

⑧**战略规划**：目前，过度捕捞严重影响许多国家的渔业可持续发展。任何重建工作是否满足可持续发展的要求，必须与渔业的对口管理部门进行面对面的评估。新渔港和新市场建设或扩张将加大对资源和服务的需求。除非进行适当的环境评估以确定其可持续性，否则只重建在紧急情况下损失或破坏的基础设施。发生紧急情况后产生的重要机遇必须用于提高渔业的可持续发展，即使可能会导致生产更少的商品。

⑨**提供公共设施**：在较偏远的地点，重建工作开始之前需要较为完备的公共设施。在非常偏远的地区，太阳能发电技术可以满足大多数人日常活动的需求。包括公共区域和室内的照明、抽取地下水、移动通信、室内制冷、电脑和

互联网运行。目前只有工业制冷和冷冻在太阳能供电支持的范围外，而这些工业活动需要与相关商业领域协调。无论如何，这些活动需要电网支持，而不是使用发电机。

⑩通道：与外界道路连接较少的地区，通道通常是为了让人道主义援助的大型汽车和卡车通过而临时改建的。这些改建，在许多情况下是暂时的，应该包括在重建工作中，以提高其耐久性，特别是在强降雨地区。最近设计了两个规划工具来协助规划者、捐赠者和相关机构：

- 整合的农村可行性规划；
- 提供基本通道。

这两个规划工具的目标是在一个全面的框架内，汇总影响道路畅通的因素，允许其中的权衡，同时，确保选择是由地方意愿产生。道路通常是由交通运输部计划，但道路的畅通需要不同部门之间的密切合作（例如，和教育相关的，通往学校的道路；或者和健康相关的，通往医院的道路），以便使预算总额和拨款额服从以可达性为中心的仲裁条款。

（2）渔业作业—渔业基础设施2：加强管理

重建工作用来加强社区和国家的管理机制。

关键指标

- 在管理缺位的地方，建立有所有利益相关方参与的合适的管理机构（参阅指导说明①）。
- 应当保存所有投入品的细目，并以适当的、利于使用的形式提供给政府（参阅指导说明②）。
- 政府官员参与到设计和重建投入品的配送过程中，并根据需要获得培训（参阅指导说明③）。
- 管理基础设施的技术和能力在重建过程中（重建过程是为了不断提高可持续性）得到提高（参阅指导说明④）。

指导说明

①**管理**：渔业基础设施建设，无论是小码头还是大港口，必须得到管理，必须尽一切努力，以确保渔业社区直接参与码头的管理。港口建设需要更多技术投入，社区可能无法提供这些技术。在任何情况下，都应提供足够的培训管理机构。粮农组织已经出版了几本关于这一主题的出版物，涵盖从小的码头到工业捕鱼港口。

②**细目表**：捐助者和类似机构应该与相关政府部门讨论最合适的平台，用来提供和储存投入物资。海岸线和近海岸线数据系统（SAND）是行业标准包之一。它是一个全面使用Windows应用程序的地理数据库系统，经过20年的发展，已经在数据采集、监测和分析方面处于行业领先地位，为资产经理、工

程师、研究人员和科学家提供服务。现在的软件授权用户分布在世界各地，从国家政府机关到研究机构。

③政府官员：一些渔业部门政府官员对当地所捕捞的鱼类物种、渔具使用、选址、建筑材料、怎样以及由谁实施建造等方面，具有大量理论及实践经验。在重建工作中应尽一切努力利用好专业知识。对政府官员适时开展培训活动来提高他们对新方法的技能和知识。

④退出策略：应尽早开展设施管理培训，使管理主体在重建完成时有能力接管设施的日常管理工作。管理机构需要自己应对的挑战包括：

- 遵守法律法规和其他约束渔业部门的环境指令（过度捕捞法、网眼大小、禁渔期等）；
- 遵守设备使用的规定（靠岸费、散装货物装卸费、饮用水销售、散装燃料等）；
- 遵守规划当局所采用的环境保护规划措施（废物回收、废机油回收、湿垃圾处理等）；
- 在渔船非排他性设施情况下，整合其他用户（着陆码头也能兼作沿海出租船的浮动码头）；
- 决策过程的透明度（防止私人利益通过不正当手段接管公共设施）。

为了使管理机构有效地履行其职责，其设备规模必须与预期责任相符，同时还应得到充分资助，并代表所有用户。

（3）渔业作业—渔业基础设施3：技术和经济可行性

新的或替代基础设施的设计需要基于强大的技术和经济可行性评估。

关键指标

- 重建计划包括最新修订的建筑规范，即使这意味着更高的总成本（参阅指导说明①）。
- 在提供新设备和设施的决策做出之前，进行电力可用性与需求的评估（参阅指导说明②）。
- 渔业基础设施重建位置的选择主要基于客观的成本效益研究（参阅指导说明③）。

指导说明

①建筑规范：参与重建工作的机构应该利用当地建筑工程师的经验，或特定领域国际顾问的经验。尽管这可能意味着更高的总成本，但是这也是重建获得更好效果的一个基本要求。建设标准和指导方针应该得到有关部门的同意，以确保安全且满足性能要求。

②电力：在重建工作的计划中，相关机构应该进行电力审计，来决定如何以可持续的方式，更好地满足一个社区的电力需求。使用电力网供电是

最好的选择。然而，在偏远地区需要使用太阳能发电供给公共照明和居民照明。虽然这种方式费用昂贵，但具有可持续性。应尽量减少发电机的使用。

③基础设施重建：传统的渔船码头或港口不必一定是最好的重建点。相关机构和捐助者应该意识到包括维护和修理在内的生命周期成本估算可能表明：当有更好的受保护场所时，之前的场所应该被放弃。

（4）渔业作业—渔业基础设施4：工程采购和实施

在合适的地方，使用安全的施工方法，材料、专业知识和能力，尽最大努力促进受灾人口参与并提供谋生机会。

关键指标

● 在可能的情况下，原材料和劳动力都来自当地区域，以支持地方经济（参阅指导说明①）。

● 建筑标准和实践的改变包含降低设备使用者风险的措施（参阅指导说明②）。

● 所有临时住所的施工流程和材料采购的解决方案表明，对当地自然环境的不利影响已经最小化或已经减轻（参阅指导说明③）。

指导说明

①**原材料采购和劳动力**：在可能的情况下，当地人的生活应该通过建筑材料、专业施工技能和劳动力的就地采购得到支持。如果原材料的就地采购可能会对当地经济或自然环境产生重大不利影响时，可考虑以下几点：使用多个原材料来源；替代正在使用的材料或生产过程；原材料采购区域化或国际化；或有专有防护系统。从受损的建筑物中获得重复使用的建筑材料，当归属权确定后，应该加以推广。

②**灾害预防和风险降低**：建筑工程量应该考虑已知的气候条件和可能的自然灾害，应适当调整，以解决对气候变化的影响。由于灾害导致的建筑标准和建筑实践的改变，应该咨询受灾人员和有关部门。如果国家标准没有及时更新，应该协同地方当局和利益相关者一起选择国际标准。

③**建筑材料的采购**：采购当地的自然资源对环境造成的影响应该进行评估，比如水、建筑木材、沙子、泥土和草，以及烧制砖头和瓦片的燃料。普通用户、提取率、再生率、资源的所有权或控制权应该被识别。替代或补充资源可能支持当地经济，减少对当地自然环境造成的长期不良影响。应该促进多种材料来源、废弃物再利用，以及替代材料和替代生产工艺的使用。这应该与实践结合，以减少任何潜在的不良影响，如树木补植，用作当地重建时的木材。

资源和工具

信息来源	网　址	与技术挑战的相关性
海洋基础设施		
国际航海协会常设理事会. 2010. 减轻渔港的海啸灾害报告. 布鲁塞尔（PIANC, 2010）.	http://www.pari.go.jp/en/files3654/389490581.pdf	详细审查之前海啸灾害发生的情况及其对全球范围内港口的影响，提出减轻影响和应对灾害的建议措施，包括工程措施。
Sciortino, J. A. 2009. 渔港规划、建设和管理. 粮农组织渔业和水产养殖技术报告 No. 539. 罗马，粮农组织. 337 页.	www.fao.org/docrep/013/i1883e/i1883e00.htm	技术人员和非技术人员参与的渔港规划、建设和管理手册，渔港设计和操作的关键措施必须确保整合了国际标准。
Sciortino J. A. 2008. 码头位置选择和卫生标准设计的指南. ART023GEN, 欧洲援助 OCT-ACP 计划. 布鲁塞尔.	http://acpfish2-eu.org/	指南具体解决码头场地卫生设施的设计和选址问题。
建造基础设施		
Thusyanthan N. I. & Madabhushi S. D. G. 2008. 海啸引起的海浪对沿海房屋的冲击：一种模型法. 土木工程师学会会报：土木工程，162（2）：77-86.	www.icevirtuallibrary.com/content/issue/cien/161/2	开发设计更抗海啸影响的房子的经验描述。
Medina Pizzali, A. F. 1988. 小型渔船登陆和销售设施. 粮农组织渔业技术报告 No. 291. 罗马，粮农组织. 69 页.	www.fao.org/docrep/003/T0388E/T0388E00.HTM	审查小型码头和营销网点所需的设施和服务，特别注意码头和营销设施的识别、规划和基本设计。提供非洲、加勒比海和印度洋-太平洋地区码头和营销设施案例研究。
供水系统和基础设施		
Lytton, L. 2008. 深刻影响——为什么海啸过后的水井需要一种测量方法. 土木工程师学会会报：土木工程，161（1）：42-48.	www.icevirtuallibrary.com/content/issue/cien/161/1	
世界卫生组织. 1991. 饮用水指南——水质. 第1、2和3卷. 新德里，印度，CBS 出版商.		
渔业制冰与冷藏		
Graham, J., Johnston, W. A. & Nicholson, F. J. 1993. 渔业制冰. 粮农组织渔业技术报告 No. 331. 罗马，粮农组织. 75 页.	www.fao.org/docrep/T0713E/T0713E00.HTM	涉及渔业冷链不同关键领域的粮农组织技术报告。

信息来源	网　址	与技术挑战的相关性
Londahl，G. 1981. 渔业冷藏．粮农组织渔业技术报告 No. 214. 罗马，粮农组织．		
Johnson，W. A.，Nicholson，F. J.，Roger，A. & Stroud，G. D. 1994. 渔业冷冻和冷藏. 粮农组织渔业技术报告 No. 340. 罗马，粮农组织. 143 页．	www. fao. org/docrep/003/V3630E/V3630E00. HTM	
Shawyer，M. & Medina Pizzali，A. F. 2003. 小型渔船上冰的使用. 粮农组织渔业技术报告 No. 436. 罗马，粮农组织．108 页．	www. fao. org/docrep/006/y5013e/y5013e00. htm	
Huss，H. H. 1995. 鲜鱼的质量及变化. 粮农组织渔业技术报告 No. 348. 罗马，粮农组织. 195 页．	www. fao. org/docrep/V7180E/V7180E00. HTM	技术论文概述了鱼的质量和处理的重要方面。

渔业的港口管理

信息来源	网　址	与技术挑战的相关性
Verstralen，K. M.，Lenselink，N. M.，Ramirez，R.，Wilkie，M. & Johnson，J. P. 2004. 针对家庭渔业生计的参与式码头发展. 用户手册. 粮农组织渔业技术报告 No. 466. 罗马，粮农组织. 139 页．	ftp：//ftp. fao. org/docrep/fao/007/y5552e/y5552e00. pdf	报告对于渔船码头和港口管理等关键问题给予指导和讨论，特别强调参与式过程和利益相关方参与。
Ben-Yami，M. & Anderson，A. M. 1985. 社区渔业中心：建设和操作指南. 粮农组织渔业技术报告 No. 264. 罗马，粮农组织. 94 页．	www. fao. org/docrep/003/X6863E/X6863E00. HTM	
Siar，S. V.，Venkatesan，V.，Krishnamurthy，B. N. & Sciortino，J. A. 2011. 印度清洁渔港计划的经验和教训. 粮农组织渔业和水产养殖通讯 No. 1068. 罗马，粮农组织. 94 页．	www. fao. org/docrep/014/am432e/am432e. pdf	

工具 1　环境影响评估的标准程序

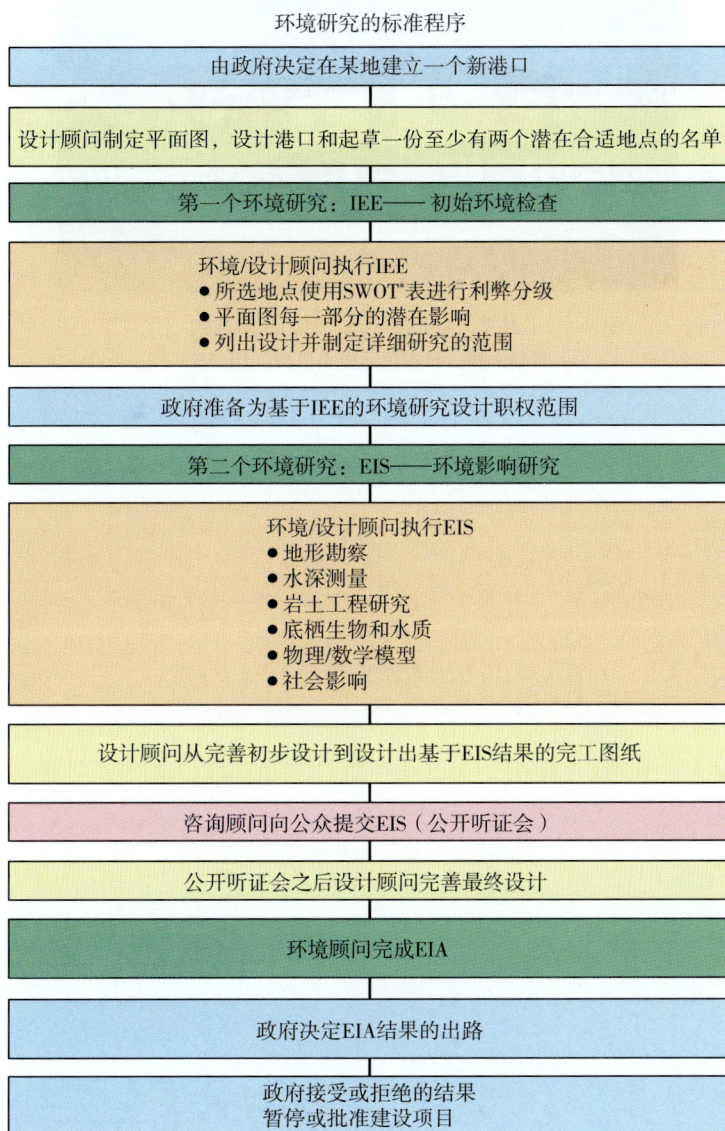

环境研究的标准程序

```
┌──────────────────────────────────────────────┐
│            由政府决定在某地建立一个新港口              │
└──────────────────────────────────────────────┘
┌──────────────────────────────────────────────┐
│  设计顾问制定平面图，设计港口和起草一份至少有两个潜在合适地点的名单  │
└──────────────────────────────────────────────┘
┌──────────────────────────────────────────────┐
│         第一个环境研究：IEE——初始环境检查             │
└──────────────────────────────────────────────┘
┌──────────────────────────────────────────────┐
│              环境/设计顾问执行IEE                   │
│         ● 所选地点使用SWOT*表进行利弊分级            │
│         ● 平面图每一部分的潜在影响                   │
│         ● 列出设计并制定详细研究的范围                │
└──────────────────────────────────────────────┘
┌──────────────────────────────────────────────┐
│        政府准备为基于IEE的环境研究设计职权范围          │
└──────────────────────────────────────────────┘
┌──────────────────────────────────────────────┐
│        第二个环境研究：EIS——环境影响研究             │
└──────────────────────────────────────────────┘
┌──────────────────────────────────────────────┐
│              环境/设计顾问执行EIS                   │
│                 ● 地形勘察                        │
│                 ● 水深测量                        │
│                 ● 岩土工程研究                      │
│                 ● 底栖生物和水质                    │
│                 ● 物理/数学模型                     │
│                 ● 社会影响                         │
└──────────────────────────────────────────────┘
┌──────────────────────────────────────────────┐
│    设计顾问从完善初步设计到设计出基于EIS结果的完工图纸     │
└──────────────────────────────────────────────┘
┌──────────────────────────────────────────────┐
│        咨询顾问向公众提交EIS（公开听证会）            │
└──────────────────────────────────────────────┘
┌──────────────────────────────────────────────┐
│         公开听证会之后设计顾问完善最终设计              │
└──────────────────────────────────────────────┘
┌──────────────────────────────────────────────┐
│              环境顾问完成EIA                       │
└──────────────────────────────────────────────┘
┌──────────────────────────────────────────────┐
│           政府决定EIA结果的出路                     │
└──────────────────────────────────────────────┘
┌──────────────────────────────────────────────┐
│           政府接受或拒绝的结果                      │
│           暂停或批准建设项目                        │
└──────────────────────────────────────────────┘
```

* 代表优势、劣势、机会、威胁。

　　海啸在日本经常发生，这也体现在日本国家建筑规范中。此外，这些规范详细说明了，在可能受海啸影响的地区，建筑应接地架空，应在轴线或特定方向建造抗震墙，在低洼地区，应建造一些高架的安全疏散平台，人们可以在那里得到庇护，直到水位下降。

工具 2　建造更具适应性的建筑物

资料来源：日本国际协力机构（JICA）。

5.3 渔业和水产养殖业应急响应的最佳实践 3：水产养殖业

水产养殖业（AQ）

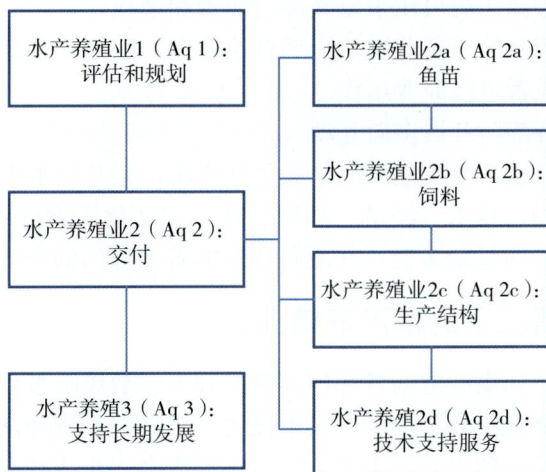

```
┌─────────────────────┐       ┌─────────────────────┐
│ 水产养殖业1（Aq 1）： │       │ 水产养殖业2a（Aq 2a）：│
│ 评估和规划           │       │ 鱼苗                 │
└─────────────────────┘       └─────────────────────┘
                                ┌─────────────────────┐
                                │ 水产养殖业2b（Aq 2b）：│
                                │ 饲料                 │
┌─────────────────────┐       └─────────────────────┘
│ 水产养殖业2（Aq 2）： │       ┌─────────────────────┐
│ 交付                 │       │ 水产养殖业2c（Aq 2c）：│
└─────────────────────┘       │ 生产结构             │
                                └─────────────────────┘
┌─────────────────────┐       ┌─────────────────────┐
│ 水产养殖3（Aq 3）：   │       │ 水产养殖2d（Aq 2d）： │
│ 支持长期发展         │       │ 技术支持服务         │
└─────────────────────┘       └─────────────────────┘
```

5.3.1 水产养殖业介绍

水产养殖在地方和全国范围都是一个重要的经济活动。它为人类提供蛋白质，在某些地区，它是唯一的或主要的高质量动物蛋白来源。它还提高家庭收入，促进当地就业。一些水产养殖系统把原本的废物转化为饲料，同时通过集约经营提高单位农地的生产力。通过利用复合养殖、多营养级养殖，水产养殖提高水的价值，在一些地方水是稀缺资源，水产养殖可以在非生产性的水体或土地上进行。

尽管水产养殖业潜在利益巨大，但其对环境和社会也有影响。其他应考虑的因素包括：

- 水产养殖适合的环境范围，即内陆淡水、沿海、陆地、半咸水和海洋区域。养殖点可跨越高原、旱作高地、灌溉低地、泛滥平原、湖泊、河流、水库、潮间带区域和近岸、近海水域。

- 物种多样，即无脊椎动物、脊椎动物、软体动物和植物。目前驯化的养殖物种数量超过 360 种。

- 生产系统的类型和生产的控制机制，即土池、养殖网箱、水沟、储水池、封闭和半封闭再循环系统、作物与畜牧相结合、开放水域的围圈、

或者只是对产出的产品拥有所有权的开放水域。

- 生产规模范围从小型家庭作坊到工业化生产。通常小型生产与大型商业作业共同存在。
- 许多适用于水产养殖的法规来源于其他部门，如林业、捕捞渔业、农业、交通、灌溉和卫生，针对水产养殖的法律法规尚未颁布，来源于其他部门的法律法规可用来定义部门职责和规程。
- 水产养殖产品的消费范围从全部自给使用，到部分家庭消费，部分拿到市场出售或者进行商业运作。
- 与其他经济部门开展多向互动。
- 必须使用但经常与其他部门争夺公共资源，尤其是水资源。

这代表着生物、技术、经济、环境、社会和文化因素等因素的复杂组合，造成风险管理任务的复杂多变，并威胁和影响着本部门的发展。

5.3.2 紧急情况下的水产养殖业

水产养殖生产和供应链的各部门容易受到大多数风险事件侵害，这使得保护和恢复的任务复杂且必不可少。其中任何一个环节受到冲击，将影响整个系统。例如，孵化场受到影响，未来鱼苗的供应将会停止或减少，对水产养殖生产的影响可能持续很长时间。表 12 显示了生产和供应链不同环节的一些典型风险。

表 12　与灾害有关的水产养殖作业中的典型风险

灾害类型	水产养殖作业风险
飓风、台风	<ul><li>连接到渔场的电网，出现供电中断。</li><li>蚝仔收集平台和渔场结构受损。</li><li>海洋养殖网箱、海藻作物和海藻线将受到严重破坏。</li><li>营销的时间表被打乱，通往市场的交通可能被中断或破坏。</li></ul>
潮涌、海啸	<ul><li>沿海水产养殖——池塘、网箱、贝类养殖的柱子和架子，绳子和海藻线会受损严重。</li><li>渔场结构遭到破坏，甚至可能造成人员死亡。</li><li>可能造成池塘淤塞或池塘被淤泥、石头和瓦砾填埋。</li><li>进水系统可能垮塌或者淤塞，渔场边界可能消失。</li></ul>
洪水	<ul><li>短时间突然到来的洪水可以冲走渔场的陆基、侵蚀土地、破坏进水和出水系统。</li><li>淡水的大量涌入可能导致位于河口养殖网箱中的鱼受到冲击，甚至死亡，这也可能影响海藻和贝类的生长环境。</li><li>洪水长时间淹没渔场和池塘将影响生产力。</li></ul>

灾害类型	水产养殖作业风险
干旱	● 节水措施，如再循环利用、重复使用和多用途使用获得很高的关注；水产养殖再循环系统和小池塘蓄水的综合渔场具有发展潜力。 ● 由于水资源的短缺，水资源使用的冲突更加严峻。 ● 富营养化和严重的藻花使内陆水体成为死水，如放置养殖网箱和饲养贝类的湖泊和封闭海湾。 ● 以池塘为核心的淡水系统和放置在湖泊和河流中的浮式网箱在缺乏淡水供应时将不能运行。
地震	● 陆地系统：池塘、渔场建筑物、受损的渔场道路、进水和出水系统可能会崩溃。 ● 渔场到市场的道路可能无法通行。 ● 支持服务，如冰块供应和冷藏服务将不能实现。
火山爆发	● 熔岩流、灰或火山泥流（细粉沙）能覆盖广大的土地，使所有农业活动无法进行。 ● 养殖作业停止，恢复可能需要很长的时间且费用昂贵；埋在岩浆下的渔场可能无法恢复。
石油泄漏、化学品泄漏、化学径流	● 石油泄漏使沿海水域的网箱养殖和海藻养殖（使用单丝线或筏）处于高风险状态。 ● 养殖场关闭相当长的一段时间，一直到清理完成。
核泄漏	● 水和土壤的污染将迫使经营活动停止，放射性物质的暴露危害健康。
兽疫、鱼瘟暴发	● 销毁鱼群以防止病原体的传播。 ● 影响亲鱼。 ● 严格的渔场生物安全措施下的活动受限。
有害藻花和缺氧	● 养殖区关闭（贝类和网箱养殖）。 ● 可销售渔产品的提早捕捞。 ● 鱼类死亡或被污染，水域大面积受到影响，产生的原因可能来源于水产养殖本身（过度喂养和高密度养殖），或通常来自上游或陆地的其他部门。 ● 贝类养殖场非常脆弱，养殖作业可能会停止。需要找到新区域进行网箱养殖，这就意味着网箱养殖渔民为接近新区域而必须进行搬迁。
复杂的突发事件	● 渔业作业完全停止；服务瘫痪（供应链和销售链）将使生产无法正常进行。 ● 对生命和财产造成威胁。 ● 实物资产可能被没收或销毁。

（1）评估挑战

考虑到水产养殖政策和操作的复杂性，应对灾害需要快速行动，需要适当

的专业知识来规划和开展救援和恢复活动。在大多数灾害恢复工作中，参考当地专家意见的同时也需要参考外来专家的意见。熟悉当地社会和经济环境，文化和政治动态的当地工作人员，对开展工作非常重要。

大规模商业化水产养殖对于灾害的反应可能与小规模经营不同。大规模经营的产量和结构可能是有保障的，投资者和经营者将有更大的能力来利用资源恢复经营。以市场为基础的，使运营商能够重建和恢复经营的便捷的定期贷款，以及从政府科研机构获得的技术建议，可能是支持恢复的最好方式。还有一个相关问题是，直到行业复苏前失业的人员，应该由政府提供救灾援助和临时工作。

更困难的局面是，遭受灾害的包括大、中、小型养殖场，如菲律宾北部邦阿西楠省的虱目鱼产业，在紧急情况下需要慎重考虑，以确保这个行业的大运营商没有垄断应急救援给予的所有好处。

在灾害响应阶段，水产养殖设施重建所需要的劳动力可能存在供给不足的情况。这可能影响重建工作的时间进度。

（2）有害藻花、流行病虫害和缺氧

水产养殖作业尤其容易受到与鱼类健康有关的一系列危害的影响，包括传染病、有害藻花（赤潮）和缺氧。应对这些危害第一要点实际上是技术，旨在维持或恢复水产养殖作业。

应对危害的一些关键要素概括如下，同时，给出一个方向，以便获取应对这些风险更详细的资源。然而，这有一些最佳实践中给出的，紧急应对与有害生物相关的突发性灾害的指南。一些不可避免或者不能减轻的灾害尤其如此（即不存在早期响应系统）且显著破坏水产养殖作业和渔民生计。

传染病：这些危害鱼类的疾病，通常主要影响水产养殖业，虽然有些野生鱼类种群也可能受到影响。因此，首先应解决生物危害本身非常具体的技术问题，同时限制或禁止渔业贸易和运输的政策措施，信息战略也是必不可少的。

减轻影响的措施包括：

- 实施控制措施，防止疾病传播到非疫区；
- 实施渔场保护措施，防止疾病进入未受染渔场；
- 毁灭受染渔场的鱼群；
- 开展流行病学研究，以确定病原体的来源和途径；
- 如果病原体是未知的或不完全了解，应开展识别病原体的诊断工作。

针对渔民和消费者的沟通策略也很重要（需要了解最新疫情和疾病暴发后的应对措施）。同样，应该发起培训项目，来帮助渔民应对未来出现的疾病和避免疾病在将来发生（见水产养殖的最佳实践- Aq 3）。

家畜流行病应急响应详细指南见 Reantaso 和 Subasinghe（2008）。

有害藻花或赤潮，尤其是赤潮事件，可能对水产养殖、沿海社区、旅游业、野生渔业，以及在某些情况下，直接对人们的健康造成影响。减轻有害藻花影响水产养殖的措施包括：

- 针对养殖网箱的作业：如果可能，将养殖网箱从受灾地区转移出来。这通常是不可能的，尤其是对缺乏转移能力的小规模渔民。在人口稠密的沿海地区，空间竞争可能限制了转移的可能性。
- 将鱼转移到陆地上的贮水池中。
- 在双壳贝养殖场，渔民可以捕获到应该捕获的量。否则，没有办法防止未收获的双壳贝不被污染。如果赤潮的种类对双壳类不会致命，农民可以推迟捕获。
- 为小型经营者找到切实可行的替代经营活动，牢记所涉及的生计多样化的复杂性。
- 开发水产养殖物种安全测试程序。
- 严格监管执法，以确保受影响的产品无法进入市场。
- 为渔民和公众提供交流活动。

许多因素导致水中缺氧，包括封闭海湾和内陆湖泊遭到污染。这可能导致养殖网箱里和围栏饲养的鱼类大量死亡。

集约化水产养殖可能是引起缺氧事件发生的一个影响因素，避免发生的措施包括：减少单位养殖密度，优化管理措施，特别是在鱼用饲料和喂养方面。受此类事件影响的水产养殖活动也被限制。更具战略性的措施，例如，菲律宾政府减轻水产养殖影响项目（Philminaq）可能包括：渔场自身更好的管理措施；地方政府对鱼类养殖区域的管理和监管；建立渔民协会；提供技术服务（环境监测、培训和扩展）。这些缓解措施都是为了降低未来缺氧事件发生的可能性和程度。

（3）重建美好家园

应急响应的过程为水产养殖行业加强管理、改善生计提供了一个机会。可以加强的关键领域包括：

- 改进分区或单位养殖密度，以便降低污染及缺氧的风险；
- 重新设计水产养殖设施，以减少对环境的影响；
- 在沿海地区，为了水生物种野外栖息地的重建，支持重植红树林；
- 提供方便的金融服务，支持水产养殖的增长和发展；
- 改进小规模渔场的风险管理；
- 改善水资源使用制度，公平分配作物灌溉和水产养殖两种用水，提高水产养殖抵抗干旱的适应力。

5.3.3 应急响应中与捕捞作业的关联性

需要提高规划者对渔业和水产养殖业两个生产系统之间相互联系的认识。一个部门所发生的事情可以会对另一个部门产生重大影响。

当水产养殖和捕捞渔业都受到灾害影响，权衡渔业和水产养殖业间的资源分配将不可避免。这种情况的特别之处在于，对灾难反应过程的关注点从人道主义需求转移到恢复生产和盈利能力上。通常在捕捞渔业和水产养殖业之间，重点将放在重启捕捞渔业，这种选择可以在更短的时间内产出渔产，满足当地消费。然而，假如规划者了解部门之间的关联性，水产养殖业也可以从先行恢复捕捞渔业中受益。例如，新的供应，特别是低价鱼，网箱养殖可以从中受益，因为这些低价鱼是鱼饲料的重要来源。

水产养殖也可以从恢复渔业基础设施中受益（见 FOFI），如制冰厂、加工厂、道路，以及市场关联的重建。

可能的负面关联包括：劳动力和材料的竞争。修理渔船和设备成为主要工作，限制了水产养殖恢复活动所需的劳动力和材料的使用。

5.3.4 水产养殖业——应急响应的最佳实践

5.3.4.1 水产养殖业 1：评估和计划

水产养殖业的恢复是在生态系统服务功能的退化没有超出下限的情况下展开。

关键指标
- 评估整个水产养殖产业链的损失（参阅指导说明①）。
- 恢复由环境影响评估（EIA）给出通知（参阅指导说明②）。
- 恢复项目应符合国家发展战略和国家水产养殖发展计划（参阅指导说明③）。
- 恢复工作基于提供适当的材料、合理的区划及土地和水资源规划（参阅指导说明④）。
- 恢复工作基于环境承载能力评估和合适的生产系统（参阅指导说明⑤）。
- 建立适当的，针对生产计划实施和完成情况的监控和评价体系（参阅指导说明⑥）。

指导说明

①**水产养殖生产链**：生产链开始于原材料的投入［供应商的饲料、鱼苗（即孵化场）、肥料、疾病预防、营运资本和农业劳动力来源］。下游生产包括捕捞后的处理设施（如冰和集装箱），产品从渔场运输到市场、加工设施和市场基础设施。灾害对生产和后期销售链不同部分的影响需要进行评估，以便应

对措施包含恢复各部分之间的联系或者寻找替代品的计划。这可能包括选择替换养殖鱼种和养殖系统，或替代鱼苗来源。

②**环境影响评估**：关于水产养殖环境影响的信息，下面的粮农组织出版物给出了一个综合性实用指南：粮农组织.2009.水产养殖环境影响评估和监测.粮农组织渔业和水产养殖技术报告 No.527.罗马.57页。包括一个含有完整文档的 CD‐ROM（648页）。（也可以访问网址 ftp：//ftp.fao.org/docrep/fao/012/i0970e/i0970e.pdf）。

③**国家发展战略和行业战略**：水产养殖发展战略广泛定义了水产养殖对社会目标（如粮食安全和可持续生计）、经济目标（例如，更高的收入、更多的就业、更多的出口或外汇储蓄）和环境目标（如栖息地保护和生物多样性保护）的贡献。它还可以指出期望的结果，如产出、提供的就业机会和在一定时期内其他有形的、可衡量的目标，实现这些目标的方法，以及合适的指标。然而，很少有国家制定水产养殖发展战略和计划，通常水产养殖计划包含在渔业计划中的水产养殖条款中。

如果没有渔业或水产养殖的发展战略，那些参与应急响应的水产养殖部门应该咨询国家、省或地方当局，以确定他们在社会和经济中的优先次序，以及水产养殖在帮助实现该次序的实际和潜在作用。这将为水产养殖合并到本地发展战略和计划中，乃至提升到更大范围的发展规划中提供一个机遇。

④**分区**：进行水产养殖分区，意味着在一个大范围的农业生态区域内指定一个地理区域发展渔业，以避免与其他土地使用者发生冲突（如其他农民、渔民、旅游运营商和船舶公司）。也更容易管理和为指定水产养殖区域的渔民提供适当的技术和营销服务。一个有着透明规章制度的水产养殖区域将给渔民和投资者一个政策信号，意在为水产养殖发展提供有利的环境，同时也对水产养殖业投资给予保护。仅从环境角度来看，在沿海有红树林的地区进行适当的分区将有助于鱼塘建设区域防护林带的重建。在内陆地区，水产养殖开发需要被纳入涉及领域更广的计划中，以确定土地和水资源的最佳利用，避免与农业和其他农村部门发生冲突。

⑤**理解承载能力**：养殖区域超过承载能力的风险因素有水污染、邻近的环境污染，与其他资源使用者的冲突、疾病传播风险和养殖鱼群增长缓慢。养殖种类和养殖系统在一特定地区的推行取决于许多因素，但最重要的因素是：

——渔民对一些鱼类物种有一定的养殖经验；

——针对一些鱼类物种的市场前景；

——渔民需要多久才能捕获一批鱼。

一些鱼类物种需要很长的生长时间，这会占用渔民本可更快周转的资本，尤其是在灾害或危机发生时。一个好的经验法则是，使用渔民过去养殖过的、

熟悉的物种，但如果需要的话应当引入更好的养殖技术，以及加强与买家的联系。

⑥**监测和评价**（M&E）：生产援助的总体工作计划可以作为监测和评价的基础。监控可以在渔民们的帮助下通过定期报告方案的形式进行。监测和评价恢复计划的实施情况和产出情况可以在群或组的基础上进行。一个监测和评价系统应该能获取渔业养殖场的技术和经济状况。该系统可以向渔民展示采用"最佳方案"所能获得的价值和提高的技术效率。对于捐助者，该系统有助于呈现他们干预的价值。这个系统的关键要素是：

——制定记录表和协议，对渔民和他们的妻子进行记录培训。

——对一个渔场示例的总体结果进行一个简单的成本和收益分析。

——池塘养殖占用的总耕地面积（公顷）的表示。如果网箱养殖，每个渔场每捕捞一次总的网箱面积应该转化为公顷。

——可变成本的表示：鱼苗成本，饲料成本，雇佣劳动力的工资总额，肥料成本，药物和化学物质成本，能源成本，贷款支付利息。

——产出的计算：总捕捞量×价格。

——由生产者直接消费的产品的测量。电子表格中提供了一栏，假定捕获量和实际销售量之差为消耗量。对于生产者自己消耗的量，生产者不付费。然而，一个生产团队在决定产出的成本时，不考虑产出是部分出售还是全部出售，在这种情况下，总捕捞量等于销售量。一个零值将出现在"消费"专栏。

——单个养殖场每次捕捞每公顷的平均收益和所有养殖场每次捕捞每公顷的平均收益。

5.3.4.2　水产养殖业 2：交付

恢复生产所需的基本物质支持和技术支持都已到位。

最佳实践指标和指南分为四部分，涵盖鱼苗提供、饲料、生产结构和技术支持。

（1）水产养殖业 2a：鱼苗

关键指标

● 替代受损鱼群的养殖物种应尽可能与灾害发生前相同（参阅指导说明①）。

● 应选择孵化繁殖的鱼苗来养殖，这些鱼苗应来源于有信誉的孵化场，经过筛选，保证没有疾病（参阅指导说明②和③）。

● 鱼秧尺寸应既能降低鱼群放养风险，又能很快可以捕获（见指导说明④）。

● 鱼秧应尽可能来源于本地（参阅指导说明⑤）。

● 行为准则和更好措施被推荐给鱼苗生产商（包括种鱼场、孵化场以及育苗运营商）采用（参阅指导说明⑥）。

指导说明

①从熟悉的物种开始：水产养殖在不同的渔民生计策略中扮演不同的角色。例如，一个渔民可能希望渔场只销售一个物种（或者销售和自用）。很少看到渔民养殖鱼类产品只为了自用。其他渔民也可能整合他们的水产养殖企业与其他农业企业，如作物、家禽或家畜等。一些渔民可能有财务能力，他们养殖长周期、价值高的物种，但在大多数情况下，较小规模渔民想要更快的资金周转。一个养鱼户生计的不同构成因素将会影响渔民最终所采用的策略。在紧急情况下，时间有限，相关机构可能没有时间了解情况，这时应向渔民提供与灾害前相同的养殖物种。

②虾苗测试：无病状态的亲虾、后期幼虫和幼虾通常用聚合酶链反应测试检测疾病。大型虾孵化场有自己的聚合酶链反应实验室，或使用政府或私人聚合酶链反应检测服务。养殖团队还应该警惕在某些地区或某个国家疾病暴发的信息，避免采购位于这些区域孵化场的虾苗。

③声誉良好的孵化场：通常一地区声誉良好的孵化场同其他孵化场相比，有一个已经建立的较大的客户群。例如在孟加拉国，一些孵化场能够服务方圆300千米内的渔农，因为他们已经在生产优质鱼苗方面享有盛誉。他们采用的措施如：

——拥有一类有良好遗传品质的健康亲鱼；

——不要比价格，但要比质量；

——建立一个严格的渔场生物安全措施，防止病原体入侵；

——阻止通过人、动物、其他水生物种甚至鸟类将病原体携带而来；

——确保从其他机构（如政府养殖场）得到的亲鱼已获得认证。

④鱼秧尺寸：鱼秧大小是渔业养殖的一个重要因素，如以当地消费为导向的有鳍鱼的养殖。提供较大的小鱼可以帮助缩短第一次捕获的时间，同时减少疾病的风险。灾害或紧急状态后，这点特别重要，因为恢复生产后的第一个产出有好收成，对社区和工人都有鼓励作用。尺寸较大的鱼秧通常花费更多，因为使尺寸较小鱼秧长到一定的尺寸，孵化场要花更多的时间和投入。鱼苗放养年龄因其物种和孵化场的不同而有所不同。经验丰富的渔民知道其中具体的细节。

援助机构需要解决如何证明成本更高的、尺寸更大的鱼秧能产生更好的收益。这可能与短期指南相冲突，指南可能指定应选择最低的报价。

⑤鱼苗运输：如果可能的话，鱼苗应该从当地孵化场获得。这旨在避免鱼苗运输的压力。与本地孵化场一起工作可能更方便，更容易获取有关鱼苗的所

有信息。其他可以帮助减轻鱼苗运输压力的措施包括：

——在交货后、放养前，将鱼苗放在存贮池或大容器中，使鱼苗能够从运输压力中得到恢复。

——在可能的情况下，在清晨或傍晚运输鱼苗，以避免温度过高。

——使用适当的储存密度和容器有助于降低压力。

⑥引进更好的管理实践：大量供应商从事渔业恢复的鱼苗供应，在可能的情况下，该项目应向大家介绍更好的孵化场和鱼苗交易的管理实践。供应链各部门更好的管理实践在越南已经被水产养殖可持续发展项目得以更好地发展（由丹麦国际发展机构支持）。鱼苗生产和交易行为规范应该能够对培训给予补充。

（2）水产养殖业 2b：饲料

关键指标

● 如果养殖物种是肉食类，提倡用配方饲料代替低值鱼（见指导说明①和④）。

● 为了使社区可以大批量采购以及更快速配送，应建立一个合适的饲料储存和配送中心（见指导说明②）。

● 对于没有资金进行饲料采购的人，拿出鱼苗、渔网和饲料总支持成本的一部分，去促进第一放养阶段的增长率得以充分提高（查看指导说明③）。

● 适当地提供饲料、饲喂和卫生管理培训（参阅指导说明⑤）。

指导说明

①**配方饲料**：饲料类型根据养殖物种而定。饲料需要根据养殖物种和生长阶段的不同而特别配置，提供要及时，质量要稳定，这点非常重要。鱼的三种营养来源：（Ⅰ）天然池塘产物如浮游生物；（Ⅱ）补充饲料，其可以由渔场提供；（Ⅲ）工业制剂。有些物种可以依靠池塘的自然生产力得以简单生活，但通过施肥就能够刺激生长。在雨季，浮游生物很难生长，因此，需要在这个时候补充饲料。食肉和网箱养殖物种不得不依靠提供的饲料。食肉品种通常饲喂低值鱼，因为这样做比配方颗粒更便宜。然而，这种做法对生态有害并涉及用鱼喂鱼的道德问题。大多数研究还表明，在采用配方饲料下，盈利能力能够提高或保持不变。此外，配方饲料更方便存储和使用，从而节省时间干其他农活和家务。因此，灾害应急可以为农场自制饲料和工业生产的颗粒饲料的使用提供机会。

②**饲料储存中心**：在当前的鱼群生长阶段，新的一批供料要取代以前饲料类型的时候（这适合幼年生长阶段），饲料储存应必须包含三周至一个月的饲料量。储存库应干燥，通风良好，不受鼠类和昆虫侵害。它应该也是安全的。

③**支持运营成本**：运营成本，如鱼苗，饲料，如果需要的话雇佣劳动力，预防和其他可变成本，将取决于养殖物种和养殖系统。如果市场化融资（即银行贷款或小额信贷项目）不可用时，所有的运营成本可能要由项目承担。饲料成本将有很大的不同，这取决于养殖物种是否需要高蛋白饲料（如虾、石斑鱼、军曹鱼等食肉海鱼）或低蛋白饲料（如罗非鱼、虱目鱼和鲶鱼），或简单地补充饲料（如鲤鱼）。饲料费用占运营成本的比例为 40%～60%。

④**使用副渔获物喂养**：副渔获物是指那些在捕鱼过程中一起被捕获的但又不是食物级别的捕获物，例如幼鱼。低值鱼可能是被抓上渔船时遭到破坏的大型食品级鱼。这些都卖给渔民作为鱼的蛋白饲料来源。一些网箱养殖户有时候也是捕鱼者，他们通常也会捕食正常的食品级鱼类，但也使用副渔获物或低值鱼来饲喂他们的鱼群。渔民认为用低值鱼饲喂的鱼，其生长更快，口感也更好。有研究表明，这种情况并非如此。此外，粮农组织和 NACA 2009—2011 年的亚洲四国研究（中国、印度尼西亚、泰国和越南）已经表明，在网箱养殖的海水鱼也可以训练食用颗粒饲料（与普遍渔民的认识相左）。因此，无论鱼苗是野生的或从孵化场来的，海水鱼类可以从幼年阶段开始用颗粒饲料喂养。一份盈利比较表明，使用低价值鱼和颗粒饲料饲养鱼类，它们之间没有显著差异。然而，使用颗粒饲料是更加方便的，因为它减去了喂养低值鱼的准备时间，这时间通常需要每天 3～4 小时，并且是由妇女来执行。这些节省的时间可用于其他活动。

⑤**培训**：一个渔场的示范鱼池可用于其他渔民和工人来观察学习如何正确喂养鱼。基本上，正确喂养的目的是让所有当天的配给量被消耗掉。配给量是基于网箱或池塘里的预计生物量来计算。再次，这也取决鱼类物种。东南亚渔业发展中心水产养殖部的网站（www. seafdec. org）有一个饲料和喂养手册是关于虱目鱼、罗非鱼、亚洲鲈鱼和虾虎的。水产养殖研究和开发中心应该有手册（见资源和工具部分）是关于喂养本地普通物种的，如鲶鱼、黑鱼和罗氏沼虾，他们应该有一个专家提供咨询或帮助建立并进行演示。喂养频率也是重要的。一些渔民一天只喂养一次，但几乎倾倒了整整一天的配给量。一些人在清晨和傍晚喂养两次，但比较适合在水中氧含量高的时候喂养。养殖水中溶解氧水平比较高时对鱼进行饲喂会更好。在重建团队中的水产养殖者可以进行一些示范性养殖或寻求专家帮助。

（3）**水产养殖业 2c：生产结构**

关键指标

- 那些未被严重破坏的渔场将被优先考虑实施恢复工作（参阅指导说明①）。

- 养殖设施将以某种方式被重建，被修复或者被替代，以加强抵御未来灾害的能力以及提高他们对长期发展的贡献（参阅指导说明①和②）。

● 设施的设计以及建设标准将被改善（参阅指导说明③）。

● 在一个池塘系统中，所设计的整个池塘系统的布局、输入和输出通道，要能够使污水排放对接收水域所造成的影响降到最低。

指导说明

①结构：养殖设施，例如网箱、池塘、围栏以及其他隔离设施，保持完好无损或有微小受损，这就表明整个设计建设已经达到标准。如果大部分被损坏了，就应该对改进设计和施工标准的时机做出响应。新材料可能需要被引入。

②提高对未来灾害的恢复能力：改善水产养殖业运营的恢复能力的例子包括：

——改善进水口。进水口可能由于劣质施工被侵蚀、破坏，或者被冲走。建造结构应该采用更坚固的材料，以免受到直接水流或者水浪影响。

——池塘堤坝应更好地压实，如果可以的话，应在表面路基种植草皮。这通常需要时间，但有草皮覆盖的池塘堤坝可以更好地承受侵蚀。

——在受保护海湾区内的网箱应被牢牢地锚住。

——采用更坚固的材料（例如 PVC 以及轻合金）替代竹子和木网箱的花费是昂贵的。小型养鱼户未必可以负担得起，但替代品可以持续时间更长和更强壮。

——一个强大的潮汐浪涌或海啸可能会席卷网箱或撕裂渔网，所以提前的预警系统可以让渔民有时间收网或转移到以陆地为基础的水槽或池塘中，或将网箱拖到有更多庇护的区域，或清空网箱，提升渔网以控制损害。

③建筑标准：如果有机会应尽可能引进并采用更高的建筑标准。在参考文献和资源部分提供了一系列合适的材料。

在更复杂的水产养殖系统中，解决施工相关问题应得到特别的关注。例如，近海网箱需要的特殊结构通常要求来自厂家专业人员的专业知识。

④改善池塘系统：从养殖池塘［以配方饲料养殖的养殖池塘（如虾）］排出的水为高污染水，在排放到公共水域前，应将废水引入一个污水处理池进行复原。

该处理池可生长江蓠属海藻或放养贻贝，以进一步减少流出污水的等级。进水通道有时杂草丛生、有泄漏、狭窄，容易出现淤泥，所有这些都会降低水流效率。这些问题在重建时均有待解决。

（4）水产养殖业 2d：技术支持服务

关键指标

● 给关键生产投入品供应商提供协助，如饲料生产商/供应商，化肥供应商和其他供应商如制冰厂（参阅指导说明①和②和 FOFI）。

- 供应商和渔民之间以合同形式针对质量、交货时间和价格方面达成共识（参阅指导说明④）。
- 饲料质量和鱼苗质量标准的一致性会对生产成果产生有利影响（参阅指导说明③）。

指导说明

①支持性服务：质量、价格和关键性原料的运输都是重要因素。因此，采购政策和程序应确保这些因素，尤其是运输的及时性。

②加强关系：相互响应也是建立渔民以及原料供应商之间互利关联的机会，尤其是鱼苗和饲料，对他们来说是一个反复出现的成本项目。一个互惠互利协议的例子是渔民能够要求鱼苗质量标准，愿意支付溢价，鱼苗供应商能够保证所需的质量和及时的运输。

③建立健康的鱼苗标准：一个健康鱼苗的常见指标是幼鱼或鱼苗游动活跃。PCR 实验室可以提供已知病毒分析。一些大型孵化场拥有自己的 PCR 分析服务，或使用政府或私人 PCR 实验室。

饲料成分，特别是蛋白质含量，法律要求印刷在包装材料上。重建团队可以要求进行分析，做一次检查，前提是饲料分析实验室是可以使用的。另外，也可以购买有品牌的饲料。大型的饲料企业是不会冒险销售不合格饲料而使得他们的声誉受损。然而，团队应该确保饲料不过期或不被霉菌等污染。新的和清洁的包装材料（包装袋、麻袋）是新鲜度的良好指标。

④签订合同：饲料和鱼苗的供应合同应包括约定的购买价格；饲料类型（漂浮或下沉），漂浮饲料通常都比较昂贵，但下沉饲料一样可以适用于某些物种；与鱼发育阶段相符合的配方；每次提货量和交货日期。物流协议可以是经销商运输或重建团队从经销商的仓库运送。

5.3.4.3 水产养殖业 3：抓住机遇支持发展

鼓励渔民抓住重建所带来的一切机遇。

关键指标

- 渔民可以在区域层面上进行良好渔场管理实践的培训，也可以在生产水平层面上进行更好的渔场管理规范培训（参阅指导说明①）。
- 渔民进入市场的能力可以通过有组织的市场，可获取的市场信息，以及产品认证计划的采用得到加强（参阅指导说明②）。
- 促进渔民获取以市场为基础的金融服务（参阅指导说明③）。
- 地方政府和推广机构的管理和提供技术援助的能力通过培训得以加强（参阅指导说明④）。

指导说明

①**建设公共行动能力**：特别针对虾类养殖的经验表明，如果当地渔民被组织成团或成立正式协会，可以更有效地适应并实施管理方法和行为准则。针对渔民和渔场工作人员的能力建设（采纳最佳管理实践和遵守自愿管理机制）是他们成功采用可持续实践的关键。目前已经制定了针对虾类养殖的最佳管理规范手册和良好实践指南：虾（印度，印度尼西亚，泰国，越南），鲶鱼（越南），鲤鱼（粮农组织中亚分区域办事处，适用于中亚和高加索），咸水和近岸养殖（菲律宾），针对东南亚地区与中国的海水网箱养殖（亚太地区水产养殖中心和FAO）。

这些都在不同场合进行了测试，包括在印度尼西亚2004年印度洋海啸后，由NACA、FAO和合作伙伴组织的水产养殖业恢复。这些可以免费提供，另外为了使其能够顺利推行，相关的专业技术已在印度、印度尼西亚、越南和泰国发展起来。该原则在世界任何地方的水产养殖系统都适用，也适用于特定的生产系统和物种（参阅参考文献和资料）。

②**促进市场营销**：在恢复过程的开始阶段，产品的总体积可能很小，但集中捕捞并制订有组织的营销计划会提高规模经济。更好的管理实践指南应该辅之以引入质量认证计划，逐步向农民引入这一市场准入工具。成功采用质量认证计划可以促进后期阶段对环境认证或标签的引进工作。泰国虾的水产养殖规范认证效果很好，认证基本上已经是一个市场准入工具，其核心是产品的质量和安全。农业界的成就应广为传播，并用来吸引潜在的买家。

③**小额信贷**：小额信贷应当被看作是作为项目活动一部分的重要服务。此服务的非政府组织或者一个正式机构应参与开展小额信贷扫盲培训，并制定小额信贷相关服务，最初是为生计，随后是为了水产养殖业。重建项目不大可能有足够的供其使用的资金来完全支持民生工程的资金需求。

即使他们这样做了，也是希望制订一种基于市场的针对渔民和其他民生企业的信贷计划，使受益人不再依赖补贴，并发展长期的、可持续的融资信贷能力。

④**加强管理**：地方政府和推广机构能力的加强工作可以通过包括他们在策划活动中的积极参与，以及在前面的最佳实践中的执行活动来实现。一个开明的地方政府了解社区的需求，可能有助于迅速恢复所需的流程和公共服务。项目能够加强当地政府和渔民培训课程之间的关系，这有助于他们了解水产养殖良好实践，或者提供一些论坛，在论坛中当地政府官员能够与渔民会面。

资源和工具

信息来源	网址	与技术挑战的相关性
一般养殖业		
负责任渔业行为守则 (CCRF)，FAO，1995	www. fao. org/docrep/005/ v9878e/v9878e00. HTM	
粮农组织水产养殖门户页面	www. fao. org/fishery/aquacul-ture/en；www. fao. org/aqua-culture/en/	提供与应急响应和准备相关的水产养殖各个方面的广泛技术信息，同时提供与网络、合作伙伴和技术出版物的链接。
粮农组织水产养殖技术关注领域	www. fao. org/fishery/affris/ species-profiles/en/ www. fao. org/fishery/affris/ affris-home/en/ www. fao. org/fishery/topic/ 2801/en	根据物种划分的生产技术信息；水产养殖饲料和营养的技术信息。
粮农组织水产养殖简易方法	ftp：//ftp. fao. org/fi/cdrom/ fao_training/start. htm	综合覆盖水产养殖基本方法的培训 CD。
Brugère，C.，Ridler，N.，Haylor，G.，et al. 2010. 水产养殖规划：可持续发展的政策制定和执行. 粮农组织渔业和水产养殖技术报告 No. 542. 罗马，粮农组织 . 2010. 70 页 .	www. fao. org/docrep/012/ i1601e/i1601e00. pdf	水产养殖政策与规划指南。
粮农组织 . 2010a. 水产养殖业的发展 . 4. 水产养殖生态系统方法 . 粮农组织负责任的渔业技术指南 No. 5，增刊 4. 罗马，粮农组织 . 2010. 53 页 .	www. fao. org/docrep/013/ i1750e/i1750e. pdf	渔业生态系统方法指南。
应急响应和水产养殖业		
Cattermoul，B.，Brown D.，Poulain，F. （粮农组织，2013）. 渔业和水产养殖部门应急响应的最佳实践研讨会 . 4 月 15～16 日，罗马，意大利 . FAO 会议论文集，No. 30. 罗马，粮农组织 . 2013.	www. fao. org/docrep/019/ i3431e/i3431e. pdf	应急响应中渔业和水产养殖最佳实践指南。

第五章　渔业和水产养殖业应急响应的最佳实践

（续）

信息来源	网址	与技术挑战的相关性
Arthur, J. R., Bondad-Reantaso, M. G., Campbell, M. L., Hewitt, C. L., Phillips, M. J. &Subasinghe, R. P. 2009. 认识和应用水产养殖风险分析：决策者手册. 粮农组织渔业和水产养殖技术报告；No. 519/1. 罗马，粮农组织. 2009.	http://www.fao.org/docrep/012/i1136e/i1136e.pdf	理解并运用水产养殖风险分析：决策者手册。
Brown, D., Poulain, F., Subasinghe R. &Reantaso, M. 2010. 支持水产养殖业的灾害响应以及准备工作. 粮农组织水产养殖通讯（FAN）. 45：40-41.	www.fao.org/docrep/012/al363e/al363e.pdf	支持水产养殖业灾害响应和准备工作。
Bueno, P. B., M. J. Phillips, Arun Padiyar, Hassanai Kongkeo. 2008. "变化波动：应对灾难"//K. D. McLaughlin, ed. 减轻自然灾害对渔业生态系统的影响. 美国渔业协会研讨会. 马里兰州. 美国. FAO. 2005. 亚洲水产动物卫生紧急情况的响应以及准备指南. 粮农组织渔业技术报告. 486. FAO. 2001. 亚洲水生动物疾病诊断指南. 粮农组织渔业技术报告 No. 402, 增刊 2. 罗马，粮农组织. 2001. 240 页.	www.fao.org/docrep/009/a0090e/a0090e00.htm	亚洲水产动物卫生紧急情况的响应以及准备指南。
Bueno, Pedro B., Phillips, Michael J. Phillips, Mohan C. V., Padiyar, Arun, Umesh, N. R., Yamamoto, Koji and Flavio Corsin. FAO. 2007. 水产养殖保险在管理措施中的作用//Secretan, P. A. D., Bueno, P. B., van Anrooy, R., Siar, S. V., Olofsson, Å., Bondad-Reantaso, M. G. and Funge-Smith, S. 亚洲满足发展中国家水产养殖保险和其他风险管理需求的指导方针. 粮农组织渔业技术报告 No. 496. 罗马，粮农组织. 2007. 148 页.	www.fao.org/docrep/010/a1455e/a1455e00.htm	

（续）

信息来源	网址	与技术挑战的相关性
FAO. 2009b. 水产养殖环境影响评估和监测. 粮农组织渔业和水产养殖技术报告 No. 527. 罗马，粮农组织. 2009. 57 页.	www.fao.org/docrep/009/a0583e/a0583e00.htm	

第五章 渔业和水产养殖业应急响应的最佳实践

5.4　渔业和水产养殖业应急响应的最佳实践 4：捕捞后的活动与贸易

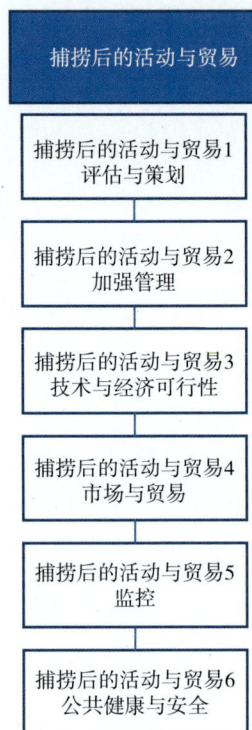

```
          ┌─────────────────────────┐
          │    捕捞后的活动与贸易       │
          └─────────────────────────┘
          ┌─────────────────────────┐
          │  捕捞后的活动与贸易1        │
          │  评估与策划               │
          └─────────────────────────┘
          ┌─────────────────────────┐
          │  捕捞后的活动与贸易2        │
          │  加强管理                 │
          └─────────────────────────┘
          ┌─────────────────────────┐
          │  捕捞后的活动与贸易3        │
          │  技术与经济可行性          │
          └─────────────────────────┘
          ┌─────────────────────────┐
          │  捕捞后的活动与贸易4        │
          │  市场与贸易               │
          └─────────────────────────┘
          ┌─────────────────────────┐
          │  捕捞后的活动与贸易5        │
          │  监控                    │
          └─────────────────────────┘
          ┌─────────────────────────┐
          │  捕捞后的活动与贸易6        │
          │  公共健康与安全            │
          └─────────────────────────┘
```

5.4.1　引言

在渔业和水产养殖业中，捕捞后活动与贸易是非常重要的，因为它们提供重要的就业机会，影响食品的国内消费和出口。鱼是一种具有高周转率的产品，除非需要保存或处理，否则需要将其在短时间内销售和消费掉。就捕获后部门而言，可以与主要生产活动分开考虑；它涵盖了捕获和市场之间进行的所有操作。此外，当许多渔民冷藏或以其他方式处理自己捕获的鱼时，他们也在船上参与到捕获后的活动。大多数渔业，捕获后部门包括对码头、冰供应、储存、加工、运输和市场设施等基础设施的需求。

通过价值链分析，可以了解捕捞后的系列活动及其相互联系；价值链分析主要聚焦在鱼的加工、供给以及销售等环节。

为了确保恢复工作目标准确，快速实现，必须了解市场链参与主体。一些情况下，渔业的市场链与其他产品链和市场高度融合。理论上讲，渔业的市场链可以很简单，也可以很复杂。典型的海鲜价值链包括以下要素：野外捕捞或水产养殖＞初步加工＞二次加工＞批发＞零售＞消费。附件中，以虾类的价值链为例进行了分析，虾类可以通过水产养殖获取，也可以通过野外捕捞获取。

供应链的起点是码头，渔民在码头上将鱼售卖给批发商和零售商。渔民和零售商通常是那些走路，或使用自行车、摩托车、独木舟船只、货车、冰箱卡车的人。他们所拥有的资产可能包括篮子、磅秤、保温盒/冰盒和车辆。批发商和分销商可能就在受灾的渔村及其附近的城镇，附近的城镇可能受到灾情的影响，也可能不会受到。通常，鱼类加工处理由妇女和儿童负责，包括清洗（清洗和去内脏）、用盐腌制、干燥、熏制。清洗可以直接在家庭作坊进行，或在加工营地和棚屋（小型和微型企业）进行，实行计件工资，具体情况取决于季节因素。鱼是一种高度易腐商品，所以，在捕捞旺季，人们不得不通过延长工作时间确保鱼及时上市。干燥或熏制鱼及其软体动物，可能在家庭作坊进行，无偿使用劳动力；或在加工营地（小型和微型企业）进行，需要雇佣劳动力，或实行计件工资。

可以使用多种技术保鲜鱼品，延长鱼品保质期。尽管这些技术可以归类为几种主要方法，但评估时还需要描述当地具体的技术特性。为满足当地的消费和市场，多数鱼和水产品的加工在家庭作坊或社区层面的企业进行。大规模的商品加工企业主要是满足国家整体的食物供应和出口需求。加工的主要类型（或组合）包括：

- 冰冻和冷却；
- 风干、用盐腌制、熏制（热熏和冷熏）、冷冻干燥；
- 装罐（如烹饪、漂白、杀菌、消毒技术）、电离辐射（巴氏杀菌或灭菌）、微波加热；
- 发酵、腌泡或酸洗（又称生物保鲜）；
- 真空包装（有时使用 CO_2、O_2、N_2 和冰箱）。

5.4.2 紧急情况下捕捞后的活动与贸易

根据自然灾害的严重性，自然灾害对捕捞后活动的影响可能是破坏生产设施，造成损失。这将会降低收入，严重干扰受灾人群的生计。表13展示了捕捞后不同灾害类型下的典型风险。

表 13　捕捞后部门所遭受的不同类型灾害的典型风险

灾害类型	对捕捞后的实践和贸易的典型风险
飓风、旋风	破坏基础设施，干扰民生；危害环境
潮涌、海啸	和上面的一致，但是对基础设施的危害更大，如直接冲走
地震	物理毁坏
火山爆发	
洪水	
石油泄漏、危险化学品泄漏、污染物的长期释放	对公众健康产生长期影响——环境污染引起食品安全信任危机
核污染	对当地居民的健康构成潜在危害，尤其是对育龄妇女和新生儿危害更大 受污染地区的海产品需求下降，进而引起收入下降
干旱	制冰和加工水产品用水短缺
复杂的紧急情况	破坏，污染（影响可能是长期的），运输被破坏，对资源产生负面影响
引起的冲突和灾后问题	对市场和价值链内的关系产生影响

　　除了那些对基础设施和捕捞后活动构成特定风险的危害，还有一些重大危害可能影响到食用鱼类资源的适合性。石油泄漏引起的多环芳烃（PAHs）释放、多氯联苯（PCBs）、二噁英和工业过程的重金属排放到水里，都是威胁人类健康的长期隐忧；如果不加以检测和控制，势必严重损害人类健康（FAO/WHO，2011）。

　　这些包括：

- 多环芳烃：多环芳烃通过石油泄漏（溶于水或以颗粒物形式）、沉积物或受污染的饲料等途径到达食物链。多环芳烃是一种致癌物，在人体中经过新陈代谢成为极性化合物。多环芳烃不断在胆囊集聚，然后被排泄到体外。虽然多环芳烃在长须鲸体内可以迅速排泄，但它可以长期留存在软体动物体内。化学检测成本高昂，但感官分析可以作为控制措施。如果一个训练有素的尝味员检查不到污染，那就认为产品可以食用。
- 多氯联苯：多氯联苯涵盖了工业过程产生的多种化合物。摄入多氯联苯会引发癌症，并对人类健康产生许多其他严重影响，如破坏人类的免疫系统、生殖系统、神经系统、内分泌系统等。
- 重金属：特别是工业过程和自然环境中进入水产品食物链的汞和镉。汞和镉都是剧毒元素。汞是一种神经毒素，导致新生儿和儿童产生神经发育缺陷，增加成年人冠心病的发病概率。镉导致神经管缺陷，对人类的许多器官和组织（包括心脏和骨骼）都有危害作用。食用海鲜产品是人类汞中毒和镉中毒的重要原因。

一般认为，长期污染的影响需要等一段时间才能显现。例如，1912 年，日本水俣湾受到采矿活动的影响，引起汞污染，而直到 20 世纪 50 年代才发现污染对人类产生的后果，食用该水域所产的鱼肉产品引起健康问题。干旱和气候变化的影响是慢发型灾害的其他实例。

评估

评估捕捞后系列活动，需要整体考虑到渔业所有的其他方面，还需要通过国家负责渔业的科技部门与其他政府部门（特别是农业、卫生和贸易部门），以及公民社会组织进行紧密合作。评估所面临的主要挑战可以简单概括为以下几个方面：

了解供应链：制订应急响应计划，重要的是确定受灾码头哪些供应系统可供利用。鱼类和其他水产品的供应链错综复杂，不同码头、地区和国家都有所不同，不同的鲜鱼、活鱼、加工过的鱼肉产品及其副产品（如鱼粉、鸡饲料、石灰和肥料）也不同。在一些码头，有的买家和渔民有组织性地在拍卖系统中竞卖，而有的则存在买方垄断、卖方垄断、垄断联盟或产业联合的情况。在后一种系统下，渔民可以从买家那里获得捕鱼设备和投入的专项贷款，往往负债，不得不卖给特定的买家。

考虑季节因素的影响：如果自然灾害发生在捕鱼旺季，渔民将面临高额损失，进而影响其捕鱼淡季的生计，因为妇女通常更容易储蓄（以现金和珠宝的形式），以备拮据时期之用。理解捕捞后活动和贸易的季节性特点对保证援助的适当性至关重要。编制一个季节性日历，应该考虑到以下几类问题：

- 社区消费的与出售的鱼和水产品（鲜鱼、活鱼、加工品）比例是多少？
- 参与加工的主体：具体的民族、女性、男性？
- 加工的组织方式：家庭作坊式、小型、微型企业的雇佣劳动或计件工资？
- 季节性：在哪个季节什么类型的鱼和水产品受影响？
- 使用什么加工方法：清洗、去内脏、洗涤、干燥、用盐腌制和烟熏吗？
- 使用什么资源：器具、设备、建筑、水、冰、盐和燃料？
- 灾害在多大程度上影响这些资源的获取？

选择受益者：经验表明，必须仔细选择接受援助的受益人，这需要和渔民组织的代表以及敬业、廉洁的地方官员一起开展工作。这在替换大型鱼类加工设备和渔船等高价资产时，尤需如此。

制冰厂的威胁：捕捞后部门中存在一个长久的失败根源，就是在不合适的

地方企图建造制冰厂，尤其在电力缺少的地方。这些制冰厂往往被赠送给合作社，或者为此目的而建成。一些用意良好的捐助者和国际机构未能认识到，制冰厂是一个复杂的设备，需要良好的管理和维护以及充足和清洁的水供应。然而，在选定建制冰厂的地方，这些方面的要求往往不能满足，电力供应往往分散或者不足。大张旗鼓开业之后，这些制冰厂失败的经典之路包括依赖一台发电机，断断续续经营（不提供备份装置），并最终因为缺乏维修的专业人员和资金导致故障。业务暂停期间，不运行的设备被盗，制冰厂最终倒闭。沿海制冰厂在恶劣的海洋环境下往往无法正常运行，腐蚀限制了其运行寿命。很少有设备更换资金。除非电力充足，管理良好，不然应该选择在内陆建设制冰厂，并使用保温卡车向周边码头配送制冰产品，返程还可以带回鱼类产品。

5.4.3　与渔业和水产养殖业的关联性

渔业和水产养殖业作为食品生产活动，包括一系列相互联系、相互协调的活动。紧急情况之后，需要对整个渔业部门的损害和早期恢复进行评估，描述其中的相互关联性，并阐明他们之间的相互依赖性。一些可能存在的特定关联如下：

食品和营养安全：关于食品和营养安全，捕捞后资产和基础设施的损失或损害意味着，在相当长一段时间内，鱼类供应将显著减少。原因很简单，例如，洪水或强热带风暴过后，可以迅速补充损失的鱼箱；或者更严重的情况下，基础设施如制冰厂、存储设施、道路、分销渠道等，遭到破坏，必须等到完成这些基础设施的重建，渔产的生产和销售才能不受限制，但重建可能需要长期的规划。这种情况下，可能加重食品安全问题，因为灾害过后，渔民缺乏收入，交通和市场受损，引起食物短缺。

在紧急情况下，首要任务是确保清洁水和传统上可接受的安全的大宗食品的充足供应，在早期阶段，不需要关注营养品质方面，但必须保障一定的卫生条件。随后，饮食的质量可以有所提高。虽然，通常情况下渔业社区是渔产的消费者，但在这些社区，渔产对食品安全的直接作用往往被过分强调。渔业收入，如工资或利润，允许建立被当地文化所接受的饮食模式，而饮食模式决定了家庭或社区的食品安全。然而，在渔业社区之外将鱼肉产品作为紧急救援食品来源时，应格外注意，必须确保当地文化接受渔产，渔产与当地居民的传统饮食习惯不冲突。

捕捞渔业：在捕捞行业，当渔船和捕鱼设备损坏或丢失时，渔民就丧失了其与价值链上至关重要的一个连接。这也会影响到捕捞后的部门。此时，首要任务是在渔业的所有部门，更换个人的生产性资产，包括渔船和渔具以及用于加工的设备和用于储藏的棚屋。

基础设施：捕捞后的部门在很大程度上依赖于码头中心和市场设施等基础设施，这些设施通常是由国家或地方政府出资建立。因为投入成本高，规划重建时需谨慎对待。

发展中国家水产养殖所生产的大部分产品是用于出口的高价值的虾类产品，因此在监管部门和主管部门之间建立紧密联系是非常重要的，监管部门负责水产养殖的管控，主管部门负责产品生产过程中的食品安全问题。政府主管部门的职责不仅包括签发出口健康证明书（捕获物和水产养殖的产品），还包括确保产品符合进口国国家的有关要求。同样，针对国内市场，也必须在水产养殖和加工的质量标准及安全规范方面进行密切配合。

5.4.4 捕捞后的活动与贸易——应急响应的最佳实践

5.4.4.1 捕捞后的活动与贸易 1：评估与规划

应急响应计划基于对捕捞后部门的详细分析。

关键指标

- 灾害的立即跟进和早期恢复需要评估，在施行捕捞后活动干预之前，需要快速进行捕捞后概述（PHO）（见指导说明①）。
- 应急响应涉及地方和国家层面诸多不同类型的利益相关者（见指导说明②）。
- 计划确定是否有机会针对小型加工企业，快速进行资产更换，以便于恢复生产和经销（见指导说明③）。
- 在这个时期及后期，提供的所有设备必须是合适的，使用者熟悉，符合相关标准，并且在本地就可以购买到（见指导说明③）。
- 更换大型基础设施项目的计划，应该与未来渔业、社区和国家发展规划整合在一起（见指导说明④）。

指导说明

①**了解供应链**：需要绘制鲜鱼和加工的鱼，及其他相关产品供应链的示意图，需要通过召开分组座谈会或与关键情报人员访谈，来确定一个社区所受灾害的典型模式。为了评估既定供应链所受影响的程度，计算供应链各个链条遭受的损失，绘制示意图是必要的。对此，本文末尾的"工具"部分提供了提纲。灾后重建仅致力于将渔船和渔具移交给生产者，而没有仔细评估供应链和恢复这些供应链的步骤，将会对整个行业产生不利的影响。

评估灾害是如何影响供应链的，关键问题包括：

- 码头最主要的交易形式是什么？
- 对买家负有债务的渔民有多大比例？
- 谁是渔民和贸易商（性别、种族）？

- 渔民和贸易商来自哪里（本地、区域、国家或国外)？
- 使用何种类型的设备进行交易？
- 使用何种类型的交通工具？
- 码头捕捞的鱼和水生物种中，最常见的是什么品种？
- 这些产品的价格是多少？渔民是按千克、条还是串计价？
- 渔民的贸易条件是什么？贸易条件在旺季和淡季有何差别？

②**利益相关者分析**：收集的所有关于捕捞后活动的信息和从社区获得的信息，都为利益相关者分析提供了信息支持，而利益相关者分析表明了灾后重建的必要程度。假设资金充裕，就可以开始购置更换资产，并分发到位。为了避免在社区产生异议，避免特殊利益群体或精英群体挪用资金，必须与社区代表、渔民、组织和领导展开广泛的咨询，确定受益人。应该特别注意的是，必须确保性别平等，因为在确定受益者时，女性往往被忽视。在大多数情况下，从事捕捞后活动的人中超过50％的是女性。

③**重启活动**：一旦码头重新运营，可以通过鼓励小型加工企业更换设施，快速恢复现金交易。然而，所有的设备都应该是使用者熟悉会用的，都应该能够从当地购买到。这可能涉及简易干燥处理所需的货架、腌制所需的盐和熏制所需的薪材，甚至是自行车、摩托车、保温盒，以便向周边地区分销鲜鱼。一般而言，这个时候不适合引入新技术，通过与受益人和政府工作人员核实社会正常的活动，可以确保所提供的设备是使用人员熟悉会用的。

④**综合规划**：更换大型基础设施项目，如码头、市场、制冰厂和冷藏室，具体施行应推迟至局势稳定，但可以提前开始做计划。然而，向国家官员咨询国家未来的渔业发展规划，向社区居民咨询社区的需求是至关重要的。

5.4.4.2　捕捞后的活动与贸易2：加强管理

对捕捞后的活动和贸易的紧急援助有助于加强政府政策和战略。

关键指标

- 政府工作人员和国际专家全面参与到规划的制定过程和重建活动中（见指导说明①）。
- 对捕捞后活动的投入清单需要保留，并提供给相关的政府机构（见指导说明②）。
- 捕捞后活动的概述和价值链分析有助于制订未来发展计划，计划需要考虑国家和地区规定，以及国际契约，如FAO负责任渔业行为守则（见指导说明③）。
- 大型基础设施项目的计划（如码头、市场、制冰厂等）由政府负责建设，应使用当地的专业设计，并以透明、负责任的形式进行招标（见指导说明④）。

①与政府建立合作关系：如果当地政府工作人员具有胜任能力，这种情况下，负责灾后重建计划工作的国际专家，应与这些政府工作人员保持密切联系，确保他们得到充分授权，从这种合作关系中受益，能力有所提升。也可能出现其他情况，如当地人员在灾后恢复的初级阶段受到心理创伤，或当地政府能力较弱。这些情况下，应由国际专家负责指导国内专家开展工作，在履行本职工作的同时加强国家能力建设。

②透明度：国际专家不应孤立地工作，而是应该确保各级政府收到关于已经开展灾后恢复工作的信息，充分掌握有关情况，并收到所有投入清单的副本，以便于之后审查。

③会议指南：如果存在地区或国家层面的标准和指导方针，应遵循；但总体上应符合国际契约有关条款的规定。指南可以从 FAO 负责任渔业行为守则获取，可以根据其总则检验灾后恢复和重建计划。更具体地说，捕捞后活动的重建应符合守则的第 11.1 条，重新启动贸易的注意事项在守则的第 11.2 条做出了规定。

④大型基础设施的提供：提供大型基础设施的项目由政府负责，必须确保与别处的基础设施配合良好。出于这个原因，当地熟悉情况的技术人员应该参与建设的规划和监督。为了满足国际捐助者的要求，应尽最大努力确保投标过程中的任何要求都是诚实透明的。

5.4.4.3 捕捞后的活动与贸易 3：技术与经济可行性

更换主要基础设施对社区是合适的，决策依据主要包括：基础设施在价值链中的作用分析以及技术和经济可行性分析。

关键指标

- 更换基础设施从经济角度来看是合理的，根据国家建设法规进行专业规划和建设（见指导说明①）。
- 在缺乏电力供应、维修设施和专业管理的情况下，不予建设制冰厂（见指导说明②）。
- 制订基础设施更换计划时，需要考虑灾害引起的地形变化（见指导说明③）。

指导说明

①经济可行性：基础设施建设必须通过预测设施利用率和运营成本，确保其经济上的合理性。基础设施主要包括码头、市场、冷藏设施和制冰厂等。对此开展调查，必须考虑总体的经济条件。虽然，大型基础设施的重建可以更好地利用现代科技，满足当前需求；但是，大型基础设施重建的前提是额外支出，从经济角度来看是合理的，且社区可以支持所需技术。在所有情况下，大

型基础设施的重建计划应与专家一同进行，且遵循适用的国家准则。否则，FAO/WHO 食品法典委员会（CAC）的《鱼和渔业制品操作规范》应对此提供指导。

②制冰厂：缺乏冰是严重影响渔业和水产养殖收入增加的一个重要因素。然而，建设制冰厂过程中已经出现了重大的错误。这些制冰设备成本昂贵，操作复杂。除非条件允许建设制冰厂，否则更适合从大型中央制冰厂批发冰，可以把冰放在绝缘容器中使用卡车运输。不可能提供一个适应所有情况的完整清单，但以下条件必须满足：

- 附近没有可供使用的冰。从大型中央制冰厂批发冰，可以把冰放在绝缘容器中使用卡车运输，返程再将鱼带回市场。
- 电力供应可靠，成本合适。如果不满足这个条件，那使用柴油发电机必须具有经济可行性，并提供两个发电机（一个以备不时之需）。
- 社区人员必须具备维护和维修所需的技术能力，并能够购买到所需配件。
- 拥有足够的专业管理能力，对协作责任的建议应十分谨慎。

③地形变化：根据灾害的性质，地形变化可能主要发生在沿海，如火山喷发、地震后的倾斜、洪水引起的蓄水效应、风力作用和海啸。在启动任何重建计划之前，都必须对此进行评估。

5.4.4.4 捕捞后的活动与贸易 4：市场和贸易

行动符合市场需求和贸易法规。

关键指标

- 码头中心和拍卖设施的大小应与市场需求相称，并能够进行扩建（见指导说明①）。
- 市场价格信息透明有助于防止中介机构从中牟取暴利（见指导说明②）。
- 海鲜进口和出口符合既定的质量和安全标准（见指导说明③）。

指导说明

①设施：紧急事件发生时迫切需要重建，所以很容易忽视基本的规划问题，从而导致码头中心和集市建筑物建造不合适。存在的典型问题包括设施建造过大或选址不当。规划和重建之前，必须进行实地调查。实地调查需要依托当地知识，同时考虑以下因素：

- 日均量或旺季流量；
- 预期市场需求；
- 管理职责，如果是协作管理，社区追踪记录什么；
- 当地居民拥有所需技术能力；
- 船只着陆设施的规模满足预期船只的需求，且不受地形变化的影响；

- 道路畅通，所在位置到居住区比较方便；
- 具备可饮用的淡水、电力、燃料和其他投入品。

②**市场信息**：在短期内，很难建立市场信息系统，向利益相关者发布价格信息，但拍卖会场的白板十分有用。此外，可以使用有效的沟通策略，通过当地媒体（报纸、广播和电视）提供价格信息。建立市场信息网络，使其成为紧急事件后国家渔业发展项目的一部分，如以简讯形式，定期提供主要市场的价格信息。

③**质量和安全标准**：施行质量和安全的行业标准最好是由综合危害分析与关键控制点（HACCP）及可追溯系统进行控制，可追溯系统覆盖整个过程，从捕获或捕捞，到国内消费和出口。资源和工具部分给出了实施信息。行业必须符合既定的标准，并接受政府主管部门的监管。关于主管机关角色的指南如下。

5.4.4.5　捕捞后的活动与贸易5：监测

建立资源安全性和可持续性的监测和报告系统。

关键指标

- 石油泄漏或有毒化学物品泄露后，调查周围环境和食物链中的污染物（见指导说明①）。
- 需要建立用于检查污染物在顶层食肉动物体内的长期集聚的系统（见指导说明②）。
- 制订资源管理计划，包括实行限额捕捞和配额分配对鱼加工和销售的经济影响（见指导说明③）。
- 灾害一旦确认，科学地进行风险分析，研究其对资源和生态系统的影响，形成风险管理计划和风险沟通计划，将其应用于保障消费者安全，并将食品安全问题告知消费者（见指导说明④）。

指导说明

①**监测影响**：如果政府尚未启动食物链常规监测项目，或缺乏执行项目的技术能力，则必须申请国际援助。所有消费者都会对有害自身健康的问题保持高度关注，结果是，鱼销售量暴跌，随之而来的是渔民生计受损。由于多数污染物的化学分析过程复杂，费用昂贵，多数情况下应使用替代方法作为常规控制，如品尝小组分析监测石油污染，同时进行少量的化学分析以便进一步确认。

②**长期计划**：所有政府都应对汞和镉在顶层食肉动物体内的集聚情况进行常规监测，并将其监测结果分享给区域或国际数据库。

③**捕捞后活动包含在渔业和水产养殖评估中**：灾后资源评估不是捕捞后的议题，参与规划和讨论产出时，应该确保社区始终是生态系统的核心，始终践行良好的渔业管理实践，且不受配额分配等问题的负面影响。应建立有关机

制，确保未来社区和渔民协会组织切实参与到管理规划中。

④**风险分析**：风险分析的原则在各种食品法典文档中都有详细介绍。有足够的风险分析能力是政府食品安全体系必要的功能，也是渔业出口的先决条件。虽然这不是灾后的首要任务，但是它应该放在后续行动的最前边，且应尽快进行，防止削弱消费者信心引起市场的损失。总之，第一个活动是风险评估，以确定对食物链完整性所造成的风险程度和严重性。政府食品安全当局利用这些信息管理或控制风险。随后，通过政府行动，联结媒体和公民社会组织（包括消费者团体），向公众沟通和解释风险。有效的沟通策略是必需的。食品安全供给的信心最好由透明度来维持，尤其是来自有关政府机构的透明度。在紧急情况下可以部署科学的风险分析能力，将有助于这些目标的实现。风险分析的原则包含在食品法典发布的食品安全风险分析和粮农组织发布的基于风险的渔业监督指南中。

5.4.4.6　捕捞后的活动与贸易6：公共健康和安全

公共健康和渔产的质量通过恢复活动得到加强。

关键指标

- 政府检查系统的修复是在遵循国家相关规程的基础上，基于食品法典以及与之配套的相关标准进行的（见指导说明①）。
- 政府在渔业检验检疫和质量监管方面的职能在重新配备员工和进行员工能力建设后得到了恢复（见指导说明②）。
- 确保提供给当地市场的产品符合国家卫生安全标准，用于出口的产品符合进口国的相关卫生标准（见指导说明③）。
- 重建规划将食品法典委员会《鱼和渔业制品操作规范》作为重建标准，同时要符合国家建设规范（见指导说明④）。
- 就饲料和食品质量安全来说，应在管控水产养殖及其加工方面紧密配合（见指导说明⑤）。

指导说明

①**政府检查**：所需的国家工作人员的能力和实验室设施的质量由捕捞业的性质决定。在渔业向当地消费者提供新鲜鱼的情况下，通常有公共健康或市级卫生督察的常规监测就足够了。如果有任何程度的加工，特别是用于出口的，则必须由政府任命的主管机关部门的专门设施和工作人员进行检测。用于出口的产品，需得到检测部门的充分质量认可。就哪个政府部门负责食品安全方面的鱼类检查，各国之间存在差异，有些国家是由渔业部门负责，有些则由卫生部门负责。然而，进口国的渔业检查部门强调，出口国需实施同等水平的质量和安全控制，所以没有捷径可走。

②**员工培训**：训练有素的工作人员和进行复杂分析的必要设备不能作为紧

急援助被提供。如果这些都不可用，则国内的分析将在别处进行。应将渔业检查能力的增强和相关的实验室需求规划为长期发展的一部分。

③**食品安全**：不管是对当地消费者还是渔产的进口国，食品安全都是不可妥协的绝对前提。国家和国际标准都对如何保证食品安全有清晰的指导。在无国家规定的情况下，则应该遵循食品法典委员会《鱼和渔业制品操作规范》。

④**标准**：在计划阶段需保证所有引入的设施和设备符合现行国家政府规章标准，同时与食品法典条例一致。只有在达到这个标准之后，才能保障产品的质量和安全达到标准。

⑤**可追溯性**：鱼类检查和常规分析用于保证捕捞渔业的产品安全。对于水产养殖，即集约型的水产养殖，饲料的质量和安全也将被监控以确保饲料没有被致病微生物、污染物污染，同时确保寄生虫没有进入生产环节。这通常由疾控中心负责，而不是渔业督查机关，然而这也需要两个部门的紧密配合。

资源和工具

信息来源	网 址	与技术挑战的相关性
渔业管理和治理		
FAO. 1995. 负责任渔业行为准则. 罗马. 41 页.	www. fao. org/docrep/005/ v9878E/V9878E00. htm	
FAO. 1998. 负责任鱼类利用. 粮农组织负责任渔业技术指南 No. 7. 罗马. 33 页.	www. fao. org/docrep/003/ w9634e/w9634e00. htm	提供一套非约束性原则，以完善渔业管理，并与指导重建工作有关。
FAO. 2009. 负责任渔业贸易. 粮农组织负责任的渔业技术指南 No. 7. 罗马. 23 页.	ftp: //ftp. fao. org/docrep/fao/ 011/i0590e/i0590e00. pdf	
食品安全		
食品法典标准	www. codexalimentarius. net/ standard _ list. asp	公认的标准清单，包括鱼和渔业制品。对符合出口质量以及安全标准来说是必不可少的，也是国内市场产品的最佳指导。
FAO/WHO. 2009. 食品法典委员会鱼和渔业制品操作规范. 罗马. 144 页.	ftp://ftp. fao. org/docrep/ fao/011/a1553e/a1553e00. pdf	提供了有关如何实现标准，如何保持质量和安全，以及如何建造码头、储藏、鱼加工、清洁和一系列其他问题所需场所的指南。

信息来源	网址	与技术挑战的相关性
Lee, R., Lovatelli, A. & Ababouch, L. 2008. 双壳类动物净化：基本和实用层面. 粮农组织渔业技术报告 No. 511. 罗马，粮农组织. 135 页.	www.fao.org/docrep/011/i0201e/i0201e00.htm	安全、有效的双壳类软体动物的净化在灾害事件发生后是必不可少的。
FAO. 2009. 基于风险的鱼类检验指南. 粮农组织食品和营养报告 No. 90. 罗马. 89 页.	www.fao.org/docrep/011/i0468e/i0468e00.htm	描述与渔产品相关的食物安全隐患并提出控制措施。
Huss, H. H., Ababouch, L. & Gram, L. 2003. 海产品安全与质量的评估和管理. 粮农组织渔业技术报告 No. 444. 罗马，粮农组织. 230 页.	www.fao.org/docrep/006/y4743e/y4743e00.htm	有关安全和质量各方面的手册。
FAO. 2006. 食品安全风险分析——国家食品安全部门指导. 粮农组织食品和营养报告 No. 87. 罗马. 102 页.	www.fao.org/docrep/012/a0822e/a0822e00.htm	该食品法典出版物阐述了风险分析的基本原则，可应用于安全和一般性问题上，以评估、管理和沟通风险。
FAO/WHO. 2009. 食品卫生. 基本文本. 第四版. 食品法典委员会. 罗马，粮农组织；日内瓦，世界卫生组织. 125 页.	www.fao.org/docrep/012/a1552e/a1552e00.pdf	
FAO/WHO. 2001. HACCP 体系及其应用指南. CAC/RCP 1 - 1969 附件，修订 3 版（1997）. 罗马，粮农组织；日内瓦，世界卫生组织.	www.fao.org/docrep/005/y1579e/y1579e03.htm	
WHO. 1991. 饮用水——水质指南，1、2、3 卷. 新德里，印度，CBS 出版公司.		人类消费和食品加工用水质权威手册。

信息来源	网址	与技术挑战的相关性
Ernst，R. J.，Ratnayake，W. M. N.，Farquarson，T. E.，Ackman，R. G. & Tidmarsh，W. G. 1987. 长须鲸的石油烃污染. 环境研究基金报告 080 号. 渥太华环境研究基金. 150 页.	www. esrfunds. org/ pdf/80. pdf	
Millar，C. P.，Craig，A.，Fryer，R. J. & Davies，I. M. 2010. 通过品尝小组评估多环芳烃污染的存在. 苏格兰海洋科学报告. 英国阿伯丁郡，苏格兰海洋科学. 19 页.	www. scotland. gov. uk/re-source/doc/295194/0103457. pdf	
贸易		
WTO SPS 和 TBT 协议	www. wto. org/english/tratop _ e/sps _ e/sps _ agreement _ cbt _ e/intro1 _ e. htm	该协议涵盖了有关农业以及渔业国际贸易的各方面。引用附录中的培训模块对于促进理解是很有用的。
设施		
Medina Pizzali，A. F. 1988. 小规模码头和市场设施. 粮农组织渔业技术报告 No. 291. 罗马，粮农组织. 69 页.	www. fao. org/docrep/003/t0388e/t0388e00. htm	包括规划码头中心与市场的重要信息。
其他辅助资料		
Campbell，J. & Ward，A. 2004. 渔业捕捞后综述手册. 由英国国际发展部（DFID）资助的捕捞后渔业研究计划的一项成果，英国埃克塞特，IMM 有限公司.		
价值链分析	www. dfid. gov. uk/r4d/pdf/out-puts/hpai/wks081124 _ an-nex 16. pdfftp：//ftp. fao. org/es/esa/lisfame/guidel _ value-chain. pdf	价值链分析有助于了解渔业结构，同时确定效益流。

119

第五章 渔业和水产养殖业应急响应的最佳实践

（续）

信息来源	网址	与技术挑战的相关性
Gudmundsson，E.，Asche，F. & Nielsen，M. 2006. 海鲜价值链的收益分配. 粮农组织渔业报告 No. 1019. 罗马，粮农组织. 42 页.	www. fao. org/docrep/009/a0564e/a0564e00. htm	渔业价值链构建指南。

5.5 渔业和水产养殖业应急响应的最佳实践 5：环境

```
┌─────────────────────────────────┐
│          环境（ENV）             │
└─────────────────────────────────┘
              │
    ┌─────────────────────┐
    │      环境1           │
    │      鱼群评估        │
    └─────────────────────┘
              │
    ┌─────────────────────┐
    │      环境2           │
    │  负责任的处置和清理  │
    └─────────────────────┘
              │
    ┌─────────────────────┐
    │      环境3           │
    │      栖息地保护      │
    └─────────────────────┘
              │
    ┌─────────────────────┐
    │      环境4           │
    │    保护ETP物种       │
    └─────────────────────┘
              │
    ┌─────────────────────┐
    │      环境5           │
    │  合适的环境影响评估  │
    └─────────────────────┘
              │
    ┌─────────────────────┐
    │      环境6           │
    │   入侵物种的管理     │
    └─────────────────────┘
```

渔业和水产养殖的生态方法是为了确保规划、发展和管理在符合社会和经济需要的同时，又不损害子孙后代从海洋系统提供的全方位产品和服务中受益的权益（FAO，2003）。许多现有标准是渔业和水产养殖管理中的环境指导原则的基础。这包括了渔业的生态系统方法（FAO，2003），负责任渔业行为准则（FAO，1995）以及水产养殖的生态系统方法。渔业的生态系统方法（EAF）为渔业管理者和决策者确保三大支柱可持续发展（环境、社会和经济）提供了支持基础。

虽然社会和经济维度在渔业的生态系统方法（EAF），负责任渔业行为准则和水产养殖的生态系统方法（EAA）中也至关重要，但是本章节着重讨论环境因素的影响。

环境因素被认为具有跨领域性和关联性，并贯穿本指南其他主体领域，特别是在政策、管理和捕捞作业（尤其是渔具）层面。本章节的目的不是重复其他领域的最佳实践表述，而是把重点放在特定环境问题的关键方面。

以下参数构成了我们接下来要讨论的主要环境因素：

渔业

- 鱼群：包括目标的物种群体，与目标种类连同在一起的被捕捞的要保留物种的群体，以及抛弃物种的群体。
- 栖息地：支持渔业发展的关键，例如，产卵地及育苗场。
- 濒危的、受到威胁的和要保护的物种（ETP）：包括国家及国际法律和协议或者FAO国际行动计划中规定的那些物种。
- 生态系统：考虑到渔业存在于更广泛的生态社区内。

水产养殖业

- 鱼群种类：包括贝苗和鱼苗。
- 饲料：包括野生资源的利用以及饲料转化率。
- 栖息地：考虑到可支持水产养殖业发展的栖息地，合适的选址和环境影响评估。
- 生态系统：考虑到更广泛的生态社区和水产养殖业发展的承载能力，包括环境影响评估的作用。

5.5.1 在紧急情况下的环境管理问题和要求

灾害可以产生严重的环境后果，并对渔业和水产养殖业产生直接和间接的影响。同样，渔业和水产养殖业对环境的影响也能导致灾害。

在水产养殖活动中对野生鱼类资源和产品造成的直接影响可能由石油或者化学物质的泄漏、鱼类栖息地（例如珊瑚礁、红树林、海草、鱼塘和洞穴）的扰乱和破坏，以及极端气候事件引起的水质改变而引起。这些影响又会对鱼类身体和行为产生影响（例如直接死亡，或对迁移、产卵、生长速度和位置产生影响）。除此之外，对于水产养殖来说，它还面临鱼群逃离和产品损失的额外风险。直接对环境产生影响的灾害也有可能由渔业和水产养殖业造成。示例包括受损基础设施和资产的环境影响，例如渔船石油储存库的泄漏，渔产冷冻仓库释放的有害温室气体，养殖场逃脱的鱼对生态系统造成的影响以及出现在海洋、淡水、陆地环境中受损的养鱼场中的设备、基础设施以及渔船和渔具。

灾害也可能对环境产生间接的影响。复杂的紧急情况，例如城市冲突和对自然（如气候事件）和技术性灾害（如石油泄漏和核灾难）的反应情况，可能会导致渔业和水产养殖业的环境做法受到削弱和限制。这可能是由于组织和个人对良好环境管理的能力下降所致，但也可能是由于人们把关注焦点都放在重建过程中经济和社会目标上及迅速采取行动的需求上。

表 14 灾害类型及环境影响

灾害类型	相关的环境影响
飓风、龙卷风、台风	● 植被覆盖层和野生动物栖息地消失 ● 短期暴雨以及内河泛滥 ● 水土流失和侵蚀 ● 海水倒灌至地下淡水蓄水池 ● 海水侵蚀土壤 ● 沿海珊瑚礁群破坏以及沿海自然防御机制破坏 ● 废弃物（某些废弃物可能是有害的）和堆积残体 ● 对暂时无家可归者的二次冲击 ● 与受损基础设施的重建和维修相关的影响（如森林砍伐、采石、垃圾污染）
海啸	● 污水溢流引起的地下水污染 ● 盐湖倒灌以及地下水库的污水污染 ● 生产性渔场以及沿海森林、种植园的丧失 ● 沿海珊瑚礁的破坏 ● 海岸侵蚀或沉积物在海岸和小岛屿上的沉积 ● 波涌回流的海洋污染 ● 土壤污染 ● 农作物和种子库的丧失 ● 废物堆积——需要另外的废物处置场 ● 对暂时无家可归者的二次冲击 ● 与受损基础设施的重建和维修相关的影响（如森林砍伐、采石、垃圾污染）
地震	● 生产系统的丧失，如农业 ● 自然景观和植被的破坏 ● 大坝基础设施损害或破坏可能会引起的洪水泛滥 ● 废物堆积——需要另外的废物处置场 ● 对暂时无家可归者的二次冲击 ● 与受损基础设施的重建和维修相关的影响（如森林砍伐、采石、垃圾污染） ● 受损的基础设施可能成为次生环境威胁，如燃料储存设施的泄露
洪灾	● 污水溢流引起的地下水污染 ● 农作物、家畜以及生活保障的损失 ● 泥沙大量淤积影响某些鱼群 ● 因土壤侵蚀造成河岸破坏 ● 因化肥使用造成水土污染 ● 暂时无家可归者的二次冲击 ● 洪泛区以及河流沿岸地区的沉降

123

灾害类型	相关的环境影响
火山爆发	● 火山灰和浮石掩埋引起的生产性景观和作物的损失 ● 火山熔岩引起的森林火灾 ● 对暂时无家可归者的二次冲击 ● 气体释放引起野生生物丧失 ● 因熔岩流堵塞对河流和村庄造成次生洪水泛滥 ● 受损的基础设施可能成为次生环境威胁，如燃料储存设施的泄露 ● 与受损基础设施的重建和维修相关的影响（如森林砍伐、采石、垃圾污染）
山体滑坡	● 受损的基础设施可能成为次生环境威胁，如燃料储存设施的泄露 ● 对暂时无家可归者的二次冲击 ● 与受损基础设施的重建和维修相关的影响（如森林砍伐、采石、垃圾污染）
旱灾	● 表层植被的丧失 ● 生物多样性的丧失 ● 强迫人口迁徙 ● 家畜减少以及其他生产性系统的破坏
疫病	● 生物多样性的丧失 ● 强迫人口迁徙 ● 生产性生态系统的破坏 ● 引入新物种
山火	● 森林以及野生生物栖息地的减少 ● 生态多样性的丧失 ● 破坏生态系统服务 ● 生产性作物的丧失 ● 土地侵蚀 ● 对定居或农业的二次入侵
沙尘暴	● 生产性农业用地的流失 ● 生产性作物的丧失 ● 土壤侵蚀

重建更美好家园

渔业和水产养殖业在灾后响应中将迎来一系列机会去改善一些环境问题。许多这样的机会可以与渔业和水产养殖等专题领域进行相互对照，并涉及确保灾害造成的环境影响和风险最小化。其他环境机会总结如下：

提高鱼群评估。为了确保渔业资源的长期可持续性，定期评估已开发鱼群以及将评估结果纳入渔业管理过程至关重要。"全球尤其是联合国大会已认识到情况的严重性，联合国大会在 2003 年批准了一项改进捕捞渔业状况及趋势信息的全球战略。"

改进捕捞能力评估和管理。管理和减少过剩的渔业产能是渔业政策制定者和管理者面临的最大挑战之一（FAO，2008c）。基于最好的政策和管理以及预防措施，可以进行船队重建使渔业产能与渔业机遇相匹配。这可能意味着引入相对于之前使用的渔船数量更少的渔船，同时提供不同种类的渔船，这些可能伴随着灾后侧重创造更多生计替代的机会。

引入低影响的和更精心选择的渔具（FAO，2012a）。在适当的专业和财务协助下，丢失和已损坏的渔具可由更精心挑选的对栖息地影响更小和误捕率较低的渔具代替。高水平的利益相关方磋商需要确保这种技术是因地制宜的。

通过高效的工程减少温室气体的排放。将渔船设计和设备进行一些变化作为重建方法的一部分，会改善 GHG 排放的情况，同时提高生产效率，增加利润。这给改善船体形状，引入不同的马达或者额外的齿轮箱提供了机会。即使是一个简单的改变，例如调整尺寸大小以及安装螺旋桨和船尾齿轮，都可能在很大程度上提高燃油的利用率。此外，相对于陆地上的发电基础设施，太阳能日渐成为一个用于远程站点的可能选择，比起发电机，它更应该被鼓励使用。对冷却负荷有大量要求的除外，如冷藏室和制冰厂。

提高水产养殖业的饲料利用率。很多水产养殖业都依赖于用低价值的鱼作为饲料，包括利用误捕的鱼。这会导致与以这些鱼作为直接食物的人类产生竞争关系。当重建水产养殖业减少饲料中低价值鱼或鱼粉的使用量时，就会出现更多机会。

负责任采购水产养殖业的鱼苗和亲鱼。重建水产养殖业生产的一个关键活动就是确保所要重建的小规模孵化场、繁殖场和鱼苗收集工作得到恢复，并将可持续管理作为一个关键原则。很多小规模的生产者可能依赖于收集野外的对环境产生不利影响的幼小鱼苗。这就为政策改进提供了机遇，同时所要改进的政策不但要能解决认证问题，而且还要能够制订一些激励措施，鼓励对鱼苗进行环境友好型采购，此外还要能够制订一些激励措施来鼓励生产。

5.5.2　与其他部门的联系

表 15 描述了渔业和水产养殖业中环境因素、管理和提供的其他服务间的联系。

表 15　渔业和水产养殖业中环境因素、管理和提供的其他服务间的联系

在紧急情况下，提供给渔业部门的支持领域	环境因素、管理以及其他所提供支持之间的联系	计划的含义是什么（应当做出什么样的考虑）
食品和营养安全	由石油或放射性核素污染导致的海鲜产品中的污染物，被认为对人类消费是安全的水平 负责任处置受污染以及腐烂海鲜产品，防止其回流至消费链中	确定放射性核素以及石油污染物的适当阈值，包括为弱势群体提供必要规定（如儿童以及怀孕妇女） 例如，使用食品法典或者使用基于国家层面所设定的阈值 对于受污染或者腐烂的海鲜产品，制订废物管理和处置计划
船舶维修以及更替	所替换渔船应当与资源可持续捕捞的必要能力相匹配	为记录总捕捞能力，对渔船进行登记和授权 确保不规范的渔船馈赠不能得到认可
渔具的提供和维护	如有可能，被再次引进的所设计的渔具，对环境影响要达到最低，如减少对幼鱼的捕捞量，降低对栖息地的影响，减少对副捕获物捕捞量的措施	渔民、管理者与渔具制造商之间的通力合作，以便改进渔具设计，或在环境设计方面进行引进
提供、维护基础设施，如码头、市场设备及水产养殖设备	在重建基础设施前进行环境影响评估，避免引起环境进一步退化	针对灾后情况，制定快速的环境影响评估流程
捕捞后活动和营销	对捕捞上岸的物种进行全面登记，包括手工渔业和生计渔业	制定记录协议，建立数据库
渔业和水产养殖政策与管理	确保灾前和灾后政策与管理能够支持渔业和水产养殖业的可持续发展，同时使其对生态系统的影响降到最小	提供环境注意事项，并将其内置到政策和管理中

5.5.3　最佳环境管理实践

5.5.3.1　环境 1：鱼群评估

渔业资源可持续捕捞的管理与能力支持。

关键指标

- 在对鱼群状况评估给予适当考虑的情况下，制定新的和修订关于单个和多个物种的预防性捕捞策略。
- 在捕捞策略中，应当包含捕获控制规则和参考点，使用适当改进的投入范围，以及将投入、产出和技术管理措施综合考虑，以确保捕鱼量不超过最大可持续产量。
- 可以报告鱼群评估和捕捞控制规则的适当监测。

指导说明

①**捕捞策略：** 捕捞策略应该进行制定或修订，以促进鱼类和贝类资源管理的改进，确保捕捞能力和捕捞工作能应对灾害造成的鱼群波动。这需要掌握鱼群评估信息，以确定鱼群状况和灾害造成的影响。实施的和正在制定的捕捞策略应当将这样的鱼群评估考虑在内。捕捞策略应该包括鱼群生物量和捕捞死亡率的限制点和参考点。考虑到这些参考点，应该给出管理目标和管理程序的纲要。监控作为鱼群评估的一部分是必需的，还要确定捕捞策略是否能实现其目标。捕捞策略也应该考虑要与船舶和渔具的提供能力关联起来。

②**捕捞控制规则和工具：** 明确事前达成的规则或行动，在灾害发生前落实到位，并确定适当的管理行动，以应对鱼群指标的变化。这些指标包括设置用于管理的参考点，考虑一般群体补充量关系，同时考虑任何影响繁殖能力改变的潜在因素（改变基因结构或性别比例）。管理行动会采取投入、产出和技术管理措施的形式。

③**监控：** 鱼群状况评估需要大量的信息来确定鱼群状态，设置适当的捕获控制规则，建立有效的控制措施。根据灾难的类型，风险分析用于确定适当的监测规模和监测频率。信息类型包括：

- 鱼群结构应包括描述鱼群分布和地理范围的信息、地理范围与捕获控制之间关系的信息，同时还包括鱼群年龄、大小、性别和遗传结构的信息。
- 鱼群生产能力包括成熟、生长、自然死亡率、依赖密度的变化过程、群体补充量关系和繁殖力。
- 船队组成可以包含与渔具类型和捕捞方法相关的工作信息，包括有物种针对性和无物种针对性渔业中的捕捞船队的特点。
- 鱼群丰度可以包含一些关于绝对或相对丰度指数的信息，包括群体补充量、鱼群年龄、大小、性别和遗传结构。
- 渔业数据整理，整合一些描述捕捞上岸的鱼类等级、尺寸、年龄、性别以及遗传结构的相关信息，描述被丢弃鱼的相关信息，以及通过位置和

捕捞方法描述目标鱼群非法捕捞的、未报告的、不受监管的、供娱乐用的、通常的和意外的死亡率的相关信息。

- 其他数据可能包括环境信息，如温度、天气和可能会影响鱼类种群和捕捞的其他因素。

5.5.3.2 环境2：负责任的处置

通过安全处置变质或被污染的渔产，消除燃料和制冷剂泄漏，达到环境影响最小化。

关键指标

- 建立和使用安全处置协议和程序。
- 有效清理海滨储存燃料的泄漏，移除和更换受损冷藏库和制冷库中的制冷剂。

指导说明

①**处置协议和程序**：停电、基础设施损坏，停止正常操作或营销网络中断可能导致存储货物的腐败。另外，捕获后存储的渔产可能受到陆上化学泄漏或核辐射等污染。应该对储存的渔产进行适当测试以保证食品或其他食物来源的安全。如出现不安全的食物来源，应在程序和协议中确保这样的海鲜不进入食物链。适合的处置方式取决于污染的类型，可以通过垃圾填埋处理，焚烧或其他方式处理。应该记录捕捞物的处置数量、地点、日期和原因，并列出明细。

②**燃料和制冷剂的清理**：渔业和水产养殖基础设施的燃料或制冷剂泄漏可能会导致污染。有效且高效的清理会减少对环境造成的潜在危害。移除和更换冷藏和冷冻室里的制冷剂应该避免会导致全球变暖的气体溢出。

5.5.3.3 环境3：栖息地保护

保护和恢复敏感的栖息地和关键渔场。

关键指标

- 恢复计划识别关键的敏感或脆弱的栖息地，提供足够的限制条件，以促进恢复。
- 执行灾后清理项目，其目的是寻找和找回海洋环境中的残骸。

指导说明

①**栖息地恢复计划**：渔业或水产养殖活动的恢复应该得到管理，以确保那些会在灾难中受到影响的地区及特别重要、特别敏感脆弱的地区得到保护，如草甸、红树林和珊瑚礁。恢复计划通过限制某些类型的渔具，比如水底的水獭拖网，或者完全包围或封禁一片区域。对关键栖息地受灾前和受灾后常规监测和定位将为必要设限和有效恢复提供信息。

②**栖息地清理项目**：捕鱼活动的恢复可能因为捕鱼区大量的海洋废弃物而

受到阻碍。海洋废弃物可能影响敏感的栖息地和破坏渔具。漂浮的碎片会成为天然的鱼群聚合设备。协调清理项目应转移和处理重点捕鱼区的废弃物。有效的清理将进一步降低敏感的栖息地的风险，如珊瑚礁系统，该系统本身将促进周围生态系统的恢复，包括礁渔业。

5.5.3.4 环境 4：保护濒临灭绝、受威胁和要保护的物种。

保护和恢复濒临灭绝、受威胁和要保护（ETP）的物种。

关键指标

● 再次引入的渔具组合了兼捕减少装置，提供渔具替换，通过负责任的捕鱼行为这类教育使得对濒危物种产生的干扰最小化，教育还包括 ETP 物种的鉴别；

● 制定行为守则，使得对 ETP 物种的干扰和影响降到最低。

指导说明

①**兼捕减少装置**（BRDs）：恢复捕鱼活动应引入或加强相关措施来保护濒危物种。需要特别注意的是，兼捕减少装置应作为标准纳入所有渔具替换工作中。适当的兼捕减少装置包括在水底的拖网捕鱼装置上的海龟排除器设备和在长线上的圆钩。协调设备生产企业、渔业和环境主管部门是非常必要的。适当教育渔民使用兼捕减少装置和认识兼捕减少装置的重要性是成功实施的关键。建议在渔具提供给渔业部门时，把教育当作是设备交接过程的一部分。向高水平的利益相关者进行咨询能确保兼捕减少装置的使用适合当地条件。

②**濒危物种行为守则**：兼捕减少装置可能不适合某些类型的渔具。在这种情况下，行为守则应采取的措施是最小化濒危物种被干扰的风险，例如，通过降低捕捞网的质量，允许濒危物种逃跑，降低海豚和海龟被捕捞的风险。再次强调，当把渔具提供给渔业部门时，教育渔民识别濒危物种和确定有效的针对渔具的行为守则应该属于交接过程的一部分。

5.5.3.5 环境 5：环境影响评估

环境影响评估是以适合灾情的规模而进行的。

关键指标

● 环境影响评估（EIA）的基础设施更换；

● 环境影响评估的要求适用于灾后情况，如降低复杂性和减少评估时间。

指导说明

①**环境影响评估**：在重新发展之前，环境影响评估对改进可持续环境管理与灾害响应之间的关联来说是非常关键的。环境影响评估是在项目或计划的基础上进行，被定义为"在做出重大决定和承诺之前，识别、预测、评估

和减轻发展建议中的生物物理的、社会的及其他相关影响的过程"（国际影响评估协会，1999）。例如，为公布适当的选址、规模、物种和承载能力，水产养殖发展的环境影响评估将对潜在的更广泛的生态系统影响做出评价。

②**环境影响快速评估**（REA）：在灾害发生的情况下，考虑到人力和时间，当缺乏一个完整的环境影响评估时，REA 可能是合适的。一个 REA 能识别环境问题的框架和优先次序，在灾害立即响应期间，使负面影响降到最小或避免负面影响。环境影响快速评估过程的示例如图 4 所示。

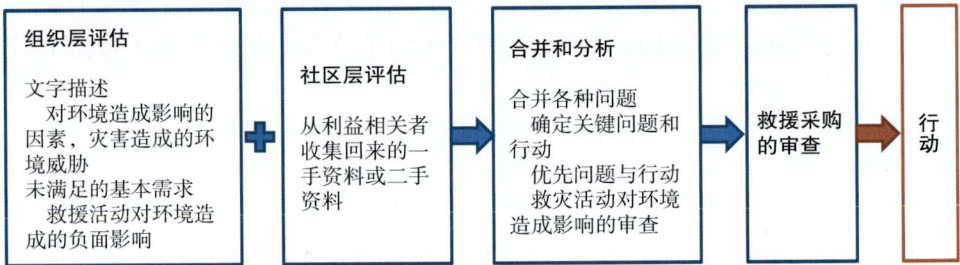

图 4　环境影响快速评估过程

5.5.3.6　环境 6：入侵物种

降低引进入侵物种风险的管理与过程。

关键指标

● 对引进物种的根除、遏制或管理选项的影响评估和成本-效益分析。

● 推进原地重建应急计划。

指导说明

①**影响评估**：从水产养殖活动或水族馆引入入侵物种时，应进行影响评估，评估潜在的风险和实施适当的行动。这应该包括一个成本效益分析，至少有三个管理选项，例如：什么也不做，消除入侵物种，或控制和管理入侵物种，以将传播范围降到最低。

②**应急计划**：管理和规划水族馆和水产养殖活动中入侵物种的场所，能够有效地将引入风险降到最低。因此，对水产养殖基础设施的环境影响评估，应该充分考虑在灾害中幸存的非本地物种的情况。

信息资源	网址	与技术挑战的相关性
负责任渔业行为守则（CCRF）. FAO，1995	www. fao. org/docrep/005/v9878e/v9878e00. HTM	
粮农组织.2009c. 渔业管理.2. 渔业的生态系统方法.2.2渔业生态系统方法的人为尺度。粮农组织负责任渔业技术准则No.4，增刊2，罗马，粮农组织.2009.88页.		
粮农组织.2003. 渔业管理.2. 渔业的生态系统方法. 粮农组织负责任渔业技术准则 No.4，增刊2. 罗马，粮农组织.	http：//www. fao. org/DOCREP/005/Y4470E/Y4470E00. HTM	
粮农组织.2010a. 水产养殖业的发展.4. 水产养殖的生态系统方法. 粮农组织负责任渔业技术准则No.5，增刊4. 罗马，粮农组织.2010.53页.	www. fao. org/docrep/013/i1750e/i1750e. pdf	水产养殖的生态系统方法指南。
粮农组织水产养殖网	www. fao. org/fishery/aquaculture/en and www. fao. org/aquaculture/en/	与应急响应有关的水产养殖可获取的广泛技术信息、网络链接以及技术出版物。
国际海洋勘探理事会和欧洲内陆渔业咨询委员会	www. fao. org/fishery/topic/14782/en	关于引进物种使用的行为守则。这些守则通常适用于水生物种有目的的活动，例如渔业中的生物防治，水产养殖中的科学研究。同时还包括关于意外地从压舱水或船体引入物种的指导和政策。
粮农组织.2012d. 采油项目的环境影响评价指南	www. fao. org/docrep/016/i2802e/i2802e. pdf	
Suuronen, P., Chopin, F., Glass, C., Lokkeborg, S., Matsushita, Y., Queirolo, D., Rihan, D. 2012a. 低影响和低油高效捕鱼——超越水平线	www. elsevier. com/locate/fisheries	低影响渔具。

131

第五章 渔业和水产养殖业应急响应的最佳实践

信息资源	网址	与技术挑战的相关性
粮农组织 . 2012c. 温室气体排放专家会议报告 . 海产食品的战略和方法 . 粮农组织渔业和水产养殖报告 No. 1011.	www. fao. org/docrep/ 017/i3062e/i3062e. pdf	
粮农组织 . 2009b. 水产养殖的环境影响评估和监测 . 粮农组织渔业和水产养殖技术报告 No. 527. 罗马，粮农组织. 2009. 57 页 .	www. fao. org/docrep/ 012/i0970e/i0970e. pdf	
食品法典	www. codexalimentarius. org/	1963 年由粮农组织和世界卫生组织成立的食品法典委员会协调制定了国际食物标准、准则以及操作规程，以保护消费者的健康并确保食品贸易中的公平做法。所有食品标准工作由国际政府组织和非政府组织负责开展，委员会要促进这项工作的协调。

Alcantara-Ayala, I. 2002. Geomorphology，1natural hazards，vulnerability and prevention of natural disasters in developing countries. *Geomorphology*，47：107 - 124.

Anmarkrud, T. 2009. *Fishing boat construction*：4. *Building an undecked fiberglass reinforced plastic boat*. FAO Fisheries and Aquaculture Technical Paper No. 507. Rome，FAO. 70pp.

Anmarkrud, T. , Danielsson, P. & Gudmundsson, A. 2010. *Guide to simple repairs of FRP boats in a tropical climate*. BOBP/MAG/27. Rome，FAO.

Arthur, J. R. , Bondad-Reantaso, M. G. , Campbell, M. L. , Hewitt, C. L. , Phillips, M. J. & Subasinghe, R. P. 2009. *Understanding and applying risk analysis in aquaculture*：*a manual for decision-makers*. FAO Fisheries and Aquaculture Technical Paper No. 519/1. Rome，FAO. 2009. 113pp.

Badjeck, M-C. , Allison, E. H. , Halls, A. S. & Dulvy, N. K. 2010. Impacts of climate variability and change on fishery-based livelihoods. *MarinePolicy*，34（3）：375 - 383.

Ben-Yami, M. & Anderson, A. M. 1985. *Community fisheries centres*：*guidelines for establishment and operation*. FAO Fisheries Technical Paper No. 264. Rome，FAO. 94pp.

Bondad-Reantaso, M. G. , McGladdery, S. E. , East, I. , and Subasinghe, R. P. eds. 2001. *Asia Diagnostic Guide to Aquatic Animal Diseases*. FAO Fisheries Technical Paper No. 402，Supplement 2. Rome，FAO. 2001. 240 pp.

Brown, D. , Poulain, F. , Subasinghe R. & Reantaso, M. 2010. Supporting Disaster Response and Preparedness in Aquaculture. *FAN*（*FAO Aquaculture Newsletter*），45：40 - 41.

Brugère, C. , Ridler, N. , Haylor, G. , Macfadyen, G. & Hishamunda, N. 2010. *Aquaculture planning*：*policy formulation and implementation for sustainable development*. FAO Fisheries and Aquaculture Technical Paper No. 542.

Rome，FAO. 2010. 70pp.

Bueno，P. B. ，M. J. Phillips，Arun Padiyar and Hassanai Kongkeo. 2008. "Wave of Change：Coping with Catastrophe". In：K. D. McLaughlin，ed. Mitigating Impacts of Natural Hazards on Fishery Ecosystems. American Fisheries Society Symposium 64. Bethesda，Maryland，USA.

Bueno，Pedro B. ，Phillips，Michael J. Phillips，Mohan C. V. ，Padiyar，Arun，Umesh，N. R. ，Yamamoto，Koji and Flavio Corsin. 2007. *Role of better management practices* (*BMPs*) *in aquaculture insurance*，pp 78 – 97. In：Secretan，P. A. D. ，Bueno，P. B. ，van Anrooy，R. ，Siar，S. V. ，Olofsson，Å. ，Bondad-Reantaso，M. G. and Funge-Smith，S. *Guidelines to meet insurance and other risk management needs in developing aquaculture in Asia*. FAO Fisheries Technical Paper No. 496. Rome，FAO. 2007. 148pp.

Campbell，J. 2010. *Reducing vulnerability of fishing and fish farming communities to natural disasters in Africa*. Background paper prepared for the African Regional Consultative Workshops on "Securing Sustainable Small-Scale Fisheries：Bringing together responsible fisheries and social development". Rome，FAO. 27pp.

Campbell，J. ，Whittingham，E. & Townsley，P. 2006. *Responding to Coastal Poverty：Should we be doing things differently or doing different things?* In：Hoanh，C. T. ，Tuong，T. P. ，Gowing，W. &. Hardy，B. CAB International. Environment and Livelihoods in Tropical Coastal Zones.

Coackley，N. 1991. *Fishing boat construction*：*2. Building a fibreglass fishing boat.* FAO Fisheries Technical Paper No. 321. Rome，FAO. 84pp.

Cochrane，K. L. and Garcia，S. M. 2002. *A fishery manager's guidebook-Management measures and their application*. FAO Fisheries Technical Paper No. 424. Rome. 231pp.

CONSRN， 2005. *Consortium to Restore Shattered Livelihoods in Tsunami-Devastated Nations* (*CONSRN*) . *Regional strategic framework for rehabilitation of fisheries and aquaculture in tsunami affected countries in Asia*. http：//www. apfic. org/apfic_downloads/tsunami/2005 – 09. pdf.

Czekaj，D. 1990. *Engineering applications*：*3. Hydraulics for small vessels*. FAO Fisheries Technical Paper No. 296. Rome，FAO. 199pp.

Davy，D. 2012. *Building GRP fishing vessels in Bangladesh. Draft Technical Report*. Project：UTF/BGD/040/BGD. Rome，FAO. 25pp.

Davy，D. Svensson，K. 2009. *Building small wooden boats in Myanmar-12 ft* *and 18 ft multi-purpose boats*. Yangon, FAO. 47pp.

Department for International Development（DFID）. 2005. *Reducing poverty by tackling social exclusion. A DFID policy paper*. London, DFID. http：// dfid. gov. uk/ Documents/publications/social-exclusion. pdf.

Ernst, R. J. , Ratnayake, W. M. N. , Farquarson, T. E. , Ackman, R. G. & Tidmarsh, W. G. 1987. *Tainting of finfish by petroleum hydrocarbons. Environmental Studies Research Funds Report No. 080*. Ottawa, Environmental Studies Research Funds. 150pp.

FAO. 1989. *Standard Specifications for the Marking and Identification of Vessels*. Rome, FAO. 69pp.（also available at ftp：//ftp. fao. org/docrep/ fao/008/t8240t/t8240t00. pdf）.

FAO. 1990. Fisheries Technical Paper No. 222. Revision 1 "Definition and classification of fishing gear categories" Fisheries and Aquaculture Department, Rome. ［online］ also available at www. fao. org/docrep/008/t0367t/t0367t00. htm.

FAO. 1995. *Code of Conduct for Responsible Fisheries*. Rome, FAO. www. fao. org/ docrep/005/v9878e/v9878e00. HTM.

FAO. 1996. The FAO Technical Guidelines for Responsible Fisheries-Fishing Operations 1. Article 6. 1-Guidelines for Fishing Activities（Ref Sections 8. 4 and 8. 5 of the Code）［page 46 table check back to give a, b）. ftp：//ftp. fao. org/docrep/fao/003/W3591e/W3591e00. pdf.

FAO. 1997a. *FAO's Emergency Activities： Technical Handbook Series. The Emergency Sequence： What FAO Does-How FAO Does It. Overview of the Handbooks*. Rome.（also available at www. fao. org/docrep/w6020e/w6020e00. htm ♯TopOfPage）.

FAO. 1997b. *Aquaculture development*. FAO Technical Guidelines for Responsible Fisheries No. 5. Rome, FAO. 40pp.

FAO. 1997c. *Inland fisheries*. FAO Technical Guidelines for Responsible Fisheries No. 6. Rome. 36 pp.（also available at ftp：//ftp. fao. org/docrep/fao/ 003/W6930e/W6930e00. pdf）.

FAO. 1998. *Responsible fish utilization*. FAO Technical Guidelines for Responsible Fisheries No. 7. Rome. 33pp.

FAO. 2000. *Fisheries management. 1. Conservation and management of sharks*. FAO Technical Guidelines for Responsible Fisheries No. 4, Suppl. 1. Rome. 37pp.

FAO. 2003. *Fisheries Management. 2. The Ecosystem Approach to Fisheries*. FAO Technical Guidelines for Responsible Fisheries. 4 Suppl. 2 FAO, Rome.（also a-

135

参考文献

vailable at www. fao. org/DOCREP/005/Y4470E/Y4470E00. HTM.

FAO. 2005a. *Increasing the contribution of smallscale fisheries to poverty alleviation and food security.* FAO Technical Guidelines for Responsible Fisheries No. 10. Rome. 79pp.

FAO. 2005b. *The rehabilitation of fisheries and aquaculture in coastal communities of tsunami affected countries in Asia.* CONSRN Workshop Report. 28 Feb-01 March 2005，FAO RAP，Bangkok. 33pp.

FAO. 2005c. Consortium to Restore Shattered Livelihoods in Tsunami-Devastated Nations （CONSRN）. Regional strategic framework for rehabilitation of fisheries and aquaculture in tsunami affected countries in Asia.

FAO. 2006. *Food safety risk analysis-a guide for national food safety authorities.* FAO Food and Nutrition Paper No. 87. Rome. 102pp.

FAO. 2008. *Fisheries management. 3. Managing fishing capacity.* FAO Technical Guidelines for Responsible Fisheries No. 4，Suppl. 3. Rome，FAO. 2008. 104pp.

FAO. 2009a. *Environmental impact assessment and monitoring in aquaculture.* FAO Fisheries and Aquaculture Technical Paper No. 527. Rome，FAO. 2009. 57pp.

FAO. 2009b. *Fisheries management. 2. The ecosystem approach to fisheries. 2.2 Human dimensions of the ecosystem approach to fisheries.* FAO Technical Guidelines for Responsible Fisheries No. 4，Suppl. 2，Add. 2. Rome，FAO. 2009. 88pp.

FAO. 2009c. *Responsible fish trade.* FAO Technical Guidelines for Responsible Fisheries No. 11. Rome. 23pp.

FAO. 2009d. *Guidelines for riskbased fish inspection.* FAO Food and Nutrition Paper No. 90. Rome. 89pp.

FAO. 2009e. *Best practices to reduce incidental catch of seabirds in capture fisheries.* FAO Technical Guidelines for Responsible Fisheries No. 1，Suppl. 2. Rome. 49pp. （also available at www. fao. org/docrep/012/i1145e/i1145e00. pdf）.

FAO. 2010. *Aquaculture development. 4. Ecosystem approach to aquaculture.* FAO Technical Guidelines for Responsible Fisheries No. 5，Suppl. 4. Rome，FAO. 2010. 53pp.

FAO. 2012a. *State of the World Fisheries and Aquaculture.* www. fao. org.

FAO. 2012b. *FAO technical Guidelines for Responsible Fisheries.* FAO Fisheries and Aquaculture Department. ［online］ www. fao. org/documents/jsp/empty. jsp? cx = 018170620143701104933％3Azn2zurhzcta&·cof = FORID％3A11&·q=fao＋technical＋gui delines＋for＋responsible＋fisheries&·search _ radio=docRep.

FAO. 2012c. *Report of the expert meeting on greenhouse gas emissions.* Strategies and methodologies in seafood. FAO Fisheries and Aquaculture Report 1011 FIRO/R1011.

FAO. 2012d. *Environmental impact assessment, guidelines for FAO field projects.* www. fao. org/docrep/016/i2802e/i2802e. pdf.

FAO. 2013. *Fisheries and aquaculture emergency response guidance. Review recommendations for best practice.* FAO Workshop. FAO Fisheries and Aquaculture Proceedings 30.

FAO/ILO/IMO. 2001. *FAO/ILO/IMO Document for guidance on training and certification of fishing vessel personnel 2001.* IMO. London.

FAO/ILO/IMO. 2012. *Safety Recommendations for Decked Fishing Vessels of Less than 12 metres in Length and Undecked Fishing Vessels.* FAO, Rome. 254pp（also available at www. fao. org/docrep/017/i3108e/i3108e. pdf）.

FAO/WFP. 2008. *Socio-Economic and Gender Analysis（SEAGA）for Emergency and Rehabilitation Programmes.* Rome, FAO / WFP. 180pp.（also available at www. fao. org/docrep/008/y5702e/y5702e00. htm.）

FAO/WHO. 2001. *The HACCP system and guidelines for its application.* Annex to CAC/RCP 1 – 1969, Rev. 3（1997）. Rome, FAO, and Geneva, WHO.

FAO/WHO. 2012. *Codex Alimentarius.* List of standards. http: //www. codexalimentarius. org/standards/list-of-standards/en/.

FAO/WHO. 2009. *Food hygiene. Basic texts.* Fourth edition. Codex Alimentarius Commission. Rome, FAO, and Geneva, WHO. 125pp.

Fletcher, W. G. , Bianchi, G. , Garcia, S. M. , Mahon, R. & McConney, P. 2012. *The Ecosystem Approach to Fisheries（EAF）management planning and implementation.* A technical guide and supporting tools for decision-makers and advisors.

Fyson, J. F. 1980. *Fishing boat designs: 3. Small trawlers.* FAO Fisheries Technical Paper No. 188, Rev. 1. Rome, FAO. 51pp.

Fyson, J. F. 1988. *Fishing boat construction: 1. Building a sawn frame fishing boat.* FAO Fisheries Technical Paper No. 96, Rev. 1. Rome, FAO. 63pp.

Garcia, S. M. , Zerbi, A. , Aliaume, C. , Do Chi, T. & Lasserre, G. 2003. *The ecosystem approach to fisheries. Issues, terminology, principles, institutional foundations, implementation and outlook.* FAO Fisheries Technical Paper No. 443. Rome, FAO. 2003. 71pp.

Graham, J. , Johnston, W. A. & Nicholson, F. J. 1993. *Ice in fisheries.* FAO

137

参考文献

Fisheries Technical Paper No. 331. Rome，FAO. 75pp.

Gudmundsson，A. 2009. *Safety practices related to small fishing vessel stability*. FAO Fisheries and Aquaculture Technical Paper No. 517. Rome，FAO. 54pp.

Gudmundsson，E.，Asche，F. & Nielsen，M. 2006. *Revenue distribution through the seafood value chain*. FAO Fisheries Circular No. 1019. Rome，FAO. 42pp.

Gulbrandsen，O. 2004. *Fishing boat designs：2. V-bottom boats of planked and plywood construction*. FAO Fisheries Technical Paper No. 134，Rev. 2. Rome，FAO. 64pp.

Gulbrandsen，O. 2009. *Safety at sea-safety guide for small fishing boats*. FAO/SIDA/IMO/BOBP-IGO REP 112. 52pp. Rome.

Haug，A. F. 1974. *Fishing boat designs：1. Flat bottom boats*. FAO Fisheries Technical Paper No. 117，Rev 1. Rome，FAO. 46pp.

Huss，H. H.，ed. 1995. *Quality and quality changes in fresh fish*. FAO Fisheries Technical Paper No. 348. Rome，FAO. 195pp.

Huss，H. H.，Ababouch，L. & Gram，L. 2003. *Assessment and management of seafood safety and quality*. FAO Fisheries Technical Paper No. 444. Rome，FAO. 230pp.

International Labour Organisation（ILO）. 2001. *Guidelines on occupational safety and health management systems*. ILO. Geneva.（also available at http：//www. ilo. org/wcmsp5/groups/public/---ed-protect/-protrav/---safework/documents/normativeinstrument/wcms_107727. pdf）.

International Labour Organisation（ILO）. 2007. *The Work in Fishing Convention，2007（No. 188）：Getting on board*. Issues paper for discussion at the Global Dialogue Forum for the promotion of the Work in Fishing Convention，2007（No. 188）. ILO. Geneva.（also available at http：//www. ilo. org/wcmsp5/groups/public/---ed-dialogue/---sector/documents/publication/wcms_208084. pdf）.

International Labour Organisation（ILO）. 2007. *ILO training manual on the Work in Fishing Convention，2007（No. 188）：Getting on board*. ILO. Geneva.

International Maritime Organisation（IMO）. 2005. *Code of Safety for fishermen and fishing vessels. Part A. and Part B*. IMO，London.

International Maritime Organisation（IMO）. 2005. *Voluntary Guidelines for the design construction and equipment of small fishing vessels*. IMO.

Intergovernmental Panel on Climate Change（IPCC）. 2001. *Climate Change*

渔业和水产养殖业应急响应指南

2001: *Impacts*, *Adaptation*, *Vulnerability*. Contribution of Working Group Ⅱ to the Third Assessment Report of the Intergovernmental Panel on Climate Change. Geneva, UNEP/WMO.

Johnson, W. A., Nicholson, F. J., Roger, A. & Stroud, G. D. 1994. *Freezing and refrigerated storage in fisheries*. FAO Fisheries Technical Paper No. 340. Rome, FAO. 143pp.

Klust, G. 1973. *Netting Materials for fishing gear*. FAO. Rome.

Lee, R., Lovatelli, A. & Ababouch, L. 2008. Bivalve depuration: fundamental and practical aspects. FAO Fisheries Technical Paper No. 511. Rome, FAO. 135 pp. Also available at: www. fao. org/docrep/011/i0201e/i0201e00. htm.

Londahl, G. 1981. *Refrigerated storage in fisheries*. FAO Fisheries Technical Paper No. 214. Rome, FAO.

Lytton, L. 2008. *Deep impact*: *Why post-tsunami wells need a measured approach* Civil Engineering 161, London, Institution of Civil Engineers.

Macfadyen, G., Cacaud, P. & Kuemlangan, B. 2005. *Policy and legislative frameworks for co-management*. FAO Background paper for a workshop on mainstreaming fisheries co-management, held in Cambodia, 9-12 August 2005. Poseidon Aquatic Resource Management Limited.

McVeagh, J., Anmarkrud, T., Gulbrandson, Ø., Ravikumar, R., Danielsson, P. & Gudmundsson, A. 2010. *Training manual on the construction of FRP beach landing boats*. BOBP/REP/119. Rome, FAO. 148pp.

Medina Pizzali, A. F. 1988. *Small-scale fish landing and marketing facilities*. FAO Fisheries Technical Paper No. 291. Rome, FAO. 69pp.

Millar, C. P., Craig, A., Fryer, R. J. & Davies, I. M. 2010. *Assessing the presence of PAH taint using taste panels*. Marine Scotland Science Report 07/10 July. Aberdeen, UK, Marine Scotland Science. 19pp.

Mutton, B. 1980a. *Engineering applications*: *1. Installation and maintenance of engines in small vessels*. FAO Fisheries Technical Paper No. 196. Rome, FAO. 127pp.

Mutton, B. 1980b. *Engineering applications*: *2. Hauling devices for small fishing craft*. FAO Fisheries Technical Paper No. 229. Rome, FAO. 146pp.

Nedelec, C, & Prado, J. 1990. *Definition and classification of fishing gear categories*. FAO Fisheries Technical Paper No. 222, Rev. 1. Rome, FAO. 92pp. (also available at www. fao. org/docrep/008/t0367t/t0367t00. htm).

Permanent International Navigation Congresses（PIANC）. 2010. *Mitigation of tsunami disasters in ports*. 34pp. Brussels.（also available at www. pianc. org）.

Petursdottir, G. , Hannibalsson, O. & Turner, M. M. 2001. *Safety at sea as an integral part of fisheries management*. FAO Fisheries Circular No. 966. Rome，FAO. 39pp.

Prado, J. & Dremière, P. Y. 1990. *Fisherman's Workbook*，Compiled by J. Prado，FAO Fishery Industries Division，in collaboration with，IFREMER，Sète，France，Published by Fishing News Books，Oxford，1990，180 pages.（also a-vailable in English，French，Spanish，Portuguese and Italian respectively）（also available at www. fao. org/docrep/010/ah827e/ah827e00. htm.

Riley, R. O. N. & Turner, J. M. M. 1995. *Fishing boat construction：3. Building a ferrocement fishing boat*. FAO Fisheries Technical Paper No. 354. Rome，FAO. 149pp.

Sciortino J. A. 2008. *Guide for the Selection of Location and Design of Sanitary Standards for Landing* Sites. ART023GEN，EuropeAid SFP ACP/OCT，also available at http：//sfp. acp. int/en/content/sfp-library-0.

Sciortino J. A. 2009. *Fishing harbour planning，construction and management*. Food and Agriculture Organization of the United Nations，Fisheries and Aquaculture Technical Paper 539，Rome，FAO. 31pp.（also available at www. fao. org/fishery/publications/technical-papers/en）.

Shawyer, M. & Medina Pizzali, A. F. 2003. *The use of ice on small fishing vessels*. FAO Fisheries Technical Paper No. 436. Rome，FAO. 108pp.

Siar, S. V. , Venkatesan, V. , Krishnamurthy, B. N. & Sciortino, J. A. 2011. *Experiences and lessons from the cleaner fishing harbours initiative in India*. FAO Fisheries and Aquaculture Circular No. 1068. Rome，FAO. 94pp.

Siekmann, J. & Huffman, S. L. 2011. Adequacy of essential dietary fats for mothers and young children in low and middle income countries. *Report of the meeting of April 7，2011. Organized by the International Union of Nutritional Sciences （IUNS），the Global Alliance for Improved Nutrition （GAIN），UNILEVER and the Home Fortification Technical Advisory Group*. 23pp.（also available at：http：//www. gainhealth. org/sites/default/files/Fat%20in%20the%20Critical%201,000%20Days%20Meeting%20Report. pdf）.

Suuronen, P. , Chopin, F. , Glass, C. , Lokkeborg, S. , Matsushita, Y. ,

Queirolo, D. , Rihan, D. 2012. *Low impact and fuel efficient-Looking beyond the horizon.* Elsevier-Fisheries research Journal home page www. elsevier. com/locate/fisheries.

Thusyanthan, N. I. & Madabhushi, S. D. G. 2008. *Tsunami wave loading on coastal houses: a model approach.* Proceedings of the Institution of Civil Engineers: Civil Engineering, 162 (2): 77 - 86.

International Strategy for Disaster Risk Reduction. 2009. *UNISDR Terminology on Disaster Risk Reduction.* www. unisdr. org/eng/library/lib-terminology-eng%20home. htm. 35pp.

United Nations (UN) . 1991. United Nations Resolution A/RES/46/182, op9 and op10 (1991) -Strengthening Coordination. www. un. org/documents/ga/res/46/a46r182. htm. Verstralen, K. M. , Lenselind, N. M. , Ramirez, R. , Wilkie, M. & Johnson, J. P. 2004. *Participatory landing site development for artisanal fisheries livelihoods.* Users' manual. FAO Fisheries Technical Paper No. 466. Rome, FAO. 139pp.

World Health Organization (WHO) . 1991. *Guidelines for drinking water-water quality.* Volumes 1, 2 and 3. Delhi, India, CBS Publishers.

141

参考文献

图书在版编目（CIP）数据

渔业和水产养殖业应急响应指南 / 联合国粮食及农业组织编著；刘洪霞等译．—北京：中国农业出版社，2019.12

ISBN 978-7-109-22862-7

Ⅰ.①渔… Ⅱ.①联… ②刘… Ⅲ.①渔业管理—应急对策—指南 ②水产经营—应急对策—指南 Ⅳ.①F307.4-62

中国版本图书馆 CIP 数据核字（2017）第 075251 号

著作权合同登记号：图字 01-2017-0647 号

渔业和水产养殖业应急响应指南

YUYE HE SHUICHAN YANGZHIYE YINGJI XIANGYING ZHINAN

————————————————

中国农业出版社出版

地址：北京市朝阳区麦子店街 18 号楼

邮编：100125

责任编辑：郑　君

版式设计：王　晨　责任校对：吴丽婷

印刷：中农印务有限公司

版次：2019 年 12 月第 1 版

印次：2019 年 12 月北京第 1 次印刷

发行：新华书店北京发行所

开本：700mm×1000mm　1/16

印张：9.5

字数：192 千字

定价：92.00 元

————————————————

中国工程院院士
是国家设立的工程科学技术方面的最高学术称号，为终身荣誉。

中国工程院院士传记

殷震传

咏慷 著

中国农业出版社

图书在版编目（CIP）数据

殷震传 / 咏慷著． --北京：中国农业出版社，
2017.9
（中国工程院院士传记）
ISBN 978-7-109-22536-7

Ⅰ．①殷…　Ⅱ．①咏…　Ⅲ．①殷震-传记　Ⅳ.
①K826.16

中国版本图书馆CIP数据核字（2017）第003007号

中国农业出版社出版
（北京市朝阳区麦子店街18号楼）
（邮政编码　100125）
责任编辑　汪子涵　徐　晖　吴洪钟
————————————
中国农业出版社印刷厂印刷　　新华书店北京发行所发行
2017年9月第1版　　2017年9月北京第1次印刷
————————————
开本：700mm×1000mm　1/16　印张：19.75　插页：6
字数：334千字
定价：70.00元
（凡本版图书出现印刷、装订错误，请向出版社发行部调换）

殷震　中国工程院院士

童年时的殷震

新婚时殷震和胡美贞

青年时期的殷震、胡美贞伉俪

殷震院士的"全家福"

不同领域的兄弟院士（前排右一为哥哥，中国科学院院士殷之文；前排左一为弟弟，中国工程院院士殷震）

殷震院士（前排中）和夫人胡美贞（前排右）与三女儿殷波（后排右二）、女婿（后排右一）、外孙（后排左二）及美国科学家夫妇在美国

殷震（右）和哥哥殷之文（左）

晚年的殷震、胡美贞伉俪

殷震院士和夫人胡美贞同吹生日蜡烛

殷震院士在学生们为他举办的生日聚会上

殷震院士（左二）和外国科学家（右二）等

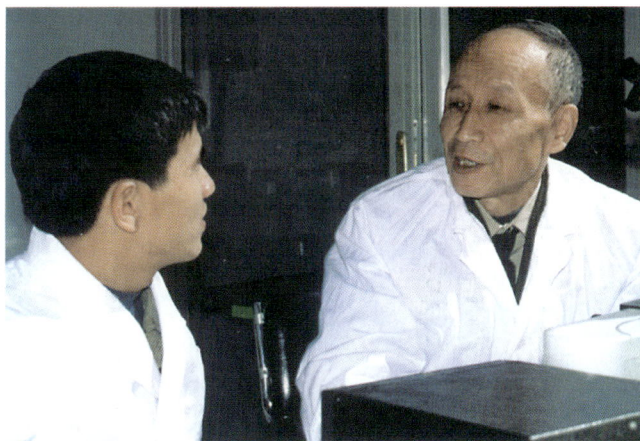

殷震院士解答研究生的提问

殷震院士在循循善诱地培养阿尔巴尼亚进修生斯塔乌里

2000年6月27日，殷震院士和夏咸柱教授等同登泰山

殷震院士和外国科学家在兽医研究所楼前

殷震院士在国外讲学途中

殷震院士和外国科学家在一起

殷震院士（左一）和研究生涂长春（左二）及外国兽医学家

殷震院士（右）和本书作者咏慷（左）

殷震院士和新加坡兽医学教授邝彗星（这是殷震院士生前最后一张照片）

送别殷震院士

中国工程院院士传记系列丛书

领导小组

顾　问：宋　健　徐匡迪

组　长：周　济

副组长：陈左宁　黄书元　辛广伟

成　员：董庆九　任　超　沈水荣　于　青
　　　　高中琪　王元晶　高战军

编审委员会

主　任：陈左宁　黄书元

副主任：于　青　高中琪　董庆九

成　员：葛能全　王元晶　陈鹏鸣　侯俊智
　　　　王　萍　吴晓东　黎青山　侯　春

编撰出版办公室

主　任：侯俊智　吴晓东

成　员：侯　春　贺　畅　徐　晖　邵永忠　陈佳冉
　　　　汪　逸　吴广庆　常军乾　郑召霞　郭永新
　　　　王晓俊　范桂梅　左家和　王爱红　唐海英
　　　　张　健　张文韬　李冬梅　于泽华

总　序

　　20世纪是中华民族千载难逢的伟大时代。千百万先烈前贤用鲜血和生命争得了百年巨变、民族复兴，推翻了帝制，击败了外侮，建立了新中国，独立于世界，赢得了尊严，不再受辱。改革开放，经济腾飞，科教兴国，生产力大发展，告别了饥寒，实现了小康。工业化雷鸣电掣，现代化指日可待。巨潮洪流，不容阻抑。

　　忆百年前之清末，从慈禧太后到满朝文武开始感到科学技术的重要，办"洋务"，派留学，改教育。但时机瞬逝，清廷被辛亥革命推翻。五四运动，民情激昂，吁求"德、赛"升堂，民主治国，科教兴邦。接踵而来的，是大革命、土地革命、抗日战争、解放战争。恃科学救国的青年学子，负笈留学或寒窗苦读，多数未遇机会，辜负了碧血丹心。

　　1928年6月9日，蔡元培主持建立了中国近代第一个国立综合科研机构——中央研究院，设理化实业研究所、地质研究所、社会科学研究所和观象台4个研究机构，标志着国家建制科研机构的诞生。20年后，1948年3月26日遴选出81位院士（理工53位，人文28位），几乎都是20世纪初留学海外、卓有成就的科学家。

　　中国科技事业的大发展是在中华人民共和国成立以后。1949年11月1日成立了中国科学院，郭沫若任院长。1950—1960年有2 500多名留学海外的科学家、工程师回到祖国，成为大规模发展中国科技事业的第一批领导骨干。国家按计划向苏联、东欧各国派遣1.8万名各类科技人员留学，全都按期回国，成为建立科研和现代工业的骨干力量。高等学校从中华人民共和国成立初期的200所增加到600多所，年招生增至28万人。到21世纪初，高等学校有2 263所，年招生600多万人，科技人力总资源量超过5 000万人，具有大学本科以上学历的科技人才达1 600万人，已接近最发达国家水平。

中华人民共和国成立60多年来，从一穷二白成长为科技大国。年产钢铁从1949年的15万吨增加到2011年的粗钢6.8亿吨、钢材8.8亿吨，几乎是8个最发达国家（G8）总年产量的2倍。20世纪50年代钢铁超英赶美的梦想终于成真。水泥年产20亿吨，超过全世界其他国家总产量。中国已是粮、棉、肉、蛋、水产、化肥等世界第一生产大国，保障了13亿人口的食品和穿衣安全。制造业、土木、水利、电力、交通、运输、电子通信、超级计算机等领域正迅速逼近世界前沿。"两弹一星"、高峡平湖、南水北调、高公高铁、航空航天等伟大工程的成功实施，无可争议地表明了中国科技事业的进步。

党的十一届三中全会以后，改革开放，全国工作转向以经济建设为中心。加速实现工业化是当务之急。大规模社会性基础设施建设，大科学工程、国防工程等是工业化社会的命脉，是数十年、上百年才能完成的任务。中国科学院张光斗、王大珩、师昌绪、张维、侯祥麟、罗沛霖等学部委员（院士）认为，为了顺利完成中华民族这项历史性任务，必须提高工程科学的地位，加速培养更多的工程科技人才。中国科学院原设的技术科学部已不能满足工程科学发展的时代需要。他们于1992年致书党中央、国务院，建议建立"中国工程科学技术院"，选举那些在工程科学中做出重大创造性成就和贡献、热爱祖国、学风正派的科学家和工程师为院士，授予终身荣誉，赋予科研和建设任务，指导学科发展，培养人才，对国家重大工程科学问题提出咨询建议。中央接受了他们的建议，于1993年决定建立中国工程院，聘请30名中国科学院院士和遴选66名院士共96名为中国工程院首批院士。于1994年6月3日，召开了中国工程院成立大会，选举朱光亚院士为首任院长。中国工程院成立后，全体院士紧密团结全国工程科技界共同奋斗，在各条战线上都发挥了重要作用，做出了新的贡献。

中国的现代科技事业比欧美落后了200年。虽然在20世纪有了巨大进步，但与发达国家相比，还有较大差距。祖国的工业化、现代化建设，任重道远，还需要数代人的持续奋斗才能完成。况且，世界在进步，科学无止境，社会无终态。欲把中国建设成科技强国，屹立于世界，必须持续培养造就数代以千万计的优秀科学家和工程师，服膺接力，担当使命，开拓创新，更立新功。

中国工程院决定组织出版《中国工程院院士传记》丛书，以记录他们对祖国和社会的丰功伟绩，传承他们治学为人的高尚品德、开拓创新的科学精神。他们是科技战线的功臣、民族振兴的脊梁。我们相信，这套传记的出版，能为史书增添新章，成为史乘中宝贵的科学财富，俾后人传承前贤筚路蓝缕的创业勇气、魄力和为国家、人民舍身奋斗的奉献精神。这就是中国前进的路。

宋健

目　　录

总序

引　子

　　他在自己这一行当内做出的突出贡献，使其在全国"两院"院士中、乃至在国际上都堪称凤毛麟角。整个自然界中那无数鲜活的生命难道不是一首恢弘壮丽的交响乐？

　　"人最宝贵的是生命……"

　　说这话的是奥斯特洛夫斯基，苏联著名的布尔什维克作家，《钢铁是怎样炼成的》一书的作者。如今全中国绝大多数的人，恐怕很少有不知道其人其书，也很少有不知道这段名言的。这位有着传奇经历的作家，这部足能震撼人心的小说，这段堪称座右铭的格言曾经哺育和激励了一代又一代人！

　　"整个自然界最宝贵的是生命。"说这话的人叫殷震，中国人民解放军的百万大军中少有的、也是最早与动物结缘、以"兽医"为专业的中国工程院院士，国际知名的动物病毒学家和分子生物学家。他为了研究生命而贡献了自己毕生的精力，直至在为了事业而辛劳奔波的道路上以身殉职。

　　对于每一种动物来说，只要生命还没有离开躯壳而去，生命便具有无比美妙的含义。的确，生命凝聚着大自然的和谐与神秘，弥漫着大自然永恒的宁静与深沉，展现着大自然的丰富与多彩。它是一个过程，也是一种结果。生命活动是物质运动的高级形式。许多人曾经这样咏叹：人生是一首歌。那么，自然界中那能够造福整个人类的鲜活的生命，就更是一首悦耳的歌曲了。

生命的美好和充盈从来就没有一定的模式。俗话说，物以稀为贵，殷震在自己这一行当内做出的突出贡献，使其在全国"两院"院士中、乃至在国际上都堪称凤毛麟角。

自然科学从来就不会像人文科学那样"热闹"，本质上就是一种寂寞的事业，殷震与许多著名作家、科学家的情况不同，属于大器晚成，他的卓越成果的取得，恰恰与我国新时期的宏伟事业同步，而体健长寿的福分，又使他仿佛绚烂的夕阳，越到晚年越是成果斐然，他所致力研究的与整个生命密切相关的课题，使他的人生越来越焕发出夺目的光彩！

殷震耕耘在自然科学领域，以自己辉煌的生命，书写出一份最有分量的人生答卷。

生命是一个过程，也是一种结果。生命活动是物质运动的高级形式。生命的意义不仅在于耕耘，也在于收获。只问耕耘，不问收获，往往会造成人生的遗憾。

生命凝聚着大自然的和谐与神秘，弥漫着大自然永恒的宁静与深沉，展现着大自然的丰富与多彩。

要想把有限的生命化为一种精神，融汇到无限的历史长河中去，你就须在一生的年年月月里，永不停息地奋斗。艰辛是底色，成功是花朵。

生命的美好和充盈从来就没有一定的模式。只要你创造了对社会、对人类有益的美好的事物，你也就获得了美好充盈的生命。

人的生命是有限的，但为社会所付出的努力是无限的。一个人应当在有限的时间内为社会创造些有价值的东西。

哦，人生是一首歌——世界上不知有多少诗人曾这样咏叹。那么，整个自然界中那无数鲜活的生命，难道不更是一首悦耳的歌曲吗？而殷震，就堪称是弹奏这首动听歌曲的出色乐手。

第一章
文化氛围极浓的"天堂"小镇

景色秀丽的人间"天堂",不仅有着举世无双的精美园林,而且有着文化氛围极浓的角直小镇。从这里曾经走出过一大批使世人瞩目的文化名人。

在笔者还没有见到殷震,而仅仅是看过这位全军唯一的"兽医院士"不长的简历之后,便使笔者对他所以能取得那样突出的成就,一点也不感到突然了。

是啊,每个人都是在社会上生活,他们的家乡、家庭、学历、经历等各方面的社会实践,决定着他们的人生轨迹。

就说殷震的故乡吧,它是被古人誉为"上有天堂,下有苏杭"的苏州。

那里不仅有着优越的自然条件和丰富的物产,而且风物清嘉,人文荟萃,历来是江南文化的中心,也是中华大地文苑艺林的渊薮之处。

人们都知道的是,就在这景色秀丽的人间"天堂"里,产生了一大批如诗如画的古典园林。其数量之多、建筑之精、文化内涵之丰富,都足以独步江南,誉满中外。

它们运用中国独特的造园手法,在城市住宅旁有限的空间里,通过叠山理水,栽植花木,配置园林建筑,形成充满诗情画意的文人写意山水园林,在都市内创造出人与自然和谐相处的居住环境——"城市山林"。

至今,苏州还保留着着几十座举世无双的精美园林——垂柳依依、重廊复阁、山光水影、以水景称绝的拙政园,廊屋堂皇、云墙起伏、桃柳绚丽、以建筑小品闻名的留园,台榭亭廊、精巧雅致、疏朗宜人、以布局巧妙引人的网师园,山石玲珑、花木扶疏、曲径回廊、以山为主的环秀山庄，洞壑宛转、楼台隐现、奇峰如狮的狮子林，廊阁起伏、波光倒影、林木翁郁的沧浪亭，以及"月落乌啼霜满天，江枫渔火对愁眠"的寒山寺，布局严整、殿宇宏伟、佛像庄严的西园寺，"塔从林外出，山向寺中藏""红日隐檐底"的虎丘，以及艺圃、退思园……那每一处园林的空气，仿佛都还带着浓厚的明清江南的风韵。

因而，只要你来到号称"园林甲天下"的苏州，就不能不为那一处处文化底蕴十分深厚的名胜所陶醉。试想想，在绿树掩映的幽静街市，一带粉墙围起数亩隙地，里面凿池垒山，植树栽竹，修廊筑榭，将迢迢绿水、隐隐青山、茵茵佳木荟萃于一园之内，用人造的景象空间再现本真的自然空间……你一边游览，一边在画山绣水般的园林中漫步，一边定会沉思感叹：哦，不管是细雨纷纷的春晨，还是晴空灿灿的夏季；不管是皎月淡淡的秋夕，还是瑞雪飘飘的冬夜，能在这些典雅的园林中徜徉，该是多么富有诗情画意的事情！

人们不很熟知的是，在苏州，还有着一个个河湖港汊密集的江南小镇。其中被江苏省列为文物保护单位的就有两个古镇：一个是近年来游人渐多的周庄，另一个便是殷震院士的故乡、人称"难识的地名，难忘的古镇"——甪直。

的确，甪直的"甪"字颇不常见，除了作个别地名之外，似乎极少有人使用。令人惊讶的是，凡是到过甪直的人，都会很清晰地记住这个冷僻的地名，同时也铭记住这里古朴的镇貌。

当越来越多的当代人厌倦了都市的喧嚣，想要寻找一处清净的地方时，他们的足迹便会自然而然地追觅到这里。

为了寻访殷震院士的人生轨迹，笔者也特意来到了甪直。

只见这小镇南抱澄湖、万千湖，西临独墅湖、金鸡湖，北望阳澄湖。境内水流纵横，桥梁密布。有吴淞江、清小港、界浦、张陵港、东塘与大直港 6 条流道，堪称是"六泽之冲"。

从高处鸟瞰，则会见到林木葱茏，绿阴匝地，整个小镇仿佛是一片莲叶密接的荷塘。

　　笔者在枝柯掩映中，感受到一道道柔和的太阳光荡漾在白墙青瓦的民居和店招飘摇的街道间。走在地铺青砖的老街上，笔者发现有的地段还长着青苔。在每家每户的小院里，五颜六色的小花一簇簇、一层层地缀满枝头，一群蜜蜂从早到晚在花丛周围忙碌着，随着它们的嗡嗡声，细碎的花朵小阵雨般纷纷洒落在地面上。

　　这些风格独特的民居，经过一代又一代人的辛勤营造，都鲜明地浓缩着岁月更迭的历史。

　　小风夹着滋润的水气，也带来一股悠远的清香，使整个小镇充满幽妙的意趣。

　　小镇周围，纵横交错的小河涌里，水波不兴，只有涟漪套着涟漪，一只只小船穿梭如织，"似泊武陵湾"。

　　清冽的河水将两旁的古街衬托得生动活泼，无数人家枕河而眠。

　　镇边一望无际的田野宽广而美丽，又宛若烟雨迷蒙的水墨长卷。

　　在这里，从早到晚都常能听到悦耳的江南丝竹音色悠扬，"花路若梦中，渔歌出杳杳"，若即若离，既似潺潺流水，又如徐徐晚风，使人情不自禁地想起明代苏州诗人高启精美别致的六言名诗《甫里（即角直别称）即事》*：

长桥短桥杨柳，

前浦后浦荷花。

人看旗出酒市，

鸥送船归钓家。

风波欲起不起，

烟日将斜未斜。

绝胜茗中刬曲，

---

　　* 甫里是角直的别称。

金齑玉鲙堪夸。

自古以来，角直以它灵秀的风光与膏沃的土地赢得了"水云之乡，稼渔之区"的美誉。

难怪1926年"杂花生树，群莺乱飞"的春天，一代文豪郭沫若曾来角直游览，惊异于这里"有点像物外的桃源"。他在自传体纪实文学《革命春秋》中描绘说："那境地有点像是在梦里的一样。空气是那样澄净，林木是那样青翠；田畴的平坦，居民的朴素，使人于不知不觉之间便撤尽了内外的藩篱，而感到了橄榄回味般的恬适。"

更难得的是，千百年来，许多著名历史人物在这里留下了遗迹，如春秋时代"兵学圣典"《孙子兵法》的作者孙武，东晋大画家顾恺之，唐代诗人皮日休、陆龟蒙、张继，宋代名相范仲淹，明代建筑大师蒯祥、散文家归有光、通俗文学家冯梦龙和书画家倪瓒、唐伯虎、文征明、沈石田、祝枝山、仇英，清代朴学大师俞樾和政治家顾炎武、林则徐、章太炎、柳亚子，现代文学家叶圣陶……真是灿若繁星！

镇上的有关领导告诉笔者，多少年来，角直的治学氛围一直十分浓厚，教育制度始终十分严格。因而也在人世间留下了许多动人的佳话。

据说，历代状元中有1/3出在苏州。

明代诗人郑文康曾有诗云：

甫里繁华照市明，
况多人物负才名。
青春诗酒平时社，
白昼弦歌到处声。

更令笔者惊讶的是：角直小镇这"一方潇洒地"，即便是在"文化大革命"期间，也依然"读书之风久盛不衰"。

要知道那时候在其他地方，教育大钟恐怕早就一度停摆了，而角直的学校呢，却依然书声琅琅，学生们在"啃读"马克思列宁主义、毛泽东思想的同时，依然没有忘记攻读数理化、背诵"ABC"。

所以，角直各类学校的升学率，无论是从古至今纵着比，还是从南到北横着比，都一直名列前茅。

第|二|章

书香门第的
新生儿

江南小镇又一个新的生命。书香门第的老画家一心想把刚刚出生的孙子培养成能与唐伯虎等比肩的苏州名士。

1926年，也就是大文豪郭沫若来到甪直小镇的那一年，真的称得上是个"多事之秋"。

这一年的5月，以共产党员和共青团员为骨干的叶挺独立团，作为国民革命军的北伐先遣队，由广东出师北伐，其锋芒锐不可当，势如破竹。

"打倒帝国主义！打倒军阀！打倒封建势力！"的响亮口号，一时之间响彻大江南北……

6月，江南已是暑热天气。田野里一片翠绿。田边的沟塍上各色野花都开了——鲜红、鹅黄、浅紫、深橙……仿佛绣在一方绿色大地毯上的瑰丽斑点。

然而夏天，又是生命力最饱满的季节。辛勤的蜜蜂在花丛间飞来飞去，忙碌地吸着花蕊。

离田野不远的镇子角，是殷家的宅第。它前门临街，后门就紧挨着一条清澈的小河。

这偌大的院子虽然并不十分显眼，但幽静、古朴，也是经历了好几个朝代的老建筑。院内的房子很高大，一色白墙青瓦。屋脊上的两梢，还缀有几种用瓦做的小动物。院里院外一年四季都会飘拂有蔷薇、荷花、桂花、梅花等花木的清香。

殷家此时的主人名叫殷伯虔。他继承了祖上的田产，靠佃户上缴的租金过活。

然而或许是由于钱粮来得太容易的缘故，殷伯虔对聚敛财富却并不十分在意，一门心思都集注到翰墨书画上。

他历来对风景秀丽的各色园林与山水花鸟情有独钟，虽然是久居甪直，但却领略过北方京都湖光山色的颐和园、白塔屹立的北海、庄严肃穆的天坛、质朴清新的玉渊潭，承德集绮丽与恢宏于一体的避暑山庄，太原卧山枕水的晋祠等。至于苏州那些玲珑秀美的园林风景，对他来说就有着更强的吸引力。

比起山水园林和花鸟鱼虫，殷伯虔更崇拜苏州历史出过的书画名人，什么唐伯虎呀，沈石田呀，文征明呀，祝枝山呀等等。他终日寄情于水墨山水花鸟之间，其实也就是渴望着自己能成为他们那样的书画大家。

俗话说，功夫不负有心人。10多年下来，这殷伯虔一股劲儿地写呀，画呀，宅院里的一方小水池都因天天洗笔而染成黑墨的颜色……他终于画啥像啥，很有些道道，惹得方圆数十里求画的乡绅络绎不绝，虽然还比不上吴昌硕、张大千、齐白石那样闻名遐迩，但在甪直镇，乃至苏州府，都称得上是一位颇有名气的国画家。

6月28日这天，天热得发了狂。宅子外的狗趴在地上吐出舌头，水牛的鼻孔也似乎张得比往日都大。太阳一出来，地上就仿佛流下了火。

甪直老人们消暑的方式很惬意。他们每每花上几文钱买上一小罐儿茶叶，用大水壶的开水沏上一壶浓茶，带上一只青花纹白瓷小杯，邀二三好友慢慢品味。文人们对这唤作品茗，一般人唤作吃茶。

殷伯虔家的院子似乎在与热天凑趣：一片紧张、忙碌，欣喜中又掺杂着祈盼和忧虑。

这一天对于这个大家庭的意义非同一般。

满院子人都很关注的少奶奶就要临产了。

这次会是个男孩儿还是女孩儿呢？

殷家是一个极具中国传统特点的大家庭，由祖父辈儿、父辈儿、子辈儿共30多人组成。他们同住在一个由祖上留下的大院子内，有前房、后房、厢房……这在当时当地，无疑可算是境况不错的人家。

两鬓已经染上霜雪、但面色依然十分红润的殷伯虔，和自己这一辈儿的两房兄弟，仅有着一位子嗣，这就是他的儿子殷云林。

此刻，父子两人在挂满画轴的木结构的书房里相对而坐。

老画家殷伯虔身穿一件青色长衫，端坐在做工考究的太师椅上。他背靠的深紫色红木书柜上，堂堂皇皇地齐整地摆放着古董、文房四宝和一摞摞很有些年代的线装书，富贵气夹杂着书香气。

他虽然貌似镇静地吸烟、品茗，但儿子完全看得出，父亲内心深处其实比自己还要焦虑。

殷云林受老父亲的影响，从小也颇擅翰墨，真、草、篆、隶俱佳。但他高中毕业后却在复旦公学（上海复旦大学的前身）学习过机械。由于家中对他一人在外一直不放心，想早些叫他回来成亲。再加上他又患了肺病，便只好以养病为由，退学回家。

赋闲期间，殷云林奉"父母之命，媒妁之言"，娶苏州市所属之昆山县的女子缪景萱为妻。

闲来无事时，殷云林也在甪直中学教教语文、历史、生物等课程，一来为了解闷，二来也挣些银两补贴家用。

这位经常是一身西装革履的殷云林，也写得一手好字。早先父亲殷伯虔写字、作画时，他常常站在一旁一边磨墨，一边观看。从小耳濡目染，再加上用心练习，殷云林渐渐也真、草、篆、隶俱佳。甪直镇上的不少碑文、商幌都请他挥毫，使殷云林也堪称为镇上的一位"名士"。

当然，此时的殷云林或许绝对不会想到，自己的书法作品，几十年后会经儿子之手远涉重洋，作为中外学者间交流的珍贵礼品，为中国学子走向海外拓宽道路。

此时，老父亲殷伯虔的心思，殷云林不用问也猜得出来。自己虽然已经有了两个儿子、两个女儿，而且长子殷之文小学毕业后已经到上海南洋中学读书，长女殷之芬、次子殷之成和次女殷之芳也都上了小学，然而老父亲显然认为仅有两个孙子还不够。如今中国军阀混战，兵荒马乱，谁能预料得到明天会发生什么事情？自己就因为是"两房独子"，惹得老父亲兄弟二人20多年来都一直为自己揪心。况且长孙殷之文的志趣目前已很明显，是迷恋爷爷不甚了了的理工科。老太爷是一心想再要一个孙子，再要一个能继续殷家翰墨书画生涯的孙子呀！

殷伯虔曾得过严重的神经衰弱症，多少年来睡眠必须要靠安眠药。此时更是闭不上眼。

全家的几辈儿人都怀着焦虑的心情围坐在最大的厅堂里，眼看着女佣们端着热水盆和其他接生时必备的用品跑出跑进。

书房内那座檀香木做成的落地式大钟，长长的秒针"咯嗒咯嗒"地不停走着，使整个院子更显得宁静，似乎就要发生什么大事情的宁静。

少奶奶由于连续的暑热，嘴唇有些干裂，裂纹上似乎还凝结着血迹。她只觉得腹中的胎儿往下坠，腰部一阵阵疼痛。

就这样，焦虑，烦恼，忧愁，企盼，望眼欲穿地等待……

白天过去，黄昏来临；黑夜消失，黎明复至……

随着产房里"哇"的一声，声震窗纸的婴儿啼哭声，将满院子的人们的视线，都"唰"地一下吸引了过来。

"恭喜老爷！"接生婆满面春风地走出门来向殷伯虔道喜，"少奶奶生的是个男孩儿！"

殷家的院子里，立刻欢喜得仿佛过年似的。连邻居家一些不谙世事的孩童们，也纷纷好奇地跑来看热闹。

当然最高兴的要数盼孙儿心切的老画家殷伯虔。他那张几天来一直紧绷着的脸，云开雾散地绽开了笑容："这下可好了！我最热恋的事业，终于可望有人接替了！"

殷伯虔小心翼翼地接过小孙子，像抱着一件珍贵的瓷器。尽管孙子的小脸仿佛胡桃核般，还没有完全长开，与一般的婴儿没有什么两样，但他还是笑吟吟的，似乎抱住了一件难得的宝贝。他一心想把这个小孙子培养成自己这样，甚至能与唐伯虎、沈石田、文征明、祝枝山等比肩的苏州名士。

给新生儿起名，自然是老太爷的专利。当殷云林问到老父亲时，殷伯虔刚好想到了自己崇拜的那些翰墨书画名士身上，便略加思索，断然道："之字辈不能变，就叫殷之士吧！"

第三章

"抓周"抓到了生命

祖父满心希望孙子那两只胖嘟嘟的小手能伸向自己最迷恋的画笔。孙子却抓住一只振翅欲飞的蜻蜓。父亲的心与儿子相通：他抓住的是生命！

时光荏苒。转眼间小殷之士已经"哑哑"学语。

按照中国一些乡间的民俗，在这时候是要让幼儿"抓周"的，好能考察一下这位来到人世不久的小家伙儿，究竟有些什么爱好、志趣。

尽管无数的事例已经证明，这样做并没有什么科学依据。比如有些"抓周"甚合家长心意的小家伙，长大后并非能遂人愿；有些"抓周"不"理想"的小家伙，成人后却干得十分"理想"。然而，这流传甚久的习俗，在中国乡间却一代代地继续流传了下来。有些年轻的家长，虽然从内心里并不十分以为然，但是也抱着"姑妄从之"的态度，应允着老人们的做法，照老风俗搞它一搞，以求一乐。

这一天，殷家宅院的大厅里聚满了各房亲戚。殷伯虔端坐在正中的红木太师椅上，手抚长髯，满脸笑得十分灿烂。他的两边，殷云林和小殷之士的母亲、叔叔、姑姑、婶婶、姨姨们，或坐，或站，脸上都是一脸欢喜。

人群正中，一张地毯上是已经会爬、会说简单词句的小殷之士。他的周围，则摆满图书、宣纸、画笔、笔架、镇尺、砚台、水洗、画轴、文具、铜钱、胭脂、粉盒、小铲、小锄、剪刀、尺子、针线、布头、饭盒、玩具……

"抓周"开始了。人们都为大厅里庄重的氛围所影响，一时都不由自主地屏住了呼吸。

心情最"紧张"、最微妙的，自然要数这个大家庭的最长者——

祖父殷伯虔。他盯住心爱的小孙孙，凝视着小家伙的一举一动，满心希望那只胖嘟嘟的小手能伸向自己最迷恋的画笔呀，宣纸呀，镇尺呀，画轴呀什么的，最起码也要是伸向图书、文具等文化人须臾不可离开的东西，而千万不要像曹雪芹所著的《红楼梦》里的贾宝玉，抓上个什么胭脂、粉盒等。

幼小的孩子是最喜欢热闹的。小殷之士显然还从来没有见到过这么多人。他嘴里"咿咿呀呀"地叫着，在宽大的地毯上欢快地爬呀，爬……

满屋子人的视线都被小殷之士那胖嘟嘟的小手牵引着。大家还不时三三两两地议论、猜测、争辩。

谁知，小殷之士既没有按照祖父意愿的方向，伸出小手去抓什么画笔、宣纸、镇尺、画轴，也没有步《红楼梦》里的贾宝玉的后尘，去抓什么胭脂、粉盒，而是抓住了一件谁也没有想到的东西，那是一只被系在鹅卵石上的还振翅欲飞的蜻蜓！

殷伯虔一脸的扫兴，只长长地"唉"了一声，便拄起拐杖，想要离开大厅返回书房。

受过现代高等教育的殷云林则立即迎上前去，宽慰老父亲说："爹，您老应该高兴才是。您看，那些其他的东西都是死的，只有这蜻蜓才是活的。您孙子他抓住的是生命啊！"

老画家想想，也是。便不置可否地咧了咧嘴唇，轻声道："咳，随你们去怎么说吧！"

厅堂里静默了好一段时间。满屋子人似乎都在思忖：这"咿咿呀呀"欢叫的小殷之士，抓到的果真是生命吗？

第|四|章
兴趣·偶像

家学渊博的小殷之士自幼便受到传统文化的熏陶。他更是从小就喜欢各种有生命的小动物。大哥和表哥是心目中最早的偶像。

殷伯虔是饱学之士。殷家则是诗书传代、家学渊博的书香门第。

这使得小殷之士自幼便受到传统文化的熏陶。

大凡读书人的子女，人生的第一堂功课往往也是读书。

学龄前，牙牙学语的小殷之士便在母亲的引导下识文断字，并开始背诵《三字经》《百家姓》……稍长，又是吟诵《千家诗》《唐诗三百首》《古文观止》……直至将《四书》《五经》都广泛涉猎……同时，还被父亲和祖父手把手地教着书法、画山水画。

听爷爷讲故事，更是小殷之士最喜爱的事情。什么"大禹治水""孔子办学""屈原投江""孟姜女哭长城""三顾茅庐""秦琼卖马""杯酒释兵权"……小殷之士都是一听就能记住，并能"现炒现卖"地转述给小朋友们听。

全家人对小殷之士的学习自然抓得极紧。每天都给他安排了严密的学习时间表：

清晨，朗读、背诵古代诗文；上午，听先生讲课；下午，做作文、练毛笔字……

每逢学校放假，家里还要另外请教师给小殷之士"加码"补习。

这对一个不满十岁的孩子来说，自然是未免"苦"得可以。但小殷之士却并不觉得很苦，他似乎从小就懂得了这样一些道理："一天之计在于晨，一年之计在于春，一生之计在于青""少壮不努力，老大徒伤悲""天才在于勤奋，聪明在于积累""不受一番冰霜苦，哪得梅花放清香"！

一个江南少见的雪天，大雪纷纷扬扬，山野白茫茫一片。镇子上传来麻雀单调的合唱与公鸡懒洋洋的啼鸣……

老祖父殷伯虔走近小孙孙殷之士学习的地方，老远就听到微微清风传来的琅琅读书声：

> 劝君莫惜金缕衣，
> 劝君惜取少年时。
> 花开堪折直须折，
> 莫待无花空折枝！

殷伯虔听出这是《唐诗三百首》里辑录的名句。

他十分高兴地笑了。小孙孙殷之士从小便十分聪慧，不仅写出的文章流畅可读，算盘也能打得既熟练又准确。每次从学堂带回的成绩册上，先生给他标明的分数都是同一个字：甲、甲、甲……

殷伯虔尤其欣赏的是，这小孙子还有一绝：一学习起什么东西来，便聚精会神，旁若无人，仿佛虔诚的佛门弟子诵经时打坐一般，不管多么纷扰的环境都不能阻拦他入"静"。

使一直精心培育小孙子的殷伯虔略感失望的是，果然如"抓周"时体现出的"志趣"，小孙子殷之士没有沿袭祖上寄情翰墨书画的老路，而是在掌握了不少传统文化知识外，更有一种特殊的爱好，那就是喜欢各种有生命的小动物。

家里和院子里显然已经"拴"不住小殷之士了。他开始溜出家门，到外面的"广阔天地"里玩去了。

从小殷之士家往东百余米，平地而起一块高地，高地上有一处坐北向南的小院子，北枕着后河，南边是一大片开阔的农田，东西两侧两丛茂林修竹。

这儿住着一位仙人似的老大爷。他有祖传的篾匠手艺，也是读过古书的人，因此常以"说书"自娱。

夏秋季的傍晚，空气中有一股迷幻的气味，在老大爷家的小院里，总是坐满了邻家的小孩，七八个，甚至十几个，在金风热浪，蚊烟熏香中，听他谈古论今，是小殷之士少年时期的一道迷人风景。

听老大爷说书，总有一个或是一群大英雄，也总有一个大奸臣。为首的大英雄都是白袍白甲手提银枪，如赵云、马超、罗成、薛仁贵、杨宗保、狄青、陆文龙……差不多全都是一样的造型。当然关公例外，"青巾绿袍，卧蚕眉，丹凤眼，胯下千里赤兔马，手提青龙偃月刀"，左有黑脸儿的周仓，右有白脸儿的关平。说到岳飞，又有"马前张保，马后王横"，还有"八大锤"的一班岳云的哥们儿。不少英雄都是舞枪的，形容那舞枪的词儿最好听，如舞梨花，落英缤纷，泼水不进，神鬼皆惊。大英雄的手下又有一大帮子的哥儿弟兄们，形态各异。无论是黑的白的，高的矮的，胖的瘦的，个个都有特殊的本领，有的是穿山甲，有的能水上漂；个个都有特殊的性格，个个都是刚肠疾恶、义重如山；而又都是顽皮捣鬼、惹是生非，老的"老顽童"，少的"促狭鬼"，层出不穷的鬼主意。英雄们武艺高强，杀入敌阵总如入无人之境，对付番兵番将如砍瓜切菜。但有一样，一遇上奸臣却个个都要上当受骗。

奸臣都是大白脸儿，脸上糊一层糨糊，或是吊梢眉、三角眼，或是尖嘴猴腮、獐头鼠目，都是心术不正，鱼肉百姓，陷害忠良，一计不成又生一计的。如此丑恶的奸臣也有帮手，最主要的帮手往往是狐狸精一般的女子。奸臣往往又有一大帮相当能干的狗腿子为虎作伥。

最搞不清的是那些皇帝老儿，总是一会儿清醒，一会儿糊涂。常被说成是天上的赤脚大仙、紫微星君下凡。但奸臣们的能量似乎总比忠臣大，好人总是斗不过坏人。有时是昏君利用奸臣，有时是奸臣利用昏君，奸臣、妖姬、昏君三结合，往往就将忠臣们搞得九死一生、投入大牢，甚至满门抄斩，尸体被扔进万人坑或是铁丘坟。一直要等到那个昏君死了，昏君的儿子继位，屈死的忠臣才得以平反昭雪，重新刨开万人坑或铁丘坟，奸臣才被推出午门外斩首示众，于是人心大快，四海清平。

这样的故事自然很热闹，好人与坏人如昼夜般的分明，谁打过谁，好人究竟有没有好报，坏人究竟能不能遭到天打五雷轰的悬念牵动了孩子们的幼稚的神经，听了还要听，晚上也做着故事里的梦。

小殷之士后来回忆起来，所谓的"中华民族的民族精神"，正是通过这样的千百年流传下来的章回体老故事传承和传播的，而老大爷这类人正是传统文化在社会底层的传承、传播者，他们极普通、极平凡，起的作用却很伟大。正因为最普通、最底层的老百姓打小起就熟知这些人物故事，所以所谓的中华民族精神才深深地植根于广袤的土壤中。

与专业说书人不同的是，老大爷往往还喜欢像老师一样的提问，被提问的孩子常常是小殷之士。

小殷之士常常能够答出。但他的兴奋中心很快又转移了。他渐渐迷上了自然界。

苏州是河湖港汊密集的水乡。这里的河水、湖水总是清亮亮的，仿佛一块块闪光的丝绸。

仲秋时节，田野上的树叶都有些发黄了，随风飘落在芦荻水草间，河面上星星点点。人们赤脚走在水田边，稍有不慎就会把衣服弄湿，胸口和腋窝凉津津的难受。

每逢这时，小殷之士总爱一边感叹大自然的造化美妙而神奇，一边一头钻进那莽莽苍苍、铺天盖地的芦苇荡里。

湖水很清。一块块露出水面的石头，点缀着斜阳余晖里迷人的景色。小殷之士看到水中一群群瓜子大小的蝌蚪，抖动着尾巴，急急忙忙地游来游去，似乎在寻找什么东西……它们身上有着泥土水草一般的保护色，在有着滋润的泥土、墨绿色的青苔的水田里生活得很自在……岸边活跃着的则是各式各样的田鸡。那青黄相间的是"花鸡"，黑色的是"石鸡"，还有一种通体青碧、只有拇指大小的，则是十分罕见的"绿玉"了……人们捉田鸡时，只需在夜色朦胧的蛙声一片里将火把一晃，蛙们便花了眼。人只要轻臂一闪，便可将田鸡捉进竹篓里。

小殷之士最初也参加过捉田鸡的"战斗"。但他很快就听大哥殷之文与表哥戴鸣钟说青蛙是益虫，仅一只蛙每年平均捕食害虫就可达一万五千只。而且蛙们从蝌蚪开始便大量吞食孑孓，堪称是害虫的"终身天敌"。于是，他也便不再以捕蛙为乐，而是十分欣赏宋人辛弃疾《西江月》中的名句"稻花香里说丰年，听取蛙声一片"了。

有一天，他早上跑步，遇到件趣事：园子深处有条僻径，少有人涉，他跑过去时，一切正常，可原路折返时，忽然眼前一晃，一条亮晶晶的丝拦住去路。他呆住了，原来一只大蜘蛛趁他来去的间隙，已在两棵树之间设下埋伏。他不敢惊扰这桩阴谋，在欣赏够了这个自以为是的家伙后，吹起口哨，绕道而行。

他忍不住对这个园子刮目相看，因为在它过度修饰和整齐的外表下，仍活跃着一股野性和生物激情，蛰伏着某种未知和悬念，尽管细微，但已扭转了这园子的气质。

有一天，小殷之士久久地凝望那路旁的花树或是小草，再看看小河边的孵禽、枝头上啁啾的小鸟以及绕着花朵飞翔的蝴蝶和蜜蜂，它们无人看管，竟然如此和谐、宁静和安逸，一如王维笔下"无心，无目的，无意识"的境界。对于他来说，这是一个大发现，一次精神的洗礼。面对自然，他已经渐渐体悟并拥有了一份简约、单纯的愉悦，哪怕是路旁的一朵小花，房顶缝隙里的一株小草，均让自己慷慨有思，怦然心动。接下来还有好多事要发生，比如水杉要绿了，柿子树要长新叶了，蒲公英要飞花飘游了，泡桐花像白蝴蝶一样飞起来，梧桐也得发芽了……

中国素有爱护小动物的传统美德。

两千多年前的《诗经》就有雎鸠的记载。如《诗经》开卷第一首《关关雎鸠》：

> 关关雎鸠，
> 在河之洲。
> 窈窕淑女，
> 君子好逑。

《诗经》里还有鸳鸯、鹡鸰等的记载。

苏武牧羊、鸿雁传书两个成语都与鸿雁有关。

小殷之士还曾细心地观察过院子里那小绒球般滚动的鸡雏、院门口那能翻许多种跟头的小狗、草丛中那毛色像缎面般光滑的白兔、苇塘里那一群群长脚的水鸟、林梢上那一只只唧唧喳喳欢叫的麻雀、半空中那能够带着歌哨传递信件的鸽子、暗夜里那能迅速追捕老鼠的花猫……

他常伸出两只微凹的手掌，伺机猛一合击，捕捉住那绿色波光上的蜻蜓、花丛里款款飞动的五颜六色的蝴蝶、草丛里活蹦乱跳的蚂蚱、树枝上不停欢叫的蟋蟀、半空中散射出豆粒般大小光点的萤火虫，或者干脆到湖里去捞各种活泼的小鱼、去抓各式各样的贝壳……

在家里，小殷之士则不仅饲养小鸡、小鸭、小羊，而且养蚕、养蟋蟀、养蜘蛛、养蜈蚣。

他饲养小动物十分经心，曾经自己做温箱孵出小鸡、小鸭。

小殷之士看到自己养的蚕胖胖的，一副滑稽相。它们那薄薄亮亮的灰色皮肤，有种纸张似的感觉，而皮下则带点墨绿的颜色，人触着它仿佛触到光滑冰凉的玻璃。蚕宝宝或许是很不喜欢人碰，指尖触着它的脊背时，蚕蠕挤着皮层，似乎想要逃离，然而起不了什么作用，结果变成了一种无奈的婉转。蚕宝宝吃东西时要伸懒腰似地将身子抬起来，茫无目的地一晃，软当当地再垂伏下去。由于读了李商隐那句有名的诗"春蚕到死丝方尽"，蚕总会使人联想到爱情，特别是受苦的爱情。然而现实中的蚕本身却似乎没有什么受苦的意思，它只是呆呆地挪动，小口小口地吃着桑叶。吃罢几口，便打呵欠似地拖直了身体，再叠挤回去。它的动作是那样缓慢，而且是在无休无止地只是吃，一直吃到睡着为止。小殷之士想，蚕其实是不死的，它只是变成了别的东西，蚕变成了茧，茧变成了蛹，蛹变成了蛾子……

一般人都知道蜘蛛最不好养——它们一放在一起，就要互相残杀，直至互相咬死。然而小殷之士却对新鲜事物有着强烈的好奇心。他不仅把蜘蛛养活了，而且繁殖出许多小蜘蛛。

他看到自己饲养的蜘蛛织成了多角形的网，由疏而密，在阳光的照射下是那样显眼，有着晶莹的闪亮。一只鼓着肚皮的蜘蛛坐在网的中央，偶尔动弹一下，蛛网便在阳光中微微晃动……

大自然因这些小生命的点缀而平添了生机的诱惑。

小殷之士被这些小动物陶醉了。它们把他引进到另一个迷人的世界。小殷之士关注这些小动物，他每天放学后都忘不了首先摆弄它们。而一到这时，他就感到自己是在拥抱生命，是在寻找生活的韵律。

小殷之士从"一"爱起，从一个又一个具体的小动物保护起。的确，谁都有这个能力，也许你无力爱一片大海，但你可以爱大海中的一条小鱼；也许你无力爱一片星空，但你可以爱星空下的一缕星光；也许你无力爱一片森林，但你可以爱森林中的一棵树苗……

有一位老人原先一直喜欢用笼子养鸟和一些小动物，后来看到小殷之士的善心，感到鸟和小动物被禁锢在笼子里，太可怜了，便把它们都放了生。鸽子飞翔时发出的哨声，草丛里小虫的鸣叫，鸟儿私密欢快的啁啾，还有雨后水泥地上清晰的脚印，砖上盎然的一簇青苔，泥土阵阵扑鼻的清香，都会像水中的波纹一圈一圈地荡漾过来，一直将他们的每一个细胞浸润其中。平时看到院子里有流浪的小猫、小狗等小动物，这老人也带着小殷之士主动去喂。像是小心守护着一种默契似的，他没有主动跟小殷之士搭话。这一老一小感到自己这样做了，心里便无比快乐。

显然，他俩是一对虔诚的充满爱心与慈善的人士。他俩的细致和仁爱，让人感到一种热情的爱与无限的善，而这种力量的激发和传播，于人世、于社会和个人都是有益的。这也许是他俩在生活中极力捕捉爱心、提炼对生命的敬畏、关注善与爱的一个动力吧。

童年时代，小殷之士感到最愉快的，则是寒暑假期间，常能见到大哥殷之文与表哥戴鸣钟。

虽然他俩都比他大六七岁，但一有机会，小殷之士就像雁阵中的小雁跟着领头雁那样，紧跟在他们的后面，刻意地模仿他俩的言行。

殷之文和戴鸣钟，是在殷之士少年时期对他影响最大的两位兄长。他感到大哥和表哥的言谈话语间总闪耀着智慧的光芒。

小殷之士早就在想，与其羡慕别人的本事，不如多留心一下他们走过的道路。

大哥殷之文小学毕业后便离开了故乡甪直，孤身一人到上海去读中学。从上海有100多年历史的南洋中学初中毕业后，又考取了苏州中学读高中。这两所中学都是师资优良、教学严谨、管理严格的名校。

表哥戴鸣钟比殷之文的年龄还要大些，比起殷之士则要年长十多岁。他是从著名教育家和作家叶圣陶担任校长的那所小学毕业的。

戴鸣钟从上初中一年级起，便开始住校读书。因其好学上进，由初中一年级越过二年级，一下子就跳到了初中三年级。

初中毕业后，戴鸣钟也是孤身一人到上海考进南洋中学读高中的。

高中毕业后，戴鸣钟以优异成绩考取了清华大学经济系。

1934年，中国政府与德国政府协议两国互派留学生。中国第一批派去的有曾被誉为我国"外交才子"的乔冠华等3人，第二批派去的则是戴鸣钟等5人。

在德国柏林大学毕业后，戴鸣钟获得了经济学博士学位。

回国后，戴鸣钟精心编著了《德华标准大字典》，成为这一领域内的凤毛麟角之作。

当时，小殷之士的一个强烈愿望便是要听懂大哥和表哥所讲的一切，以便能早日成为一个像他们那样有学问的人。

一个夏末的傍晚，微风习习，清凉如水。绚丽的夕阳倒映在水中，很能引发人们的遐想。

小殷之士跟在殷之文和戴鸣钟的后面，在镇子里的小河边漫步。

他看着保圣寺、陆龟蒙祠等一处处名胜古迹，心中一边咀嚼一朝又一朝的兴衰史，一边暗暗思忖：就是这幽静的故乡小镇，历史上曾经留下过多少故事和传说啊！而探访过它的文人墨客，又留下了多少文章与诗？

"这就是我的母校。"戴鸣钟充满感情地说，"校长就是大作家、《稻草人》和《倪焕之》的作者叶圣陶。他很注重教学改革，尤其看重与国计民生息息相关的农业、畜牧业，曾在学校旁专门办了一所'生生农场'，供师生们学习、实践……"

"哦，是这样。"小殷之士自言自语，"我要是能赶上叶圣陶这样的校长就好了！"

毋庸讳言，小殷之士对看到的"叶圣陶小学"的一切，都感到很新鲜、很羡慕。

那时的学校都是私立学校，一切经费都依靠社会人士的捐款来补助维持，所以师生员工们平时对校舍的保护维修都特别注意。校舍年年油刷，哪怕是一块玻璃或是一块窗纱破了，都要立时补修好。地上总是看不见一块碎木和烂砖……一进了校门，就会使人有一股生气勃勃的感觉。而一般社会人士见到他们捐款兴建的学校这么整洁有秩序，也会更乐于踊跃捐助。

此后，一有机会，小殷之士就不厌其烦地来到"叶圣陶小学"里的"生生农场"，在这里仔细观察实验室、饲养室内的各种植物、动物。

走进农场，最先听到的是声音。周围是那么宁静。闹市的喧哗被满眼的浓绿悉数卷走，鸟儿和昆虫欢快的鸣叫声，成了衬托满园春色的鲜活花朵。

昆虫负蝂，爬行时遇到东西，总是抓取过来，抬起头背着这些东西。东西越背越重，即使非常劳累也不停止。小殷之士由此联想到负重一旦成了习惯，就是一种病态，且陈陈相因，不能致远。

哦，那些尖头蚂蚱，不正是许多画家都很喜欢画的吗？小殷之士就亲眼看到过齐白石、王雪涛以及祖父和父亲都曾经挥毫画过。其原因，他想或许是尖头蚂蚱的形态很好掌握，很好画，而画蝈蝈、纺织娘等则比较费事……

夏夜里，原野上，到处都能听得见蟋蟀调式简单重复但情致陶冶人心的乐曲。那交响曲汇成一片起伏荡漾的声浪。

倘若没有什么惊扰，它安安稳稳地待在低低的树叶上，那叫声便会始终如一。

但是只要有一点儿动静，演奏家就会仿佛立即将发声器移到肚子里去了。使得人们刚才听见它是在这儿，近在眼前，此时却突然听到音量减弱，分明到了十几米外的远处。而当你寻找过去，那里却什么也没有，声音仍然是从第一个地点发出来的。而当你用心再听，事情竟越发蹊跷，那声音又仿佛是从左边、或是右边传过来的……人们顿时感到完全摸不着头脑，似乎已经无法凭听觉来寻找这小精灵正在唧唧作声的准确位置。

蟋蟀这乐曲是由一种轻柔缓慢的鸣叫声构成的。小殷之士感到这乐曲比人工的乐声更为悦耳。由于带颤音，曲调显得富有表现力。凭这声音人们或许能猜到，那振膜一定特别薄，而且非常宽阔。要想捕捉到这演奏歌曲的蟋蟀，必须具备足够的耐心，采取防止意外的周密措施，然后才能再借助提灯的光亮来行动。

小殷之士观察过，蟋蟀的鸣叫大作之际，两只翅膀始终高高抬起，其状宛如宽大的纱布船帆。两片翅膜，只有内侧边缘重叠在一起。两支"琴弓"，一只在上一只在下，斜向铰动摩擦，于是支展开的两个膜片产生了发声振荡。当这胆小的虫类处于警戒状态时，它的鸣唱就会使人产生幻觉，让你以为此时声音既好像从这儿传来，又好像从那儿传来，还好像从另外一个地方传来。

夜空中的星斗在云端闪耀，在大地上投下一丛丛黑糊糊的树影。小殷之士看到一只只萤火虫从芦苇荡和田边的草丛中飞起。它们的尾部长着一个萤白的发光体，夜行自照，先是忽明忽暗的一点点白光，继而又好似天上掉下的繁星，一群群地在夜空中游动。有时几个飞在前面，亮了起来，另几个就会朝它们一直赶去，然而前面那几个忽然隐没了，或者飞入芦苇荡或稻田里，被枝叶们遮住，追逐者便失去了目标，迟疑盘旋地转换方向飞去，反而成为另外一群萤火虫的追逐目标。小殷之士发现，这样的追逐在夜空中往往不止一对，因而水面上、稻田里，映着皱起的银波，那一明一暗、一上一下的闪闪白光同天上的星光一样繁多。偶尔有几只飞到小殷之士身边，他赶紧用旧课本去拍，有时竟会把它拍到地上，有时它蓦然一暗，一下子就飞到了旧课本所能拍到的范围以外去了。此时就是快步追上去，也往往不能再拍着。而那被拍到地上的，往往又狡猾地把光隐去，或又悄悄地飞起，一边逃遁一边再现出它的光芒……

有少数时候，萤火虫会落在老人们的胡须上。这时孩子们便会欢快地拍着手叫道："看，老爷爷的胡子一亮一亮的，像烟斗似地烧起来了！"

而有时当萤火虫落在姑娘的发辫儿上，她们便会得意地说："看呀，我的头上簪满了星星！"

萤火虫吃蜗牛的情景就更有意思了。

只要蜗牛壳口某一点上露出缝隙，即使缝隙再小，也足够萤火虫钻的了。

只见萤火虫那纤细灵巧的工具插进去轻轻一咬，蜗牛当即陷入麻木僵滞状态。

小殷之士发现：萤火虫的"吃"，不是严格字面意义上所说的吃，而是吞饮。它用与蛆相似的方法，把猎物变成清汤，然后再吃进肚子里。同许多爱吃肉的昆虫一样，萤火虫也擅长先消化、后进食的吃法。食用猎物的肉之前，先对肉质施行液化处理。

一只蜗牛被萤火虫施行了麻醉。它们这儿一口、那儿一口，像轻轻弹指一般不断轻咬在蜗牛身上。这软体动物的肉质逐渐转化成了稀汤。过了一段时间，"麻醉师"们将蜗牛壳口朝下翻了过来。这时，壳里的东西就像锅口朝下倒浓汤一样，一股脑儿地流了出来。纷纷赶来的"消费者"们不分彼此，共同享用汤食。它们吃饱喝足，离开这"汤罐"时，里面只剩下没有什么吃头儿的残羹剩糊了……

对于小镇上纳凉的居民来说，蝉无疑是一类十分腻烦人的"邻居"，这一点小殷之士也毫不迟疑地认同。

每年夏天，它们都要数以百计地到人们门前来安家。最吸引它们的是绿叶繁茂的两棵高大的老槐树。从太阳一出来，直到太阳落山，蝉就在那两棵树上叫，那高旷的发聋振聩般的嘶鸣合奏，像不停歇的锤子一样敲响人们的脑仁儿。面对这样一种声嘶力竭的大合唱，思考问题是办不到的，只觉得思路在眩晕状态下飘忽旋转，怎么也定不下来……啊，走火入魔的虫子，你真够烦人，成了人们住所的一大祸害……

小殷之士发现，热浪令人窒息的7月，其他干渴难忍的"平民"昆虫，个个打不起精神来，它们在已经蔫萎的花冠上转悠，徒劳地寻找解渴的途径；可是蝉却满不在乎，面对着普遍的水荒，它付之一笑。这时候，它的喙，一种微口径钻孔器，在自己那取之不尽、用之不竭的酒窖上，找到一处下钻的位置。它一刻不停地唱着，在小灌木的一根细枝上稳稳站定，钻透平滑坚硬的树皮。树汁被太阳晒熟，把树皮胀得鼓鼓的。过后，它把吸管插入钻孔，探进树皮，津津有味地痛饮起来。此时此刻的蝉，纹丝不动，聚精会神，全身心沉醉于糖汁和歌曲之中……一会儿，一大批口干舌燥的家伙在居心叵测地转悠；它们发现那口井，渗淌在井沿儿上的树汁把它暴露了。它们涌向井口。初来乍到，它们还算沉得住气，舔舔渗出的汁液而已。甜蜜的洞孔，四周一派匆忙。挤在那里的有胡蜂、苍蝇、蠼螋、泥蜂、蛛蜂和金匠花金龟，此外，更有蚂蚁。

为了接近水源，个头儿小的溜到蝉的肚子下面；秉性温厚的蝉，用肢爪撑高身体，让投机者们自由通行。个头儿大的，急得跺起脚来，挤进去嘬上一口退出来，然后到旁边的枝叶上兜一圈；过一会儿又凑上去嘬，而这一次已变得比刚才更肆无忌惮，贪欲益发强烈。刚才还能讲体面的一群家伙，现在已经开始吵闹叫骂，寻衅滋事，一心要把开源引水的掘井人从源头驱逐开。

这伙强盗中，数蚂蚁最不甘罢休。小殷之士看到，有的蚂蚁一点一点地啃咬蝉的爪尖；还有的拽蝉的翅膀，爬到蝉背上，搔弄蝉的触角。一只胆大的蚂蚁，就在他眼皮底下，放肆地抓住蝉的吸管，使劲往外拨。

小殷之士发现蚂蚁爬行得再努力、掘进得再深入，总是向下的，看到的，终生都是眼前那一点微光，头顶上的多彩与绚烂，一直不属于它。由此可以想，如果它插上一双小小的翅膀，飞上一个小小的高度，眼界就会大不同，生命的格局也会大不同。

遭这群小矮子的如此烦扰，巨虫忍受不住了，终于弃井而走。不过临走时，非要往这帮拦路抢劫犯身上撒泡尿不可……它做出的这种表示对蚂蚁毫无作用！蚂蚁已经得逞。这不，得逞的成了水源主宰。却不料，那水源是很快就干涸的……这下看到了：专事趁火打劫，丝毫不讲客气的乞求食物者，那是蚂蚁；心灵手巧，乐于与受苦者分享利益的工匠，那是蝉。

如果撇开那致命的捕猎家什不论，螳螂实在没有什么让人害怕的地方，甚至还不乏优美呢。你看，那苗条的身腰，那俏丽的短上衣，那一身的淡绿，还有那长长的纱罗翅膀……它没有张开来像剪刀的凶狠大颚，相反，长着的是一副又细又尖的小嘴儿，看上去就像啄食用的。脖颈从胸廓中拔立而出，可以弯曲扭动，因此脑袋能够灵活转动，又可前探后仰。昆虫当中，唯有螳螂能够调动视线，它会察看，会打量，它那副嘴脸简直能做出表情来。

安详的整体外观，却配上了素有"劫持爪"之称的前肢凶器，二者形成强烈的对比反差。髋部非同寻常地长而有力，是用来抛甩狼夹子的。这副狼夹子，不是坐等送死鬼踩踏上来，而是主动伸出去抓捕。捕猎器经稍装饰，显得十分漂亮。髋部根基的内侧，装饰着一个美丽的黑色圆点；圆点中心有白色眼斑，圆点周围有微粒珍珠作陪饰。

螳螂大腿较长，呈扁梭状，其前半段下侧生着两行锋利的齿刺。靠内侧的一行，长短相间地排列着12个齿，其中长齿为黑色，短齿为绿色。长短相间的排列方式，增加了铰合点，对发挥武器的效力十分有利。靠外侧的一行齿刺，结构简单，只有4个齿。两行齿刺后面，还支着三个最长的齿刺。简而言之，大腿是带两行平行齿的锯条，两行齿之间形成一道槽沟。大腿往前，是回折式小腿，可以折合进大腿的槽沟。小腿生在与大腿相连的关节上，非常灵活。它也是带两行齿的锯条，锯齿比大腿的小，但是比大腿的多，排列得更紧凑。小腿终端是一个粗实的钩子，其锐利能够与上好的钢针相匹敌。钩体下侧有一道细槽，细槽两侧各有一条利刃，犹如一对弯刀，又像是一对截肢刀。

这钩器是性能极佳的戳刺割划工具，小殷之士一想到它，就隐约产生一种刺痛感。捉螳螂时，不知被刚抓在手里的坏家伙钩划过多少回。双手腾不出来，只能求别人帮助，好不容易才从态度硬强的被俘者爪下摆脱出来！谁不拔出扎进皮肉的钩子就强行挣脱，他准要像挨了玫瑰刺钩划一样，弄得双手伤痕累累。没有比螳螂更难摆布的昆虫了。这家伙用截肢刀割划你，用针尖扎你，用老虎钳夹你。你简直没法对它实施有效防御，因为你一心想的是要抓得住而抓不死，所以手指不敢使劲；如果一使劲，战斗就会随着螳螂被捏烂而立即宣告结束。

螳螂休息的时候，把捕猎器收折回来，举在胸前，做出一副不伤人的模样……一只猎物走过这里，刹那间，螳螂那三段构件组成的捕猎器突然伸出，将前端的钩子送到远处。只见那钩子一钩一收，捕获物便夹在了两段锯条之间。接着做一个大小臂那样的合拢动作，老虎钳吃上了劲；大功告成。苍蝇也好，蝗虫也好，纵使是其他劲头更大的小动物，一旦被那4排尖齿铰住，便只能束手就擒。无论它绝望地颤抖还是拼命地蹬踹，那令人毛骨悚然的兵器都不会松开。

在虫类不受约束的野地里，无法对昆虫的习俗进行连续不断的观察，小殷之士就采取家养的办法。他感到此事做起来一点儿也不难，因为螳螂不在乎自己是否被软禁在钟形笼里，只要食物喂得好就行。小殷之士给自己的"俘虏"准备了几只铁丝编织的宽敞的笼子，样子与饭桌上防止苍蝇接触食品的纱罩差不多。笼子坐落在盛满沙土的瓦罐上。笼子里放一束鲜花，一块石片，这就是为居室配备的全套家具。小殷之士将最可口的食物给它吃，而且每天都换换食谱花样。这样做上一段时间，它对荆棘的依恋就逐渐淡薄下来了。

小殷之士发现，雌螳螂吃得特别多，喂养它们可不那么容易。他差不多每天都要投放新食，然而其中一大部分都只被它们轻蔑地尝上几口，就随便丢掉。小殷之士猜想，这或许是雌螳螂在以糟践食物掩饰自己身陷牢笼的烦恼。

为了供应雌螳螂这奢华的"高消费"，小殷之士经常跑到野外的草地上，抓回许多活蹦乱跳的蝗虫、蚂蚱、蜻蜓、蝴蝶等小昆虫。这些野味精品的作用，是帮助小殷之士了解螳螂的胆量与力气究竟有多大。

有的蝗虫、蜻蜓的个头儿，比螳螂自己还大。但小殷之士发现，无论什么东西出现在身旁，螳螂都从来没有在这些活食面前表现过怯懦，而是忽然痉挛般一跳，刹那间拉起一副吓人的架势，奋起作战。

接着，螳螂非常宽阔的绿色膜翅打开了，顺着身体两侧斜甩下来；膜翅下面半透明的薄翅，支成全副展开的并列双帆，酷似在脊背根上顶起一簇硕大的鸡冠盔饰；腹端上卷成曲棍状，先向上翘，又向下压，并随着一阵突发性抖动而逐渐松弛下来；这时候，可以听到一种好似出气般的"呼哧呼哧"声，很像公火鸡开屏时发出的那种声响，又像是遇到突发情况的游蛇，正吐着一口一口地气息。

螳螂身体高傲地支在后腿上，上身挺得笔直，一双利爪原本是收缩着并排端在胸前，现在却左右张开，交叉甩出。就在这时，它的腋窝暴露出来，可以看到那里镶嵌着成行的"珍珠"，还有一个中心带白斑的黑色圆点。

螳螂固定在怪姿势上，眼珠一错不错地盯住蝗虫，脑袋随着对方的移动而稍做扭转。小殷之士看得出，它拉开这副架势，目的很明确，就是要狠狠恫吓对方，从气势上将其压倒。

最后，只见螳螂的两把"铁钩子"抡下来，将"猎物"一下子就夹在锯条形的两爪之间，双齿刃锯条随即合拢，使其动弹不得，然后折回翅膀，收起战旗，重操正常姿势，开始津津有味地用餐。

通过数次观察，小殷之士发现，几天没有进食、饥饿难忍的螳螂，只需两个时辰，就能够将与自己同样大小，甚至比自己还要大的蝗虫整个吞进肚里，只剩下过于坚硬的翅膀。对猎物，它先从颈背部位开刀。一只爪将钩获的活食拦腰握住，与此同时，另一只爪按住头部，致使脖颈背面的结合部张开一道缝，就从这没有甲胄保护的地方，螳螂将小尖嘴儿探进去，一点一点地啃咬，很有股锲而不舍的劲头儿。眼看着，蝗虫颈部张开一个偌大的创口。头部淋巴结已经损坏，蹬踹自动平息下来，猎物变成不能活动的肉体。螳螂尽情享受，爱吃哪儿就吃哪儿地大饱口福。

至于攻击蚂蚱、蜘蛛等风险系数较低的猎物，螳螂就完全不需拉开什么大架势，也不需用多少时间，只需甩出双钩就完全够用了。

还有小犬的眼神脉脉含情、也凄迷动人，直让小殷之士心生温柔，百倍宠爱。但他感到与人相比，眼神背后的寓意是不一样的——小犬的人样之美，只是为了邀宠，只是为了得到美食，而人，则寓含着，情感的盈缺、心灵的悲欢、生命的痛痒，一切都是建立在自主的感受之上的……

又是一个盛夏。

江南大地的余热仍在无穷无尽地蒸腾着、烧灼着，不管什么东西似乎都像烧久了的铁板，炙着人们汗流浃背的身躯。

太阳贪婪地吸收着泥土里的水分，空气显得更加闷热，烤得人们心里也似乎直要冒烟，坐在屋里就会无端地出汗。

家家户户的门窗都扇子般地敞开着，鸡、鸭、猫、狗等小动物也都躲避到绿树浓荫下面去了。

与其他动物相比，鸟与人有着更多牵连不断的关系，也更为人们所喜爱。

不晓得是什么时候，树丛中忽然钻出一只黄莺，利箭离弦般地飞向蓝天。

无论是在"王谢堂前"，还是在寻常人家，小殷之士都特别留意雨燕在屋檐下的缝隙里筑巢时留下的模糊背影。

天空中，还有一群鸽子在欢歌，洒下一阵阵清脆的、极像一曲曲仙乐般飘飞的歌声和鸽尾的哨声。

乘凉的人们将竹床、竹椅、竹凳、竹席在巷道旁摆满，有的躺在竹椅上呼呼入睡，有的围坐在路灯底下聊天……但大汗淋漓的小殷之士只用一本旧课本当作扇子轻轻地扇着，仍然一丝不苟地观察着小动物。

有一天，小殷之士回到家门口，轰的一声，一群麻雀从地面飞上光秃秃的枣树，机警的眼睛滴溜溜地打量着他们。他抬头一看，一树的麻雀毛茸茸地挂满枝头。以后的每天早上，他总是被这群精灵般的邻居吵醒。

有一天夕阳西下晚霞满天，小殷之士无意间看到玻璃窗外经严冬寒风磨砺的玉兰秃枝上，萌发出点点绿，在温柔的霞光中安然仰立，他顿然无比欢欣。

麻雀的勤奋大概是天生的，天色刚放亮，就开始了一天的奔波。长飞短跳，灵动活泼，机灵到有些胆小。除了中午或黄昏，成排静卧在电线、屋脊上外，其余时间无论树上地面，仿佛站在了烧烫的铁丝上，总是飞跳不停，没有片刻安静，小嘴叫个不停，头摇摆不停，脚下也不停，不飞即跳。不要说虚弓之声，哪怕是稍有风吹草动即飞没树梢。异常机警灵敏的它们，总是成群结队，忽高忽低，飞来飞去，在相邻的树上奔波不停，好像总是兴高采烈，有说不完的话，言者喳喳，听者叽叽，争先恐后，一片喧哗，分不清哪个在说，哪些在听。

为了更好地与麻雀相处，小殷之士查了一些资料，得知麻雀是一个很大的家族，有赤、白、黄、灰、黑，以及草雀、五色雀等多种颜色。相对于天生优越到懒散冷漠的猛兽，麻雀们丝毫没有觉得自己是弱势群体，活得格外快乐自在、喜气洋洋，全然不在乎众多天敌的存在，也不记得曾经"高飞畏鸱枭，下飞畏网罗"的苦难。而相比于飞鹰、毒蛇、馋猫等，人类大概是它们最危险的天敌了。

他通过观察看到，麻雀单纯卑微却也有感情，它们从不同类相残、同胞相煎。夏初的一天，一只幼雀蹒跚于路边，一飞即掉，一跳即倒。两只大雀惊慌地盘旋于周围，上下急飞，不停地锐声尖叫。见小雀锥状小嘴泛着鲜黄的软嫩，羽毛柔薄，两只小腿通红透亮，两只大雀随即飞到它身边，一只站在篮边警惕四周，一只跳进去对着小雀唧唧而语。麻雀对生命的呵护和尊重，可能出自本能，但自然而真诚。它们成群结队出没，却没有先后次序之制；觅食喝水，也无贵贱之别；喧闹嬉戏，更无上下等级之分，站落无序，随心所欲，开口就说，平等和谐。

小殷之士想，虽然人类一直对麻雀极尽讥笑之事，常常发誓要立鸿鹄之志，不学麻雀的卑微与短视。以至"燕雀安知鸿鹄之志"成为一句许多人自小耳熟能详的励志古训。人们一直崇拜鸿鹄，志存高远，不要命地奋斗，但大多数人终其一生最后只是给好高骛远作了诠释。不要说变得有权有钱后，鲜有人记得当年的宏愿大志，就是许多寻常人跌宕半生，回过头来奢望过上"老婆娃娃热炕头"的生活时却并不容易。整天比麻雀还忙，熙熙攘攘，匆匆忙忙，面无喜色，心无亲情友情和爱情，活得木头一般。鸟儿是自然的精灵，它们从不与人类争什么，却时刻美化着人类的生活。它们甘居屋檐下，筑巢一枝，生存一林，只要还有一片天空，则无论黄昏清晨，成群结伙，高飞低走，觅食嬉戏，其乐融融。既不回忆昨天，也不担忧明天，更不奢望未来，活得快乐自在。即使死也要远离同伴的视线，静静而去。

小殷之士还注意到，晚上19点多了，还有几只麻雀在窗台上吃食。食物是他刚刚撒放的，前一次撒放的早已被麻雀们吃得颗粒不剩。日光已经明显地暗下去，但还没到影响麻雀们视线的程度，如果没有意外的惊扰，在这种傍晚时分，它们会在那里停留很久，直到所有的食物被拣食干净，一粒不剩。

夜色浓重地升起是麻雀们不得不回家的最后时刻。它们的胆子越来越大了，此刻小殷之士就在屋内的灯下坐着，麻雀们对屋内的一切可以一览无余，但它们显然并不在乎，而是一边吃，一边伸长脖子向屋内张望，吃上几口立刻庸人自扰、动作夸张地赶紧逃走。但又并不走远，也就是离开窗台而已。离小殷之士窗台最近的树枝大概不到两米远，但那毕竟是树，树跟它们是一起的，而小殷之士跟自家的窗台是一起的。他像这样在窗台上送给它们食物，渐渐养成习惯……

小殷之士想，强大者未必长久，弱小者未必短命。

猛兽自恃强大而目空一切，懒散到对生存一类问题从不忧虑，也就懒得进化。没有远虑，必有近忧。恐龙很强大，早已灭绝；狮子老虎也只能在公园、马戏团当当演员，既无猛劲更无凶相；鸿鹄倒是能高翔万里，却仅仅留下个名字。有人说鸿鹄就是今天的天鹅，小殷之士总觉得牵强，很多动物自古坐不更名，什么时候鸿鹄改名天鹅了？麻雀确实弱小，却至今仍快乐地与人为邻。弱肉强食不可改变，但适者生存更为重要。弱者深知生之不易、活之艰难、存之危机，所以，它们机警灵敏、乐观勤劳，不怨天尤人，努力适应环境，靠超常的繁衍生息能力，以子子孙孙的无穷接力，战胜了猛兽。虽无猛兽活得悠闲，却比猛兽活得快乐长久。如此弱小又有什么不好？

人类的高贵在于思想，鸟儿的自由在于飞翔。能与鸟儿为邻应该是人类的福分，但与人类为邻鸟儿是不是也感到幸福呢？

自然有自然的法则，生命有生命的规律。人们能把所有原本地球上美好的东西挖出来，加工成自己需要的好东西，可因此把美好变成恶魔危及自身生存的东西也更多了。自然的美丽是包括人类在内的生物链的健康完整。真不可想象整个生物链残缺不全，而人类能独撑自然的美丽。他就是从儿时起，开始乐于备一些小米或其他鸟食，好招待各种不请自来的小鸟。

对动物世界的这种痴迷爱好，或许正是小殷之士对于生命的最初理解。

啊，在人生旅途上，孜孜不倦、刻苦求知的岁月，会给人留下最难以磨灭的记忆。

同时，正是由于对生命规律的热切追求，使小殷之士日后没有像殷伯虔、殷云林等长辈那样成为擅长丹青的书画家，没有像父辈的好朋友、苏州名士周瘦鹃那样成为全国知名的盆景艺术家，也没有像曾经担任过甪直小学教师与校长的叶圣陶那样，成为蜚声文坛的文学家，而终于成为国内外著名的动物学家。

第|五|章

法布尔又引他
进入昆虫世界

　　小殷之士钦佩既是昆虫学家又是文学家的法布尔。从表哥那里借来的《昆虫记》引他进入昆虫世界。他一边仔细读，一边将书上写的与现实中遇到的比较着认真观察。

　　此刻，坐在笔者面前的是一位风度儒雅、学贯中西的学者。

　　这是在上海市郊一片新建的大学区内，上海理工大学一座二层小楼。主人并不宽敞的书房兼客厅，和当今中国大多数教授的居室一样，到处都堆满了书。不仅四壁环绕的是书柜、书架，而且房子中心也是一座颇大的"书山"，留给人走的只剩下一条窄窄的小道。

　　"我是殷之士也就是殷震的表哥戴鸣钟。"消瘦、文静的教授已经年近9旬。他一边咳嗽，一边自我介绍。

　　或许是由于有早年留学的经历，戴鸣钟的德文、英文都极佳。他不无自豪地告诉笔者："那年，殷震的大哥殷之文申请出国，必须用英文写一封自荐信。当时他还有些困难，便请刚刚回国的我帮忙，结果我说了句：'你们稍等等。'不一会儿，便一挥而就，令站在一旁的殷氏兄弟极为叹服……"

　　抗日战争期间，戴鸣钟曾在设于江西的中正大学（即后来的南昌大学）担任教授、总务长。虽然那还是歪风邪气盛行的旧社会，但戴鸣钟却能洁身自好，立于污泥而一尘不染。他待人忠厚，不谙应酬，从来不沾国家的便宜。当时，凡是有点小"权"的人，都削尖脑袋用权做生意、发"国难财"。然而戴鸣钟却"迂"得只知道把全校经费锁在保险箱内，不乱用一分一厘……因此，中华人民共和国成立后，戴鸣钟被任命为大学的副校长。

　　同大哥殷之文一样，表哥戴鸣钟也是殷之士心目中最早的偶像。他从小就认为大哥和表哥"出道"早，学问高，成就大，于是处处以他俩为榜样，努力要赶上他俩的水准。

戴鸣钟对表弟殷之士的学业始终十分关心。

"你知道法布尔的《昆虫记》吗？"戴鸣钟刚刚从德国留学归来，听说表弟喜好小动物，便亲切地问殷之士，"读过这本书吗？"

"嗯？"已经是初中学生的殷之士略显迟疑，说出口的却是这样一句话，"表哥，我很想了解你说到的这位作家，也很想读到他的这本书。"

在殷之士眼里，表哥学贯中西，令他佩服得五体投地。

果然，戴鸣钟介绍起法布尔和《昆虫记》来如数家珍：

"之士，《昆虫记》是19世纪法国杰出的昆虫学家、文学家法布尔的传世佳作，也是一部不朽的世界名著。它在自然科学史和文学史上，都有相当的地位。《昆虫记》熔作者毕生研究成果与人生感悟于一炉，将毕生从事昆虫研究的成果与经历用大部头散文的形式记录下来，以人文精神统领自然科学的庞杂实据，以人性观照虫性，使昆虫世界成为人类获得知识、趣味、美感和思想的文学形态，将区区小虫的话题书写成多层次意味、全方位价值的鸿篇巨制，这样的作品在世界上诚属空前绝后。没有哪位昆虫学家具备如此高明的文学表达才能，没有哪位作家具有如此博大精深的昆虫学造诣；况且，19世纪又是一个令群情共振的雨果、巴尔扎克、左拉文学时代，一个势不可挡的拉马克、达尔文、魏斯曼生物学时代。如果不是有位如此顽强的法布尔，我们的世界也就永远读不到一部《昆虫记》了……"

小殷之士一边聚精会神地听，一边连连点头。他一下子就被表哥推荐的这部书给吸引住了。

戴鸣钟继续说："将法布尔如此译法，将这本书定名为《昆虫记》，这在中国是何人开始的呢？是鲁迅先生。"

"法布尔出生在法国南部的穷乡僻壤，从小过着极其穷苦的生活。他在劳苦大众的怀抱中长大，理解劳苦人民，同情劳苦人民。

法布尔的童年与少年时期，家中的生活非常困苦，几乎连温饱都不能保障。因家贫，他只能自己靠打工谋生，才上了小学和中学。由于法布尔勤奋刻苦，锐意进取，终于从农民后代成为一位中学教师。他长期是只靠中学教师的工资，维持七口之家的生计；前半生一贫如洗，后半生勉强温饱。人们恐怕很难想象有法布尔这样贫困的自然科学家：想喝口酒，只能以家中发酵自制的酸涩苹果汁顶替；要施舍乞丐两法郎，可囊中只掏得出令自己都面露羞色的两个苏*；一向腼腆、好强之人，竟不得不为生存而张口，请求英国大哲学家穆勒慷慨解囊……"

"但法布尔没有向'偏见'和'贫穷'屈服。他业余自学，用12年时间，先后取得业士、双学士和博士学位；不断扩充知识储备，精心把定研究方向；法布尔教书20余载，一直兢兢业业，同时坚持不懈地用业余时间观察研究昆虫及植物，不断获得新的成果，曾经发表非常出色的论文，一次又一次地回击了'偏见'。他挤出一枚枚小钱，购置坛、罐、箱、笼，一寸空间一寸空间地扩增设备，日复一日、月复一月、年复一年地积累研究资料，化教书匠之'贫穷'为昆虫学之富有。他以同情劳苦人民的心去同情渺小的昆虫。他怀着对渺小生命的尊重和热爱去描写甚至歌颂微不足道的昆虫。这就是《昆虫记》充满人情味儿的理由。大科学家达尔文充分肯定了他的成就，国家教育部长还设法推荐他为大学开课。尽管如此，法布尔想要'登上大学讲台'的梦始终没有实现，开辟独立的昆虫学实验室的愿望也始终得不到支持。当时教育、科学界的权威们，骨子里看不起他的自学学历，看不惯他的研究方向。这种漠视与某些人的虚伪、庸俗、嫉妒心理合拍，长期构成对法布尔的一种偏见。"

"法布尔不仅几乎是忘却了一切：不吃饭，不睡觉，不消遣，不

---

*　苏是法国大革命前的货币单位。——编者注

出门；不知时间，不知艰苦，不知享乐；甚至分不出自己的'荒石园'是人宅还是虫居，仿佛昆虫就是'虫人'，自己就是'人虫'；而且几乎是在牺牲一切。他没有利用很有优势的物理、数学天赋，大有作为的植物学知识，易出成果的动物生理学基础，走一条驾轻就熟的捷径，而是一定要艰难地进行旨在探索'本能'问题的昆虫心理学研究。他没有抓住一生中出现的许多机遇去沽名钓誉，巧取功利，过上幻想中的'好日子'，而是安于清苦，坐了一辈子冷板凳，甚至不惜把一家老小也捆在自己这冷'板凳'上。他几乎是在冒犯一切。儿时不顾父母怒斥，成天往家里带蘑菇、虫子，'好奇心'怎么压也不灭。他自感得意的成果，无一不与前人和权威的短处形成鲜明的对照。他向学生传授自然科学新知识，保守势力戒备他对旧道德造成威胁；他力主研究昆虫本能的'自动智能'问题，得罪了不少以生理功能解释本能的生物学同行，招致'有上帝决定论者嫌疑'一类非议。他甚至不怕人们指责自己没有与'19世纪自然科学三大发现'中的细胞学说和进化论保持一致……在法布尔的后半生50年，他心中似乎只记着一件事，就是观察实验——写《昆虫记》……"

说到这里，戴鸣钟看了看眼睛眨也不眨、已经听得全神贯注的表弟殷之士，似乎很有针对性地继续讲："有种说法认为，法布尔能这样苦度一生，完全是为了'兴趣'，也就是对昆虫的浓厚兴趣。其实并非如此。事实上，无论爱虫之心属于先天还是后天，它都是极易变化的东西，更不用说法布尔自幼兴趣十分广泛。如果没有坚定意志做支柱，任何兴趣终将游离飘移，化为恍惚。如果说兴趣，后人都能真切地看到，法布尔一生的最大兴趣，尽在于探索生命世界的真面目，发现自然界蕴含着的科学真理。他不断表达着对昆虫的爱，但也表达过另一种爱，即他在《荒石园》一文中所说的'对科学真理的挚爱'，因此要'始终坚持真理所特有的一丝不苟态度'。这种爱，才给了他把昆虫兴趣变成昆虫学事业的勇气和力量。正因为法布尔爱科学真理，所以他的第一篇成名之作《节腹泥蜂习俗观察记》纠正、补充了权威专家的一篇'杰出论文'。正因为法布尔爱科学真理，所以他毕生恪守'事实第一'的首要原则。正因为法布尔爱科学真理，所以他撰写《昆虫记》时，一贯'准确记述观察得到的事实，既不添加什么，也不忽略什么'。正因为他这是一种酷爱，他才把科学工作乃至一切工作的实证精神发展到极其严谨的地步：即使感到别人指出的错误有道理，他也要先通过观察实验验证一番，而后再欣然纠正自己的错误。"

"法布尔把未知世界比作处于黑暗之中的无限广阔的拼砖画面，把科学工作者比作手捉提灯照看这画面的探索者；他认为自己就是这探索者，一步一步地移动，一小块一小块地照亮方砖，使已知构图的面积逐渐增大。黑暗当中，照清未知事物的面目便是揭示了真相，看出事物的规律也就是把握了真理。法布尔为之献身的，正是这种揭示把握'真相——真理'的伟大事业。为认识真理而揭示真相，这成了法布尔一生的至高理想和崇高劳动，他为此感到幸福和安慰。他将一切品质与才华汇集在这种精神之下，为人类做出了自己独特的奉献。"

"到了晚年，法布尔甚至用一生积蓄在荒僻的乡间买了一块园地，在园中修建了一所简陋的住宅。他就在园中及屋内布置昆虫笼子与实验室。从此他专心致志地观察昆虫，研究昆虫，埋头苦干，不求名利。这是他一生的黄金时期。不但在法国他已经赢得为数众多的读者，即便在欧洲各国，在全世界，《昆虫记》作者的大名也已经为广大读者所熟悉。法国学术界和文学界推荐法布尔为诺贝尔文学奖的候选人。可惜没有等到诺贝尔奖金委员会下决心授予法布尔诺贝尔奖，他却已经溘然长逝了。"

表哥这番讲述，使同样迷恋着动物王国的小殷之士深受感动，心潮难平。

从此，他便从戴鸣钟那里借来《昆虫记》，一边贪婪地仔细阅读，一边不时地陷入一种纷繁而幽深的思绪之中。小殷之士感到法布尔笔下，科学与文学之间毫无障碍，显然全部打通，通过阅读既学了科学知识，又得到文学享受，最重要的是获得了一种认识自然、世界的法门。

一有机会，他还会跑到野外，将《昆虫记》一书中写的内容与现实中遇到的情况比较着认真观察。

《昆虫记》中写道："我就坐在坛城旁边一块平坦的砂岩上。在坛城上，我的规则非常简单：频繁到访，观察一年中的变化；保持安静，尽量减少惊扰；不杀生，不随意移动生物，也不在坛城上挖土或是在上面鬼鬼祟祟地爬行。间或的思想触动足矣。我并未制订访问安排，不过我每周都会来观察好几次。本书讲述的坛城上发生的时间，全都是如实的记录。"通过这样的方法，作者达到了真正与自然同一的境界。"我们的神经，与昆虫的神经是建立在同一种构造基础上。我们来自一个共同的祖先，这暗示着，毛虫的痛苦和人类的痛苦是相似的，正如毛虫的神经与我们的神经是相似的。当然，毛虫的痛苦在性质或程度上可能与我们自身的痛苦相异，正如毛虫的表皮或眼镜与我们的相异。但是我们没有理由认为，非人类的动物感受的痛苦就比人类要轻。"他感到这番话运用了科学的理性与文学的感性，完成的不正是我们动不动就谈到的"天人合一"吗？

小殷之士来到野外，发现了很多原来不曾注意的东西，比如他一直认为深夜是寂静无声的，但他发现这是不对的。实际上，寂静无声的黑夜里热闹极了，蝉声、蛙鸣，成千上万的虫子咝咝的叫唤，偶尔，一只大鸟会从树上腾空而起，翅膀掠过树叶和夜色中的空气，发出一连串的空灵的声音，很快又归于平静。有时候，他会看到远处有上蹿下跳的鬼火，不用说，那里肯定是一片坟地……他有时甚至喜欢看这些鬼火。它们有时快，有时慢，有时静止不动，有时相互追逐，它们就像一些顽皮的孩子。他更愿意相信，它们是那些死去的人转变成的精灵，也许他们活着的时候受了一辈子罪，只有这时候才变得快活起来。

小殷之士在野外找到了圣甲虫，一种一身黑装的金龟子，食粪虫类中最大而且最负盛名的一种。他看到它们那长长的肢爪，僵硬地做着充满爆发力的动作，仿佛是在腹中机器的驱动下行走。它们那一对橙红色的小触角，张成折扇的形状，透露出垂涎欲滴的焦急心态。哦，就是这种圣甲虫，"古埃及对它怀有崇敬之情，视其为永存之象征。"认为这种昆虫造福人类，创造奇迹，因此称之为"圣甲虫"，并且在公共广场竖起了它的巨型雕像。

小殷之士也在野外找到了一片自己的"荒石园"。那当然是一块偏僻的不毛之地，被太阳烤得滚烫，大概从来没人愿意往里面捏放几粒白菜、萝卜种子；然而对膜翅昆虫来说，它却是一处地上的天堂。那些长势茂盛的荆棘和矢车菊，把周围的蜂类都吸引到了小殷之士的眼前。以往他曾去野外捕捉过昆虫标本，但从未见过一个地点能聚集如此众多的蜂类；可以说，操各种职业的蜂类，都到这里来约会了。它们当中，有捕捉活食的"猎工"，有利用湿土造巢的"垒筑工"，有疏理绒絮的"整经工"，有从叶片或花瓣上裁切材料的"备料工"，有用碎纸片作材料的"建筑工"，有搅和黏土的"抹工"，有给木头钻眼的"木工"，有打地道的"矿工"，此外还有加工羊肠子薄膜的"技工"……有了这刺茎菊科植物和膜翅目昆虫们的好去处，小殷之士再无需大量消耗时间的远途出行，无须分心伤神的艰难跋涉，没有过往行人们的打扰，可以通盘安排自己的攻坚计划，从容设下缜密的圈套，然后每日每时地观察其结果。他可以对石泥蜂、土泥蜂们"提问调查"，专心致志地从事这种难度极大的学术探讨，其"提问"和"回答"是通过一种独特言语进行的，这言语就是"实验"。

小殷之士发现黄斑蜂在矢车菊网状叶片的梗上刮来刮去，刮出一个小绒球儿，然后自豪地衔在大颚间。它是要用这叶梗绒在地下制作一些毛毡小口袋，封存自己的蜜食和卵粒；发现切叶蜂"腹部下方带采粉刷，刷子颜色不一，有黑色的、白色的，也有火红色的。它们还要离开荆棘丛，飞到附近的小灌木丛里观看一下，在那里选些叶子，从上面切下些卵形小渣片。这些渣片，最后将全被运进那只保存花粉收获物的干净容器里；发现那些穿着一身黑天鹅绒的石泥蜂，专门加工水泥和砾石。它们干的泥活儿，在荒园的石子上随处可见。它们清扫着地洞，向后蹬出一道道细土的抛物线，选择石堆缝作过夜卧室，挤在里面睡觉；发现那些突然启动、上下翻飞、左冲右突、嗡鸣大作的明壁泥蜂，把家安在了附近那些旧墙上，以及朝阳的物体坡面上。那一只正在一个横卧的空蜗牛壳里工作，把成串的小隔室堆放在壳内的螺旋坡道上。另一只突然一爪出击，爪尖直取竖立在那里的蜗牛壳内的软体，为自己的幼虫找到一所圆锥形宅室；然后再一层楼一层楼地建造出成排小隔间。还有一只，正设法给一条由断苇秆构成的天然通道派上用场。再看那只多自在，它免费租用了某位建筑师蜜蜂那些尚可利用的长廊台。他发现大头蜂和丽纹蜂，其雄蜂都生着长长的触角。它们遇到追逼时，不管你是人还是狗，它都会张开大口直向你冲来……在石料堆上选的地点是一处深洞，以此防备过往金龟子的袭击；发现毛足蜂，后爪上那一对粗大的毛钳，是采花粉的器官；发现地花蜂，它们是一个品种繁多的蜂类；发现腰腹纤细的隧蜂；发现居无定所的各种土蜂，在园中小道间和细草坪上游来荡去，寻觅着什么毛毛虫；发现各种蛛蜂也依旧留在园中，它们警觉机敏地飞行，振翅悬定在半空，上下左右巡视犄角旮旯，随时准备捕逮一只蜘蛛……这种蜘蛛的洞穴在园中还不算少。其地洞呈直井状，井口有蛛丝粘连杂草棍儿圈成的井栏。往洞底深处看，这巨型蜘蛛的眼睛在闪闪发光，大多数人都会感到发怵。对蛛蜂来说，这猎物太厉害了，猎捕它不知要费多大劲，冒多大险！

　　小殷之士发现在盛夏午后的酷暑中，蚂蚁队出动了，它们从营房出来，排成长蛇阵，一路向远方走去，准备进行一场由蚁奴们完成的狩猎。有时，小殷之士随蚁队观察它们的围捕行动：一堆已经变成腐殖质的杂草周围，一群身长一寸半的土蜂正懒洋洋地飞动着，然后又一头扎进烂草堆，引起它们兴奋的是一类丰美的猎物，即鳃角金龟、独角仙和金匠花金龟的幼虫。

小殷之士还发现泥筑的蜂巢，建在了规整石材砌成的内墙壁上；这捕食蜘蛛的猎手回家时，穿过窗框上本身就有的一个现成的小洞，钻入房内。百叶窗装饰框上，几只个体操作的石泥蜂正建造各自的隔室群落。略微开启的防风窗板内侧板面上，一只果蝇正建筑圆顶小屋，屋顶做出一个细颈喇叭口。胡蜂和长脚胡蜂，是与其共餐的常客；它们来到饭桌上，尝尝端上来的野果是否熟透了。

小殷之士的荒园里有三种垒筑蜂，由于筑巢时选址不同，他分别把它们称作卵石垒筑蜂、灌木垒筑蜂和棚檐垒筑蜂……卵石垒筑蜂的雌雄两性，体色迥然不同，如果是初次观察，猛然间看到从同一巢中钻出的两性，会立刻断定它们是截然两个蜂种。雌蜂浑身裹着华丽的黑天鹅绒，翅膀是暗紫色的。雄蜂不穿黑绒，而穿色彩鲜艳的铁红套服。另外那两种垒筑蜂，雌雄体色差别不大，都是褐、红、灰三混色……所有不高的坚实土台，或者所有百里香遍布的硬土带，那些地方其实都是揌着红土的卵石堆积层。在河谷，这种垒筑蜂更常利用的，是激流冲刷过的碎石头……棚檐垒筑蜂选择巢址的范围较宽。但它最喜欢的，是把施工场地选定在房顶突檐的黏土质瓦片下面。它不做田边地头儿的小民，那里无法像房顶屋檐那样能把巢室掩蔽起来。房檐下，每年春天都有这虫类的大批殖民安家落户。它们那些垒筑工程一代传给一代，年年有所扩大，最后连成一大片……这虫类在那里埋头工作，劳动者数量甚多，嗡嗡作响的一大群，令人头晕眼花。它们对阳台底下同样感兴趣。此外，废窗户的窗口空间也很合它们的意，尤其是遮着可以让它们自由出入的百叶窗的窗口……这蜂类也有独自筑巢的时候：一只蜂遇到一处有遮蔽的小角落，只要觉得那里基础牢固，阳光充沛，便立即着手安家。至于基础结构的材质如何，对棚檐蜂无关紧要。小殷之士曾见过，它们有的在光秃秃的石块上筑巢，有的在砖块上筑巢，也有的在窗户遮板的木头上筑巢，甚至还有的在棚屋玻璃上垒筑起了自己的住宅。唯有一种东西它们见不得，那就是我们房屋外表上用灰泥粗粗抹成的涂层。它们和人一样谨慎，生怕把巢安在可能坠落的支撑物上，会导致巢室毁于一旦……灌木垒筑蜂，是把住宅建在悬空的地方，吊挂到一根细枝上。充作篱笆墙的各种灌木，无论是山楂，是石榴，或是茶树枝，都可以为灌木蜂提供建筑的支撑点，位置一般在一人高的地方。假如是栎树、榆树和松树，巢址位置则选得高一些。由于是灌木丛，它们只好挑选稻草粗细的细枝，在那狭窄的房基上用泥浆建造住宅。这种材料的蜂巢建好后，样子像个泥球，灌木细枝从一侧插穿而过。单独一只蜂工作，蜂巢造得只有杏子大小；若是几只蜂通力协作，就可以建成拳头大的蜂巢……这三种膜翅昆虫，使用的都是同一类建筑材料，即含有石灰质的黏土，里面掺入少量沙粒，再加进"泥瓦匠"自己的唾液糅合而成。湿润的地点，本来便于取用材料，而且可以节省和泥用的唾液；然而，垒筑蜂都看不上这种地点，它们绝对不使用现成的湿泥……凡是在自然状态下饱和了水分的材料，它们均视为不可取。垒筑蜂需要的，是干燥的粉状材料。这样的材料遇到蜂类吐出的唾液时，吸收性能极强；而且能够和唾液中的蛋白质成分一起，形成一种快速固化的水硬型水泥。垒筑蜂的建筑材料，可以和人们用生石灰加蛋清合成的材料相提并论。

这荒园人宅闲置，地面上没有人管。没有人，动物便显得更踏实了，它们跑进园子，占据了各处空间。

小殷之士从各个角度都能见得到鸟。它们的飞翔直线或斜线，有的飞行如弹射，更多地在缓缓地飞，像漂在水上的树叶。

最初小殷之士区分不出鸟群当中谁是谁，只看见它们中间的一只鸟"嗖"地去了一个地方，又有一只"嗖"地去了另一个地方，却弄不清它们的路线是从哪里到哪里。譬如，一只麻雀在树顶上大步跳，跳到最边上一根树枝远眺，远眺不过两秒钟，又一头冲到树下。小殷之士不知它这么快发现了什么，去了哪个地方，是灌木或草丛？人的眼睛永远跟不上鸟影。又如，另一只麻雀落在屋子的栏杆上，脖子左右扭了几扭，便飞进对面的树里。树里有什么呢？这是小殷之士常常思索的事情。麻雀一定在那棵树上发现了什么——那儿有一个好看的树权？一条小虫或一只可爱的藏在树里的麻雀？故飞入探寻。在人眼里，那只是一棵树，跟别的树差不多，看不见树里面的事情，发现不了这棵树的丰富和奇异。

　　小殷之士在野地里走，几只鸟儿齐刷刷从头顶飞过，落进前面的草地里。而他赶到那里查看时，只有草和地上的泥土，别的什么都没有。小殷之士感到鸟儿一定在那个地方看到了什么，捉到、吃掉或埋掉了什么。如此说，鸟儿瞒着人不知干了多少事。它们当着你的面办这些事，你却不知这是什么事。在鸟儿面前，人都是傻子。

　　小殷之士开始想到，人觉得这个世界是由他们控制的，这里挖挖、那里建建，然而人只活在他们自己的世界里。而鸟儿有鸟儿的世界。在空旷的田野上，鸟儿知道哪里有水源，哪棵树上有什么样的虫子。人却对此一无所知，虽看鸟儿去了这里，又去了那里，却不知它们在干什么，甚至不知那只鸟是哪只鸟。

　　于是，小殷之士开始体会出鸟儿的快乐，认为这跟自由有关——自由的前提是把身体和心灵收束至简，简到不影响飞行；吃的呢？有点草籽和小虫就行了，没虫子吃也不抱怨；住的地方以树林为家园，任何一个树权都是家——其他东西概不需要，然后飞、玩儿、办事。

　　除了麻雀，还有黄莺在丁香树上选址安了家；翠鸟在柏树密枝间落了户；乌鸦在每片房瓦下塞进了破布头儿、碎稻草；梧桐树梢上落下南来的金丝雀，它们啾啾地欢唱着，建造出的柔质小窝巢，看上去就像半个黄杏；鸥枭适应了园中环境，每晚赶来试演自己作的单调曲谱，歌喉悠婉得像笛声；人称夜猫子的猫头鹰，也跑到这里来呻吟和长号……

池塘周围的地面，是两栖类动物恋爱季节的好去处。灯芯草蟾蜍，有的个头像盘子一样大，它们披着一条紧挨一条的黄色细饰带，相约着到池塘来泡澡；黄昏光景，人们看见雄性"助产士"蟾蜍在池塘边上颠跳，两条后腿间拖挂着一嘟噜胡椒粒一般的大卵粒；宽厚温和的"一家之父"，带着珍贵的包袱远道而来，把这包无价之宝置于水中，然后再离开池塘，躲进一片石板下，从那里发出一阵铜铃般的咕呱声。成群的雨蛙躲在树丛里，它们还不大想现在就叫，所以正操着优美的姿势玩跳水。五月里，夜幕刚一降临，池塘便开始变成一座震耳欲聋的乐池。

小殷之士发现，适应多种食物的能力，对动物来说是一种可以保持兴旺的素质，是使之能在严酷的生存竞争中发展壮大自己的种的头等重要因素。最悲惨的物种，当是只靠其他任何东西都代替不了的一种食物来维持生命的物种。假如燕子只吃一种特定的小飞蝇，什么时候都是这一种，那么它会成什么样子呢？这种小飞蝇消失了，而且蚊子存在的时间又不长，这鸟类似乎就得饿死了。事实上，无论燕子的生命还是我们民居的燕窝情趣，二者无一丧失，都保全下来了，因为燕子不在乎吃小飞蝇还是吃蚊子，甚至还有名目繁多的一大群空中飞虫，都可供它食用。假如百灵鸟的嗉囊只能消化播撒的种子，一点儿变化都接受不了，那么它又会成什么样子啊？……人的高级动物特长之一，不正是有一副好胃肠吗？他能接受的食物种类是最杂的。这样，人便可以不受气候、季节和地理纬度的限制了。再说狗。各类家养动物中，为什么只有狗能跟着人到处走，甚至能在极其艰苦的长途跋涉中与人们形影不离？这又是一类杂食性动物，因而又可称之为"世界主义者"……世界是属于那副不受专门食物限制的胃肠的。

小殷之士发现，昆虫已经在木头的干燥空洞部分，分为不同小组，找到各自的冬季宿营地：嚼出叶泥揉面团的壁蜂们，在虫子修造的扁坑道里筑满了小隔离室；切叶蜂们在别人不用的空室和门厅里，堆放了树叶袋。可天牛幼虫们，却在树汁尚足的新鲜木质当中安顿下来。天牛正是毁灭橡树的"主犯"。

小殷之士从书上得知天牛属于高级机体组织昆虫，相形之下，其幼虫却形同离奇的造物，简直就是一小段一小段爬行着的肠子！眼下是一年的中秋时节，他看到木头里有两个龄期的天牛幼虫，那些年龄大的有手指粗，年龄小的差不多只有铅笔细。此外，他还看到有些颜色深浅不一的蛹；甚至还有鼓着肚皮的成虫。成虫们将于来年天气渐热的季节，从树干里钻出来。由此可见，天牛在树中整整生活3年（3个龄期）。如此漫长的幽禁生活怎么度过呢？长年累月，它们在厚实的橡木中懒洋洋地游荡，没完没了地铺路，随时随地用作业面上清理出的杂物充饥……天牛的幼虫，却不折不扣是在用嘴吃自己的路。它生着一副黑短粗实的大颚，这口器不带细齿，酷似周边锋利的勺子，正好是把木工的半圆凿。它操着这把凿子，在通道的作业面上开掘。凿下来的碎渣，被它吃进嘴里。每一口木渣经过胃肠时，都留下极其有限的一点儿汁液，随后便成为蛀屑，堆弃在身后。施工现场上的废料残物，穿过"工人"们的身体清理到一旁，工地上留不下任何障碍物。这是一项同时解决营养问题和行路问题的工程，道路随铺随吃，进路既通则退路即堵。不仅仅天牛如此，所有蛀木求食、钻木谋居的虫类，都是这样实地操作的。

小殷之士看到4月里，被农民用铁锹捅漏肚皮的鼹鼠，尸体横在田边小道旁；篱笆根下，狠心的孩子抄起石块，砸扁了刚刚穿上缀珠绿袄的蜥蜴。有路人自认行为可嘉，愤然踩烂半道遇上的游蛇；一阵疾风掠过，那尚未长毛的雏鸟，一头从巢中跌落在地。诸如此类的，以及许许多多其他种类的报废了的悲惨生命，它们将会成什么呀？……

小殷之士发现第一个跑来的，是样样活计拿得起来，但是却热衷于行窃的蚂蚁，它先一小块一小块地解剖尸体。接着，尸肉香味招来的是双翅目的昆虫，也就是那繁殖可恶蛆虫的家伙。就在这当儿，不知从哪儿，又兴冲冲地赶来成班成队其他种类的虫子，其中有扁平的葬尸虫，有乌光闪亮、一路碎步的腐阎虫，有肚皮下沾着一点雪白的皮蠹，还有身体瘦长的隐翅虫。这些虫类，孜孜不倦地探查、搜索和吸吮着恶臭。

春季里的一只死鼹鼠，身底下竟是如此热闹的景象！这是座令人生畏的小实验室，但对于擅长观赏与深思的人，倒不失为一种美妙的东西……好家伙，下面有那么多小动物在拥挤攒动；忙碌不堪的劳动者们，构成一派如火如荼的喧嚣场景！只见葬尸虫穿着宽大的鞘翅丧服，立刻拼命逃窜，一头钻进地缝里躲藏起来；腐阎虫的身子像经过抛光加工的乌木，光洁得能给太阳当镜子，它们也急忙操起碎步逃开，丢下工地不管了；这当中有一只皮蠹，身上遮着浅黄色带黑点面料的短披肩，正试图马上腾身起飞，但苦于已经为血脓所醉，一个劲儿栽着跟头，肚皮下的雪白斑点亮了出来，在阴暗色调的衣装的反衬下，显得格外醒目……唔，它们是在开垦死亡，造福生命。它们是出类拔萃的炼丹术士，利用可怕的腐败物，造出无毒无害的生物制品。它们掏空致祸的尸体，令其变成一副空洞的枯骨架，样子就像垃圾堆上备受霜寒炎暑折磨的废拖鞋。它们用最快的速度，提炼出了无害物质。

过不多会儿，还会有别的炼丹术士赶来，它们的个头儿小些，但耐心却更大。它们将一条筋一条筋，一块骨一块骨，一根毛一根毛地开发这尸骸，直到把一切还原为生命宝藏……除鼹鼠外，春季农田耕作还会有其他一些牺牲品，诸如田鼠、蟾蜍、游蛇、蜥蜴等食尸虫在身材、服饰和习俗方面，都与那些透着死尸般晦气的贱民们迥然不同。它具备某种高级功能，可以散发麝香气味；它的触角末端顶着红绣球，胸廓上裹着米黄法兰绒，鞘翅上还横拦了两条带齿形花边的朱红佩带。这装束雅致而近乎奢华，比腐尸下面其他虫类的服装高级得多。那些贱民虫类的服装总是一副哭丧模样，用来参加葬仪倒挺合适。

食尸虫不是解剖助手，它不负责剖开实验对象，用大颚解剖刀切割肉质；恰如其分地讲，它是"掘墓工""下葬工"。像葬尸虫、皮蠹和蛸翅目其他虫类那样的昆虫，都是盯在所开发的尸肉那里，先拼命填饱肚子再说，当然，它们也不会忘记家庭；食尸虫则不然，它是一种补充少量食物就能维持体力的昆虫，在新发现的尸肉上仅仅是沾碰几下而已。它把整个尸肉就地埋入地窖，待其熟透，即可成为幼虫的食品。把食物埋在那里，就是为了在那里安置家庭。这收攒尸体的，走起路来四平八稳，甚至带点儿龙钟老态；却不料收存无主财产时，腿脚麻利得令人吃惊。只需一次几小时的行动，一件像鼹鼠那样大的财物，便一点儿不剩地全部滚进土里。若是其他虫类，就会把空洞的枯骨架露天丢在那里，足足过上几个月，仍然被大风戏耍把玩；然而食尸虫却采用封闭操作法，场地从一开始就那么干净利索。工作只留下少许可以看见的痕迹，即一座鼹鼠丘状的略显隆起的小土堆，那是冢穴之上的小坟顶……每次掩埋尸体，都看见雄性充当主力，它们热情高涨，不久就结束了下葬工作；可是在藏尸室里，却只看到一雌一雄。其他雄性提供了强有力的援助后，便悄然撤离了现场。

能够以成虫形态轮回一年，每次新添家口时被后代簇拥在当中，亲眼看着家庭成员数量翻一两番；这在昆虫世界，实属极其例外的特权。蜜蜂这本能贵族，蜜罐盛满之日，便是一命呜呼之时；堪称服饰贵族的蝴蝶，在风水宝地固定好成团的卵粒后，也就溘然离世了；披挂着厚厚护胸甲的步甲虫，将一代后嗣之种子播撒在碎石下，事毕，自己就再也支持不住了。

两种常见埋粪虫，其一为粪生金龟，其二为假金龟……背后都是一色的瓦蓝甲壳，胸前露着华丽的衣装。令人惊讶的是，这些专职淘粪工身上，居然藏着如此珍贵的珠宝首饰盒。粪生金龟的前胸，紫水晶一般光彩夺目；假金龟的前胸，黄铜矿一般金辉映耀……昆虫埋藏了小粪块，日后将有一簇禾本植物因此而长得油绿油绿。一只绵羊经过这里，将这青草叼啮而去。结果，羊的后腿长肉了，这何尝不是人所希望的呀。食粪昆虫的工业，最终转换成人们餐叉上的一口鲜美的肉。

哦，表哥戴鸣钟将法布尔及其《昆虫记》"引见"给小殷之士，便在小殷之士的人生中开辟了一片新的昆虫世界！

第|六|章

富国济民的人生选择

　　尽管兽医在旧社会一直被认为是"下九流"的行当。然而他却热心于斯，迷恋于斯，立志献身这项虽被不少人鄙弃，但却于国于民不可须臾缺少的事业。他认为对兽医有偏见乃至歧视，实在是太目光短浅了。同"人医"相比，兽医的面更宽——因为一切生命的基本原理都是相通的。当兽医的能够当得了一般的医生，一般的医生却不一定当得了兽医。

　　苏州历来是个十分重视教育的地方，其传统的教育制度一向非常严格。一个人从初小升入高小，从高小升入初中，再从初中升入高中，从高中升入大学，都要经过十分严格的考试。

　　殷之士高中毕业后，要在学业上进行自己的终身选择了。

　　随着光阴荏苒，他晓得人人都在发生变化。自己的童年和少年时光早已流逝，现在业已开始成为大人了。

　　殷之士尊重祖父，也深知祖父的心愿是让自己继承先人的专长，成为一名擅长丹青的书画家。但他认为在目前国难当头的时候，单纯在书房内搞书法、绘画，显然是太轻、太轻了。

　　同时，虽然殷之士头脑聪颖，有一种能够让思维穿越复杂公理、定理、方程式而迅捷得出结论的天赋，各科学习都成绩甚好，然而他却没有报考当时十分"热门"的数理化专业，而是报考了一般人想象不到，甚至难以理解的志愿——兽医。

　　兽医，没有什么耀眼的光环与显赫的地位，有的只是艰苦的环境和辛勤的劳作。在旧社会，它一直被认为是"下九流"的行当。

　　许多人对殷之士选择学畜牧兽医很不理解，甚至不无遗憾地说："老五（之士排行第五）顶聪明的，怎么会去学兽医呢？"

　　然而有着强烈的爱国主义思想、认定"科学救国"的殷之士从青少年时起，就热心于斯，迷恋于斯。在殷之士眼里，人生就像一幅景色，一定要用自己所喜欢的颜色来绘就自己的角色。他决心走一条属于自己的路，决心为了一个自己所愿意献身的目标，执着追求，不懈努力，无怨无悔！

中国有句流传甚广的老话"不为良相，即为良医"。而从那时起，殷之士就认为，兽医也是"医"啊！因此终身做一名出类拔萃的兽医，从那时起便开始成为他精神上一个极为重要和可靠的支柱。

受过高等教育的父亲殷云林，对儿女从小就没有做过多的束缚与限制。至于儿女的职业选择，他更是持民主、宽松的态度，默认他们让思维插上翅膀，按照自己的兴趣与理想设计自己的未来。长子殷之文报考一般人认为太"艰苦"的矿岩系，他没有反对；三子殷之士报考一般人更"耻于问津"的兽医系，他也没有阻拦。

殷云林的看法很"实际"。当时社会上流行的民谚是："家有良田千顷，不如薄艺在身""学好数理化，走遍天下都不怕"……他认为几个儿女的选择，都不失为一种能够养家糊口的基本技艺。

父亲的认可与支持，使殷之士至少在家庭压力方面得到了某种解脱。

在这一点上，他始终十分感谢父亲殷云林。

表哥戴鸣钟更是热忱支持殷之士的选择。他想：像表弟这样岁数的青年，往往就是如此——说不定在某一天，忽然就会在孩子与成人之间划出一条明显的界线，使别人与自己都大吃一惊。而立志献身兽医这项虽被不少人鄙弃、但却于国于民不可须臾缺少的事业，无疑是令人钦佩的。和许多其他领域一样，目前中国的畜牧业和兽医事业也很落后，也经常受外国人的气。

殷之士和戴鸣钟都认为，目前社会上对兽医有偏见乃至歧视，实在是太目光短浅了。实际上，同"人医"相比，兽医的面更宽——因为一切生命的基本原理都是相通的。具体比较起来，当兽医的肯定能够当得了一般的医生，而当一般医生的却不一定能当得了兽医。

方向一经确立，付出的就是脚踏实地的苦干。

殷之士想，既然自己来到世界上，就一定要有所收获，在有限的一生中对社会做出些贡献。

当时殷之士心中想得最多的是，只有报考这门学问才能更全面、更透彻地了解大千世界的生命现象，自己学成之后应如何更好地富国济民。他从来没有预测未来会有多么丰厚的待遇和报酬等待自己。

几十年后，这位曾用名为殷之士的人在谈起自己的人生选择时，有这样一段自述："对于人生价值，我相信'天生我材必有用'这句箴言，既然苍天让我们到世界上来走一趟，那么，不论是在物质生产上，还是在精神财富上，不论大小和高低，总得在有限的一生中，对社会做出些贡献。用数学语言来讲，正值应该大于负值。如果只向社会索取，消耗社会的财富，自己却没有任何作为和奉献，那岂不是白白浪费人民的粮食？"

就这样，殷之士考上了距离家乡不远的南通学院畜牧兽医系。

俄国思想家赫尔岑在《谁之罪》中说过："一朝开始便永远能够将事业继续下去的人是幸福的。"

殷之士想，人们在创立一番事业之前，往往像踏进一片广阔无垠的旷野，对于向哪个方向迈进感到犹豫不决，缺乏自信，容易不断地变换前进的方向。而有恒心的人则能够认准方向，不断地深入下去。这种人往往可以取得成功。即使由于种种局限，没有取得"辉煌"的成就，但仅奋斗本身也堪称是一种乐趣，它会无形中使人们的生活变得充实起来。而充实，是一种和谐，是一种美。人一旦有了充实的生活，就是幸福的。

抗日战争爆发后，日本侵略者的铁蹄一度深入到江南许多繁华地区。没有多久，苏州便沦陷了。许多美丽园林古色古香的厅堂，都成了日本侵略者的马厩。

在战乱中，南通学院仿佛一只漂泊不定的小舟，多次搬迁，最后止于上海。

告别家人，离开甪直小镇时，殷之士正巧路过"南朝四百八十寺"之一的保圣寺。这座曾经盛极一时、堪与杭州灵隐寺媲美的一流寺庙，历史上几度兴衰。20世纪20年代，虽然经过大教育家蔡元培等人的倡修，又一度颇具规模，但在抗日战争期间，因被日军土屋部队占据，经历了一场新的劫难。如今，刚刚恢复了佛事活动，就吸引来许多虔诚上香的佛教徒。

殷之士由于从小迷恋小动物，也早已从中领悟到生命和人生的真谛，因而他从小就不信佛，早就懂得生活应包含更广阔的意义。然而，看到善男信女们认真跪拜的虔诚情景，他却不由得联想到：对于生活理想，对于事业的追求，人们难道不应当像这些宗教教徒们一样，充满虔诚、热情与坚韧！

苏州到上海路程不远。小船咿咿呀呀地摇到黄浦江。

殷之士怀着一颗不辜负亲友的期望、力求上进的心，来到上海，下榻在上海银行做事的一位远房亲戚家里。

在这座浸染过西方文化的大城市里，他兴致盎然，看什么都感到新鲜。

落日的余晖洒在黄浦江上。高挂各色国旗的外国军舰不时拉响刺耳的汽笛。喧闹的外滩码头熙熙攘攘。入夜的南京路霓虹灯变幻莫测。这庞大而杂乱的东方大都市高楼林立，与小桥流水的甪直小镇形成了鲜明对照。

殷之士衣着简朴，冬天只穿一件球衣，外加一件布衫；夏天则是一件白竹布衬衫，一条蓝裤。

平时，他走在街头，经常能看到面黄肌瘦身穿破衣烂衫的中国苦力。

当时的一段时间，市场上的物价两三天头就要翻一番。

囊中羞涩的殷之士不由得长叹一声："唉，这十里洋场真是远不如家乡甪直小镇来得亲切啊！"

偌大的上海市内，让殷之士留恋的只有校园。它虽然并不宽敞，但毕竟有藏书颇丰的图书馆、有体育设施齐全的大操场，有能直接与各类小动物打交道的实验室……

为了摆脱孤独，他想了一个妙法，这就是节假日都泡在图书馆。

每当这一天的拂晓，天边刚刚泛出一层淡淡的鱼肚白，殷之士就最先来到图书馆外的草地上。

这个图书馆非常好，各种资料应有尽有。

他在知识的海洋里尽情遨游，直到夕阳西下，图书馆内的自然光逐渐暗淡下来。

入夜，天幕上闪闪的星星都打着哈欠昏昏欲睡了，殷之士才最后一个离开图书馆。常常是，为了节约时间，也为了节约有限的铜板，殷之士一边啃干粮，一边翻阅着宝贵的资料。他俨然是一只不畏风雨和搏击艰难困苦的海燕。

殷之士感到只有在这里，才能够排遣掉胸中时而浮泛起的寂寞。

是啊，哪一位业绩建树者的背后，没有叠印着一行行蘸满艰辛汗水的脚印？

大学时期，往往是人生的一个分水岭。殷之士一踏进大学的大门，就豁然明白：青春岁月已经在不知不觉中开始，自己也已经从孩子变成了大人。

殷之士瘦削的脸庞上，一双深沉的眼睛闪露着睿智的光芒。他十分苛刻地给自己制订了学习计划表。他的专心和用功，可以说到了"痴"的程度。

苏州历史上曾经出现过几十名状元的事实，无疑曾经极大地激励过殷之士这样的有志青年。

除了学习专业之外，殷之士还迷上了一些传记文学。很短的时间内，他就已经读完《居里夫人传》等一些科学家的传记。殷之士想，不管自己一生能不能做出什么突出的业绩，当前最重要的都是要学习伟人们对待生活和事业的态度。

的确，学习对殷之士来说是至高无上的。他比读中学时更为用功，也更为专心了。他晓得，一个人只有对世界了解得更广大，对人生看得更深刻，对社会和人类才能有更大的贡献。

他经常和进步同学们一起听进步教授的讲演。

他积极参加过"反饥饿，反迫害"的大游行。

他得知此时戴鸣钟也在上海，便稍有闲暇，即去戴鸣钟的寓所，经常与这位自己从小就十分崇敬的表哥切磋学问、探讨人生哲理。

一次，殷之士问表哥："有一个问题我一直想不明白：为什么社会这么冷酷无情？好人经常受折磨，一些坏人却能横行霸道……"

戴鸣钟当时没有正面回话，只是拿出两本书，一边递给殷之士一边说："我一时也说不明白。这两本书我刚刚看过，它们或许会给你一些解答的。"

殷之士翻开这两本书的封面，从扉页上看到，一本是高尔基的《母亲》，一本是奥斯特洛夫斯基的《钢铁是怎样炼成的》。书的封面都用一张旧画报包着，上面用毛笔书写的书名却是两部内容"灰色"的作品名。

殷之士好奇地望着表哥。

接下来的几天，他几乎是一口气偷偷读完了这两部苏联小说，感到它们给了自己无穷的力量。

其中更能震撼殷之士心灵的，自然还是《钢铁是怎样炼成的》。这部从题目看，似乎是讲炼钢的书，说的却是一位名叫保尔·柯察金的乌克兰青年的长长短短。书中主人公那句令殷之士终生难忘的名言："人生最宝贵的是生命，生命属于我们只有一次。人的一生是应当这样度过的：当他回顾往事的时候，不会因虚度年华而悔恨，也不会因碌碌无为而羞耻——这样，在临死的时候，他就可以说：我的整个生命和全部精力，都献给了世界上最壮丽的事业——为人类的解放而斗争……"不仅激励着殷之士不断思考如何度过一生的沉重话题，而且启发他对自己所矢志研究的生命课题产生了不少新的联想……

文学作品对一个人的影响是不可估量的。一部书，甚至一段书中的至理名言，都可能会使一个人校正人生航线，乃至刻骨铭心地终身受益。

在希腊神话中，皮格马利翁是一名雕塑家。他曾经用象牙雕了一个美女，并深深爱上了她。他祈求女神给雕像生命，用真诚感动了女神。不久，雕像活了，成了皮格马利翁的妻子。这则传说，在心理学领域被广泛应用，有学者还提出了"皮格马利翁效应"。

是啊，往事都不会像烟雾似的瞬间飘散，而会长久地像铅一般沉重地浇铸在殷之士的心灵深处。

对即将开始的新生活，殷之士充满了憧憬。

第七章

如火青春融入绿色方阵

他要走一条崭新的道路，要有一种能够令人振聋发聩的新面貌。于是，他在入伍登记表格的姓名栏里，端端正正地写下这个日后果然使国内外科学界都为之震撼的名字——殷震！

这已经是整整半个世纪以前的事情了。准确点儿说，是中华人民共和国成立前后，刚刚开始进入和平时期时所发生的事情。

整个解放战争时期，是中国大陆社会剧烈动荡的3年。而1949年，无论对中国历史还是对每一个当时的中国人来说，都是非同小可的转折之年。许许多多的事，都像滚滚奔腾的江水从他们身边冲流而过。

这一年的春天似乎来得特别早。中国革命，穿着草鞋与土布军装走进北京、上海等许多重要城市。

那一天的拂晓，殷之士发现自己窗外枝头上的鸟儿，在一个劲儿尽情地欢叫。黄浦江畔春风细雨，"杂花生树，群莺乱飞"，淡淡的花香掺杂着浓烈喜庆的爆竹的芬芳，一阵又一阵地在大街里弄间飘荡。

殷之士拥挤到校园内和街头上欢呼的人群里，无比激动地振臂高呼起口号：

"欢迎解放军！

欢迎共产党！

……"

据一些当年率领部队解放上海的老将军们回忆，那些日子，佩戴臂章的解放军指战员们，在全市人民的大家庭中，成了举足轻重的一员。白天，他们在工厂、银行、商店、证券交易所、博物馆、报馆、图书馆、仓库、文物古迹和要害部位站岗值勤，夜晚则身背钢枪，在大街小巷的路灯下巡逻、警戒，将东方大都市的工业设施和革命文物都完好无损地保存了下来。

那段时间的每日凌晨，殷之士亲眼目睹到的情景都实在令他感动：

在街头，指战员们穿着一身单衣，挤睡在市民家的门道里、屋檐下。

有时天上落着蒙蒙细雨，地面上冰冷而潮湿，一些小战士冻得嘴唇发紫，也没有一个人去叫市民的家门……

广大群众见子弟兵冷得难以入睡，心里很不安，多次亲自来请，或派小孩儿来叫，邀请战士们到家中取暖，但指战员们都婉言谢绝，坚持不进民房，不打扰群众……

殷之士后来才知道，在稀烂的泥地上睡觉，对人民军队来说其实并不是什么新鲜事，他们在行军中，特别是作战中，遇不到村庄，又困得不行了，在烂泥中打盹儿是常有的事。

上海的老百姓感到稀奇，是因为他们从来没有见过这样的军队，特别是战争的胜利者，居然就这样睡在潮湿的水泥马路上！

当时，上海市内街垒纵横，垃圾成山，尘土飞扬。入城部队便展开了一场清除道路障碍和市面垃圾的大会战。指战员们挥锹抢镐，人推车载，很快就把几十万吨垃圾清除了出去。在执行警备任务中，入城部队接管了许多仓库，有成堆的军需装备，成山的大米白面、绫罗绸缎，大小汽车、各类物资也应有尽有，但战士们宁肯忍饥受冻，也不动一粒米、一寸布……

上海市及各区政府相继组成并开始办公。

共产党的干部与大家一起吃大锅饭。城区物价回落，一片祥和安宁景象，市场上的买卖交易也显得热闹了许多。扒手、小偷之类在人民欢庆胜利解放的日子里，也似乎少了许多。银行与各类商行店铺整日开门，顾客络绎不绝。

战争的创伤正在被一天天医治与平复。人民的新上海，面临着百废俱兴，欣欣向荣的崭新局面！

　　随着神州大陆的历史掀开了新的一页，殷之士个人的历史也点染出新的色彩。

　　新兴的事业需要大批人才。

　　4年的大学生活是漫长的，又是短暂的。殷之士恰恰在此时大学毕业。

　　同学们即将分别，纷纷互赠纪念品，整理自己的东西，集体合影，单个照相。家境宽裕的朋友们还三五成群地到街头的小餐馆去聚餐……

　　从此告别单纯的学生生涯，要走向社会开始另一种生活，人人心里难免产生一种说不出的复杂情感。一茬接一茬的年轻人就是这样自觉或不自觉地走上了严峻的人生舞台。

　　许多单位都相继到校园征招应届毕业生。

　　那正是万物复苏的春天，葱绿的树叶在阳光的照射下晶莹而亮丽。和煦的春风吹过，滚动着露珠的树叶一闪一闪的，发出哗哗的声响，宛若一首清脆悦耳的交响乐。

　　一天，几位身穿黄绿色军装的解放军干部来到的校园。当他们出现在殷之士面前时，殷之士感到他们是那样和蔼可亲。

　　出于对新社会的好奇，平时只要没有什么事，殷之士就一个人出去到上海市的各个地方转悠，城里城外，大街小巷，角角落落……对人民军队解放上海时的一言一行，殷之士都看在眼里——他们冒着敌人的炮火冲锋陷阵，是那样英勇无畏、视死如归；他们进城后对市民秋毫无犯、尽力呵护，是那样艰苦朴素、纪律严明、与广大群众同甘共苦；他们对十里洋场的香风臭气是那样同仇敌忾，犹如荷花立污泥而不染……耳闻目睹，怎能不使殷之士对解放军产生一种由衷的崇敬与向往！理想与梦幻，在他心中交织出绿色的光环。当时上海市的人民群众，显然把信任和希望都寄托在这些穿土黄色军装的人们身上。

绚丽的朝阳照亮了沉睡千百年的大地，也照亮了一代新人的灵魂。

新生的人民国家为这位刚刚走出大学校园的年轻人带来了无限美好的憧憬。

说什么"好铁不打钉，好男不当兵"，殷之士此时认为这句流传千百年的"古训"，在新中国是不再符合实际了。

他和几位志同道合的同学一起，随着一位身穿黄绿色军装的"革大"筹备人员，踏进了人民军队的大门。

无论在任何时代，只有青春的热血才会这样激荡与沸腾。由学生成分变为军人成分，对这些年轻人来说，是人生历史上的一次重大转折。毫无疑问，未来的一切在这些年轻人的想象中都是美好而灿烂的。

"请问，你叫什么名字？"一位负责登记的年轻干部和气地问。

他看到眼前的这位年轻人个子不高，并不是那种威风凛凛的七尺大汉，但面目和善，待人接物热情、诚恳、厚道、淳朴、彬彬有礼，既如璞玉晶莹，不假雕饰，又似山泉清澈，映日生光。

"是问我吗？我叫殷之士。"答者一脸的郑重和认真，操着浓重的苏州口音。

"嗯？"那位年轻干部一时没有听清。

拿着笔正准备登记的"新兵"也一时感到自己的名字不仅太"旧"，而且声音弱，扬不起来。他想，进入新社会，一定要以一种前所未有的真诚和激情拥抱祖国，一定要走一条崭新的道路，有一种能够令人振聋发聩的新面貌。

于是，他在登记表格的姓名栏里，端端正正地写下这个日后果然使国内外科学界都为之震撼的名字——殷震！

第|八|章

开始军旅兽医生涯

当时，骑兵还是全军举足轻重的一个"兵种"。浓厚的战争气氛，一刻不停地激发着人们日益高涨的革命热情。殷震就是一直生活在那种紧张热烈的氛围中。

殷震入伍后的第一个单位是驻在南京桥头镇的中国人民解放军华东军区兽医学校。

一泻千里的扬子江，流到钟山脚下已经缓缓收足，将奔腾与豪迈化作了一片遥阔与广博……

大江之滨的绿色军营向这位刚刚改名为殷震的年轻人张开热忱的双臂。

兽医学校的生活新奇、紧张、富于挑战性、充满了诱惑力和魅力。

校园内的广播里反复播送着一首快节奏的歌曲"向前！向前！向前！……"

问过老同志，殷震得知这首歌的名字叫《中国人民解放军进行曲》，词作者是诗人公木，曲作者是朝鲜族音乐家郑律成。他感受到歌中那股极富于感召力的深厚底蕴。

踏进校园的大门，首先能看到由花坛、花廊、喷水池等组合成的小花园，办公楼西面又是一个铺着草坪的花园，间栽着月季、碧桃、双英、丝兰等花草，加上嫩柳成行，刺槐参天，处处争芳斗艳，绚丽多彩。

这所兽医学校创建于1946年3月。当时，正是解放战争全面铺开的艰难岁月。

同年7月，由于国民党军队的大举进攻，学校不得不随大部队，由诞生地江苏淮阴转移至临沂、沂水。

1947年春天，学校又随华东医科大学迁往乳山。

同年9月，由于战争形势越来越紧张，学校不得不暂时停办，将第三批学员疏散回原籍，工作人员分配下部队。

1948年1月，又在山东省的大洋山区大瞳村复校，续招学员。

1949年春天，华东野战军整编为第三野战军，学校划归三野后勤卫生部领导，定名为华东军区兽医学校。

学校首先对殷震这些"新兵"进行了社会发展史和新民主主义理论的教育。这些学习内容对殷震来说，自然是全新而有强烈吸引力的。

当时，骑兵还是全军举足轻重的一个"兵种"。虽然已经不像古代那样须臾不可离开，但许多战斗仍然要靠它冲锋陷阵。

殷震历来有每天读报的习惯，从创刊不久的党中央机关报《人民日报》和上海历史悠久的《文汇报》《大公报》上得知，首都北京举行开国大典时，就有一支气势雄伟的骑兵方阵经过天安门前。

这个方阵完全根据马匹的颜色、高低、长短，骑手的身高、体魄等，编为红马、黑马、白马3个纵队。每一排12匹马并列行进。它们使开国大典阅兵式更增添了生命的色彩，预示着整个华夏大地开始了历史上真正的春天……

殷震听兽医学校的老同志介绍，骑兵部队为了受阅成功，真可以说是煞费苦心，流尽了汗水。

是啊，马匹毕竟不同于人。要想达到上级"整齐、威武、安全"的要求，做到每排12匹马整齐如一，谈何容易！

据说，受阅部队行之有效的经验，一条是骑手在马上不要将缰绳、嚼子提得过紧或放得过松；过紧则马会高抬头走碎步，左右摆动，走不整齐；过松则马无约束，高低不齐，看着不精神；只有松紧适度，人在马上再用余光扫视左右，随时调整马位，才能整齐如一。另一条是加强爱护战马，使骑手与马匹培养出感情，真正成为无言的战友。

为了让战马身强体壮、精神旺盛，骑兵指战员们常常是宁肯自己少吃，也要省下饭来喂马。遇到改善伙食，他们将富有营养的鸡蛋、油条等佳肴都留给了无言的战友。每天都拿着毛刷、梳子和湿毛巾，给战马梳毛洗身擦马掌，把无言战友装扮得干干净净、漂漂亮亮。

为了使战马能适应人声嘈杂的热闹场面，他们多次组织驻地群众朝列队行进的战马挥舞彩旗、呼喊口号、敲锣打鼓、投放鞭炮，使战马逐渐增强了承受能力，可以做到不畏声色、不惧惊吓。

为了避免战马随地排泄，受阅前一天夜晚和受阅当天，他们只给马喂几只鸡蛋等高蛋白食品，尽量少吃粗料少饮水。

功夫不负有心人。辛劳与汗水换来了开国大阅兵时队列整齐、步伐一致的骑兵方阵……

在看到、听到这些情况时，殷震的心中不能不激动。这样的景象可是中华民族的历史上曾经有过和可能有的吗？这是几千年来，中国人民第一次有了自己强大的武装啊！

开国大典之夜，上海、南京和北京一样，也是一片欢腾。探照灯的光柱交织在晴朗的天空，缤纷绚烂的礼花在人们头顶绽放，高音喇叭里播送着民族的乐曲……

多少年之后，每当殷震回忆起自己年轻的时候，回忆起开国大典那有着骑兵方队的盛大阅兵和焰火，就不能不为自己生逢其时而骄傲和幸福。

他感到自己虽然一天天减少了孩子气，但永远保持着、锻炼着、发展着的是始终不渝的热情、信念和忠诚。虽然在往后的年代里，殷震也遇到过一些令他惊愕、令他大惑不解乃至令他痛心疾首的事情，虽然他也许在某些方面有过不少牢骚和"气"，但是，每当他回忆起自己对新中国的热爱、希望和忠诚，每当他回忆起自己年轻的时候，就会坚信乌云终将散去。

"一唱雄鸡天下白"。在一盘散沙、灾难深重的旧中国废墟上，巨人般的新中国神速地挺起了腰。到处是嘹亮的歌声，到处是飘扬的五星红旗，到处是和时间赛跑的人民群众……

当时，虽然已经进入和平建设时期，然而依然有一些战争情况不断激励着殷震。

一会儿，大西北、大西南大规模骑兵剿匪的情景浮现在殷震眼前。

一会儿，向西藏进军时骑兵战胜冰天雪地、道路艰险、物资供应不足、高原缺氧等重重困难，至年底先后胜利进抵拉萨市及其附近地区，完成了解放西藏、统一祖国大陆大业的消息使他兴奋不已。

一会儿，抗美援朝战争的枪炮声里，骑兵部队跟随大批指战员还没有来得及拂去身上的烽烟，便又"雄赳赳，气昂昂，跨过鸭绿江"……

浓厚的战争气氛，一刻不停地激发着人们日益高涨的革命热情。殷震就是一直生活在那种紧张热烈的氛围中。那个时代的青年，都有一种近乎神圣的理想和一种会令现在的人感到莫名其妙的抱负。

据不完全统计，当时全军共有20多万匹马，1954年10月总后勤部专门设立兽医局。真可谓兵强马壮，气派壮观。

在华东军区兽医学校，最初殷震担任解剖学和微生物学两门功课的教学。学员都是部队从地方招收的高中或初中学生。他们大多数来自农村，脸上、身上都或多或少地留有纯朴的乡土气息。

那是一个令人怀念的时代，是一个少有的人人忘我工作而不计回报的时代。

走上讲台，为人师表，殷震心中升腾起一种强烈的神圣感。

他想，人立于世，必须首先将自己定好位，然后才能顺应形势求发展。相比之下，任何犹豫、徘徊，都是对生命的一种浪费。他欣赏世界著名教育家夸美纽斯的那句名言："太阳底下再没有比教师这个职业更高尚的了。"

尽管他第一次讲课时未免紧张，但他这样激励着自己：殷震啊殷震，你现在讲的东西不都是你平时最喜欢的东西吗？只管平心静气地道来便可。于是，很快就冷静了下来。

有时，他还难免有被学员"问"住的情况。

然而殷震想："逼一逼"也有好处，革命在多数情况下都是"逼上梁山"。大凡事业也都是逼出来的。

只要殷震被"问"住了，就立即再去找老师学。

他经常用课余时间到南京市的农林、畜牧类高等学府向教授们请教、到南京总医院等单位去进修。

南京总医院检验科血清室的沈祥主任总是身穿一套洗得发白的旧军装，脸上笑眯眯的。

他既是跟着部队打进南京的老干部，又是经过正规训练的老知识分子。

沈祥主任手把手地教殷震用显微镜检查细菌，对年轻的殷震帮助很大。

殷震虽然是初出茅庐，但他边学边教，十分用功，也十分投入。

常常是凌晨时分，殷震便匆匆早起，晚间钟表的时针过了午夜，才带着正在苦思冥想的问题进入梦乡。

殷震对老作家陈学昭那部自传体小说的书名颇有同感——《工作着是美丽的》。他简直不知道除了工作，人生还能有什么样的乐趣与享受。

备课时，他总要阅读大量的参考资料，编写出详细提纲，寻找来各类实物标本和挂图。

讲课时，更是一丝不苟。有一点课余时间，也用借来的马骨头练习绘图，或拉来一匹马实际操作。

殷震是典型的"工作狂""学习狂"。他坚信事业是金，只有愿意付出汗水与心血的淘金者，才能淘到金子并淘亮一颗金子般的心；只有在如饥似渴地学习、不厌其烦地实验之后，才能掌握真才实学，取得辉煌成就。

那时候专业人才奇缺。学校的许多教员都是来自设在贵州安顺的国民党军队兽医学校。

有一位老教员来到殷震身边。

"您是……"殷震一脸的恭敬。

"我叫迮文琳。"老教员缓缓地回答。

"哦,一个很少见的姓!"殷震心中暗想。

这迮文琳中等个头儿,瘦瘦的,年长殷震10岁。他不仅口才好,而且兽医业务和英语都极佳,是安顺兽医学校内科专家贾清汉的得意门生。

一级教授贾清汉后来也调到兽医大学的兽医研究所,成为殷震朝夕与共的同事。

殷震忘不了贾清汉教授在牲畜临床时,总爱带上一壶酒、几碟花生等小菜,到马棚内一边等一边饮,一边仔细观察。

当然,这些都是后话了。

那段时间,迮文琳对殷震帮助很大。

那是一个洋溢着激情与创造,人人都全身心地立志干出一番辉煌业绩的年代。

殷震外文基础好,迮文琳的兽医业务熟。他俩便决定一起合作翻译厚厚的英文版《兽医内科诊断学》。

两人共同列提纲、找资料、查数据,写文章……遇到问题,殷震总是虚心地向迮文琳请教。

两人的优点和专长,在翻译过程中及时得到互补。

殷震始终有一种"取法乎上"的精神,有一种精益求精的追求。为了使每一段文字的翻译都做到"信、达、雅",他不知在图书馆"泡"了多少时日,也不知查看了多少资料。

遇到自己和迮文琳都没有把握的地方,他们就走出校门,找南京其他大学的专家们请教。

激越的扬子江水一浪接一浪地奔腾不息。从老一辈专家身上,殷震学到了他们严谨、科学的学风和高超的技艺。

殷震牢牢记着马克思的那段名言:"在科学上没有平坦的大道,只有不畏劳苦沿着陡峭山路攀登的人,才有希望达到光辉的顶点。"

第|九|章

扬子江畔
萌生的爱情

那是一个人与人能够真诚交往、相互关爱的时代，也是一个能萌生许多浪漫梦想的时代。那又是一个崇尚纯洁、追求真情的年代。就在这段时间，爱情的种子开始在殷震的心中潜滋暗长。

那是一个人与人能够真诚交往、相互关爱的时代，也是一个能萌生许多浪漫梦想的时代。

那又是一个崇尚纯洁、追求真情的年代。

就在这段时间，爱情的种子开始在殷震的心中潜滋暗长。

1952年，殷震与风华正茂的南京姑娘胡美贞相识了。

殷震的姑妈是居民委员会的主任，又是胡美贞的邻居。

那天，姑妈把殷震领到胡美贞所在的华东军区总医院。这家医院的前身是国民党政府的中央医院。因而其规模与气派，在各医院中或许都是首屈一指的。

在医疗大楼旁的绿地花园中初见胡美贞，殷震就发现这姑娘是在用一种亲切而善意的眼光注视着自己。这使他感到很高兴，胸中荡漾起一股扬子江水般的波澜。

第一次用眼睛"交谈"，殷震就感觉到胡美贞正是自己心目中最向往的那种女性。她不仅风华正茂，容貌姣好，而且举止端庄，知书达理，一看就知道是从小受有良好的教养。殷震认为从某种意义上说，世界上正是由于有了这些花朵般美丽的姑娘，才会显现得如此美好！

殷震后来渐渐了解到，胡美贞的祖籍就在南京市。她出身小手工业者家庭，1949年从南京汇文女中高中毕业后，直接进入华东军区总医院的高级护校。1951年7月从护校毕业后，留校任教。

胡美贞则清晰地记得，她第一次到殷震在华东军区兽医学校的办公室时，殷震便拿出正在赶译的《波式内科诊断学》请她指教："听说你也学过英语？"

胡美贞点点头。她的确也懂一些英文。

于是，翻译《波式内科诊断学》就成了这对恋人间最感兴趣的共同话题。

当时，殷震连胡美贞的手都没有拉一拉。但胡美贞的心却嘣嘣乱跳：这小伙子事业上有成绩，肯定能有出息！他分明就是我要找的那个人嘛！

就这样，殷震和胡美贞一见而彼此思之，再见而相互慕之，三见而心有灵犀。两人几乎同时感到：对方是一位十分优秀、十分值得信赖的人，身上有一种一下子说不太清楚的吸引力。

于是，两个人的心中，同时悄然萌发出爱情的种子。

这对殷震来说，是一种从未有过的人生体验。

研究生命的殷震晓得：爱情，对生理和心理健康的男女来说，永远是自然而然的事情。

他一直认为：一个男子汉对恋爱、婚姻应当严肃、认真，必须考虑到它对事业的促进和双方的幸福。

初恋对胡美贞来说，也足以使她平静的内心世界与有规律的生活一去不复返。

于是，无论是工作、走路、吃饭……胡美贞的眼前似乎总站立着一个殷震：挺拔的身材，瘦削的脸庞，睿智的眼光……

是啊，哪个青年人、中年人和老年人没有过这个美好而难忘的年龄呢？在这段敏感而微妙的年龄里，异性间哪怕一点点微小的情感，或许都会在一位青年胸中掀起一阵暴风骤雨。

殷震与胡美贞两人相识后不久，战争的忧患便又袭扰到年轻的人民共和国。

为了打赢抗美援朝这场反侵略战争。胡美贞响应上级号召，要到东北边境去直接参加战斗。

殷震对女朋友胡美贞上前线很是支持，认为对新中国的青年来说，这简直是天经地义的事情。

他俩都是以革命为己任，都是把工作需要看成至高无上，把有所作为看成是人生的最高境界。因而属于他们自己的时间，便实在是太少了。

直到胡美贞出发前的那个晚上，殷震才和她一起都穿着军装，到南京市有名的风景区玄武湖畔玩了一会儿。

那是一个晴朗的夜空。天上万里无云，星光；清爽的风仿佛羽绒般轻柔地抚摸着人们的脸庞。

殷震和胡美贞在湖畔并肩而行，沐浴着空气中弥漫的鲜花的芬芳，脚踏着路面斑驳的月光。

稍后，他俩又并肩坐在一条石凳上，谈东北边境的战争，谈年轻人的理想……也同声哼唱着一首当时极流行的苏联歌曲：

正当梨花开遍了天涯，
河上漂着柔曼的轻纱，
喀秋莎站在峻峭的岸上，
歌声好像明媚的春光……

当然更多的还是谈到殷震正在翻译的《波式内科诊断学》。

夜色中远眺，频繁地眨着眼睛的星星融合着万家灯火，仿佛是江鸥衔来的颗颗夜明珠，十分夺目烁人。

第二天，殷震送胡美贞戎装远行……

秋天过后是冬天。

这一年东北早早就下了雪。雪花纷纷扬扬，轻轻铺洒在广袤的田野上，把鸭绿江畔遭到美国飞机轰炸而留下的断壁颓垣都尽悉覆盖，使整个大地被装点得雪白、洁净，似乎成为一个大大的白色病房。

沿途的兵站和服务站供水、供饭、宣传鼓动、补衣、修鞋……一个个镜头像宏伟的电影银幕，幕幕感人肺腑。

胡美贞被分配到边防的209医院当护士。每天都有好几批在抗美援朝战争中光荣负伤的志愿军指战员被送来治疗。

那段时间，胡美贞经常参加对伤病员的抢救。这些患者都是经历过生与死考验的幸存者，其中有不少是肢体残缺、卧床不起的功臣。

胡美贞这清清秀秀的江南女子，的确很有些勇气。她为伤员们清洗伤口，也听他们讲述前线发生的战斗故事。胡美贞则被这沸腾的政治气氛强烈感染着。

美帝国主义在朝鲜半岛犯下的滔天罪行，激励胡美贞尽其所能地为伤病员们倾注自己所能给予他们的关怀与爱心。

那段时间，殷震和胡美贞天各一方，只能靠鸿雁传书，频繁地在通信中谈心。

入夜，窗外灯火阑珊。在病房内值夜班的胡美贞总是在猜测：殷震恐怕又是在赶译他那部《波式内科诊断学》吧！

9个月后，胡美贞出色地完成上级交给的支前任务，就要调回驻在南京市的华东军区总医院了。

虽然节令已经过了春分，然而东北那绵亘千里的黑土地依然是冬天的风貌，只是黎明到来的时间明显提前。

没想到的是，殷震却恰恰又在此时调到位于长春市的中国人民解放军兽医大学。

好家伙！两位日思夜想的恋人整个来了一次双双同时进行的南北"换防"。

又是天各一方。

又是只能凭着青春的激情鸿雁传书，频繁通信，写些富有诗意与罗曼蒂克的话。

在几乎每半个月就要写一封的信中，殷震总是每封信都要向胡美贞报告一些自己的新成绩。

他从来不说虚话，总是事情成功了，才向恋人报告准确的好消息。

常言道：男大当婚，女大当嫁。一般来说，一个人活一辈子，谁也不能回避这一码事儿。

1954年，两个家庭中的老人们，都不断来信催问殷震和胡美贞的婚事。

这才在不经意间，将殷震的思绪引得很远很远，使他感到自己的心穿越时空，如梦般回到遥远遥远的江南故乡。

就在这一年，相恋多年的殷震和胡美贞终于完婚。那年殷震28岁，就是今天看来，也是标准的"大龄青年"。

殷震由长春南下，回到南京。

就在岳父母家里举行了一个简单得不能再简单的婚礼。

本应欢度蜜月的日子，殷震却一刻也闲不住。他几乎把时间都用来伏案工作和探访石头城内与兽医专业有关的专家、教授了。

有一位江苏老乡陈振旅年长殷震10岁，是我国著名兽医内科学家、中国现代兽医内科学主要奠基人之一，也是我国开展家畜营养代谢病研究的开创者，在牛血红蛋白尿病、牛尿石症、奶牛酮病和动物硒缺乏症等研究方面取得了创新性成果。他从小深受良好家教，立志学医，不仅学业优异，而且还多才多艺，拉胡琴、跳高、踢足球样样精通。为人处世方面深受母亲的影响，以诚待人，为人正派，做事脚踏实地，戒骄戒躁，有敢于追求真理追求人生理想的优良品质。1940年，陈振旅以优异的成绩考入中央大学农学院（南京农业大学前身）畜牧兽医系，在校期间，不仅脚踏实地钻研本专业知识，努力提升自身的学术水平，还与师生建立了十分深厚的友谊，1944年毕业并获农学学士学位，1948年6月回母校任教，中华人民共和国成立后又被送去苏联学习，接触到国际上最新学术研究进展，他坚信通过自己不断努力学习和经验积累，必然在这个专业领域作出应有的成果，为国家做出自身的贡献。陈振旅痴迷于学术研究，无论是早年的战乱，还是历次政治运动的干扰，都未能阻挡他探求真知的步伐，先后主编教材或出版《家畜内科学》《牛病防治》《兽医内科杂症》《家畜中毒学》《肉牛肥育期疾病》《家畜营养代谢疾病》《畜牧兽医词典》（内科部分）和兽医临床禽病学等专著，并担任《畜牧与兽医》杂志主编，在畜牧兽医科学研究领域做出了卓越的成就。陈振旅长期从事畜牧兽医的教学科研和人才培养工作，一直兢兢业业，任劳任怨，认真负责，注重实效，重视临床课教学内容的丰富和教学工作的改进，重视兽医临床学科的人才培养和学科队伍建设。在人才培养方面，他身体力行，诲人不倦，在疾病与系统之间，内科与其他临床学科之间，加强鉴别与比较，激发学生思维活动。

陈振旅在和殷震交谈中，始终引导他独立钻研，独立思考，充分发挥学习主动性和创造性，不断给自己提出更高的要求。

陈振旅崇高的师德和谦和务实的品质让殷震获益匪浅，充满了深深的敬佩……

解放军南京军区总医院的黎介寿、黎磊石兄弟虽然不是兽医，但与殷震一样，也是遵循患心脏病早逝的父亲"不为良相、即为名医"的家训，从医学院毕业。

黎介寿是著名普外科学专家、肠外瘘治疗的创始人、临床营养支持的奠基人、亚洲人同种异体小肠移植的开拓者，在静脉营养学方面有着非凡建树。黎磊石是著名肾脏病学专家。

他们都是始终视患者为亲人，用高超医术解除患者的病痛，谱写大爱人生的传奇。殷震与他们一见如故，很谈得来。

爱情，无疑能给人的生活带来活力。

殷震不知艰苦地爬格子，一气翻译完了《犊牛传染病的防治》。

不巧，那一年长江又发了大水。为了不因汛情严重、交通阻隔影响归队，殷震提前回到长春。

临别时，殷震情意殷殷地对胡美贞说："这本《犊牛传染病的防治》可是我们蜜月的产物啊！"

又是天各一方。

又是只能鸿雁传书，频繁通信。

这种"牛郎织女"式的两地生活，整整延续了4年。

殷震和胡美贞都是在奔波中收获，同时也在前进中感知欢悦。他们相信爱情是蜜，绝不能像蝴蝶那样浪荡花间，而必须像勤劳的蜜蜂那样付出不知疲倦的汗水，采取人生中最美好的花朵才能酿造出来的。

胡美贞最担心的是丈夫不知道自己照顾自己。

她的担心不是没有道理：殷震单身一人住在长春，生活中一切都简单到不能再简单的程度，甚至平时只准备一条裤子，春夏秋冬都是它，整个一穿就是一年。

那时候，全世界的气候都普遍比现在冷。位于中国东北的长春更冷。

人们流传的话语是："腊七腊八，冻掉下巴。"即便到了二三月间，也常是细蒙蒙的雨丝夹着星星点点的雪花，纷纷扰扰地朝地面飘洒。

胡美贞实在放心不下。虽然从内心里讲，她不愿意离开自幼生长的南京，但她更怕殷震不会照顾自己，苦出些毛病。于是，还是咬咬牙，于1956年调到位于长春的白求恩医科大学第三临床医院外科手术室。

直到这时，殷震和胡美贞两人才算是有了一个完整的"家"。

胡美贞对殷震的照顾无微不至，使殷震常常感到有一股温暖的感情包裹着自己的身心。

小夫妻俩上街散步，惊异地发现长春南湖岸边的柳树不知不觉中抽出了绿丝，路边的枯草间也冒出了青草的嫩芽。

在20世纪60年代初，曾经有过一件在"内部"小有"轰动"的事件，即苏联作家柯切托夫的小说《州委书记》和《叶尔绍夫兄弟》先后在中国"内部出版"。

就像苏联歌曲曾在中国广为传唱一样，源远流长的俄罗斯文学也如伏尔加河的涛声和北极圈的白夜一般令人神往。

这两部书以其社会现实的"相似性"和某些"警示性"，在中国不小的干部层中一时"洛阳纸贵"。

从小喜爱读书的殷震也读了这两部小说。只是他印象最深的是《州委书记》中关于爱情的一些描写。他感到那似乎就是对自己与胡美贞美好婚姻的写照：

多少年来，他们在生活的道路上携手并进，从没有感到过疲乏也未必有什么能使他们疲乏。因为从彼此相恋的第一天起，他们就不仅仅是丈夫和妻子，而且是最好最好的朋友……在风雨泥泞的时候，在人生路上随时可能摔跤的地方，友谊能扶助爱情……相爱中的男人女人，通常最先感到是对方身体的美，然后才会感到性格的美、内心世界的美。这时候，爱情才真正升华了。也许，一个人最终会感受到他所处时代的美，爱他生活的时代，爱人民的事业——他渐渐走向伟大的爱情。

由于自幼生活在江南，胡美贞常常难免思念家乡。每当此时，她总是自我宽慰：为了丈夫的事业，我一定要适应北方的生活。当然，俗话说，落叶归根，以后总还是能回去的。

没料想，随着殷震事业的发展，他们重返南方故里的想法似乎总没有实现的可能。一干就干到了"夕阳红"，一干就干到了殷震为科学研究事业和教育事业而以身殉职。

第十章

从江南到北国

中国的兽医教学事业在发展，殷震也伴随着新中国的脚步而前进。他按自己特定的学习方法，只用23天就基本掌握了俄语阅读能力。

1953年，华东军区兽医学校并入长春的中国人民解放军兽医大学。

说起这兽医大学，还真有着十分悠久的历史呢。

那还是19世纪末叶，华夏大地正处于半封建半殖民地时代。清朝政府内政腐朽，外患频仍。它已经完全是以一副步履蹒跚、老态龙钟的"病夫"姿态出现在世人面前。

"中日甲午战争中，清军刚刚败北，又遇到八国联军入侵。那真是一场紧接着一场的浩劫。

面对日益衰败没落的境地，清朝的光绪皇帝不得不接受康有为、梁启超、谭嗣同等一批具有资产阶级改良主义思想的知识分子们的'公车上书'，实行'变法维新'，废除科举，兴办洋学，建立学堂。1901年，光绪皇帝又颁发'兴学育才'和设置管学大臣的诏谕，1902年发布《钦办学堂规程》，规定京师大学堂设大学院，大学专门分科及大学预备科。农业科分农艺、农业化学、林学、兽医四目。兽医开始作为一个专门学科列入兴学规划。

1904年12月1日，清政府在河北省保定市正式成立了马医学堂，初具兽医专业学校的规模，开始招收兽医正科和速成科生各一班。

两年后，两年制的速成科学生毕业，第一批被派赴军队担任兽医。

1907年，清政府将兵部改组为陆军部，马医学堂归陆军部管辖，更名为陆军马医学堂。

辛亥革命后，陆军马医学堂易名为陆军兽医学校。

1919年3月，这所学校与军医学校同时迁往北平市的富新仓新址。时值军阀混战，校舍屡被侵占，经费长期拖欠，教学器材也严重受损。及至1925年第二次直奉战争期间，学校几乎陷于停顿。

1928年，兽医学校由南京政府接管，继续招收新生。

九一八事变后，日本侵略者大举入侵，东北三省完全沦陷，内地也岌岌可危。兽医学校在北平市西郊成立后方兽医院，收容伤病军马和运输队的牛、马、骡、驴等役畜。

随着抗日战争形势的日趋紧张，兽医学校奉命由北平迁往南京小营。

1937年，南京遭受敌机轰炸，校舍大部被毁，学校不得不向湖南省益阳县转移，并适应战时需要，增设"简易班"，以期在较短的时间内培养更多的兽医人才。

1938年武汉失守后，兽医学校先由益阳迁至湖南洪江，不久又迁至贵州安顺。

从1946年起，兽医学校隶属于国民党政府国防部'联合勤务总司令部'。

1949年秋天，中国人民解放军挺进大西南。11月18日，安顺解放，这所学校在人民解放军西南军区的领导下，改组为西南军区兽医学校，成为教师最多、图书器材设备最全、教学水平较高的兽医学校。

1952年，这所已经更名为解放军第二兽医学校的老校迁往长春，与创建于1946年8月的第一兽医学校（即东北兽医学校）、创建于1949年10月的第四兽医学校（即华中兽医学校）及殷震所在的第三兽医学校（即华东军区兽医学校）合并，组建中国人民解放军兽医大学。"*

殷震和胡美贞都是南方人，长年生长在风光秀丽的江南水乡。

---

* 引自中国人民解放军兽医大学内部出版的校史。——笔者注

一般来说，这里的人是不愿调到天寒地冻的北方的。

一位老领导对殷震说："来吧，兽医大学是全军兽医人才最集中的地方。这所大学需要你，军队的兽医教育事业需要你！"

殷震没有多想，便本能地向领导表态："军人以服从命令为天职。只要工作需要，就没有任何价钱可讲。军队兽医教育事业的需要，就是我最大的志愿！"

他慨然北上，被任命为兽医大学的讲师。

这还是殷震第一次离开江南的故乡前往北国。

列车飞驰北上，像巧媳妇手中走线的飞针，将一座座欣欣向荣的城市、村镇、工矿、山林、河流、湖泊……缀连成一条美轮美奂的珠链。

气候也在渐渐变化。浓云密布的天空逐日明朗。一路上，列车车窗外的景色都令殷震感到新鲜。

太阳西斜，镀着金辉的山林、田原在迅速朝后飞逝。初冬的山野炫耀着孕育有蓬勃生机的色彩……

想到北国又远又冷，殷震真是有点紧张。可是又很兴奋，在火车出关时很想看看山海关，看看"天下第一关"那块匾额。

可是到达山海关时已是半夜。火车停下来。他早已全副武装，冬衣裹得严严实实，环顾四周，黑黑的一片，什么也看不见。殷震忙问站在身边的列车员山海关在哪一边，列车员指给他看了，殷震马上盯住那个方向看，自然还是什么也看不到，却一直看到火车都要开了才上车。他的确是没有看到山海关，但在黑暗中，他的视线应该是到了那里，于是也满足了。

在火车上，殷震遇到一位年轻工程师，他是无锡人，大学毕业后分配到这里，有好多年没有回过南方。他一知道殷震是从江南来的，空了就来聊天，把殷震看做同乡。其实无锡离苏州还有一段距离呢。不过无锡话和苏州话都是江南话，两地人说话互相听得懂。苏州菜中也引进了不少无锡菜。那位年轻工程师与殷震聊得十分投机。殷震看他思乡心切，十分同情，就跟他大谈特谈无锡美景如鼋头渚、蠡园等，谈无锡惠山有名的泥娃娃大阿福。几年不回家乡，又难得有家乡的人来，叫他怎么不想念啊！即使有个不完全是同乡的人，也亲热得很。

一夜起来，车窗外雪花像无数只白蝴蝶在纷纷扬扬地飞舞，大地上已经是白茫茫一片的晶莹世界。

终于见到东北的雪景了。殷震的心境似乎也轻松了许多，开阔了许多。

他倚窗而坐，任随万千思绪在山川原野间飞翔。那皑皑白雪，在殷震眼里分明是一张白纸，等待着自己去描绘最新最美的图画。

火车快到长春了，殷震正要下车出站。没想到那位年轻工程师急急忙忙跑来，用无锡话快快活活地说："我买了些榛子，快拿点儿去有空儿吃吧！"说着，便捧出一袋榛子塞给殷震。殷震一阵感动，忙问他多少钱。对方说送给您的，后会有期。

初到长春，正赶上寒风刺骨的冬日。但一路上有不少颇能谈得来的新老朋友，也工作在生有暖气、安装有双层玻璃的教学楼内，仍然感到暖意融融。

那段时间，长春市周边许多地方的动物、植物都引起殷震很大的兴趣。

临近边境的珲春湿地虽然农田与湖泊纵横交错，但丹顶鹤和大雁从未因人类的耕作而远赴他乡，每年都飞越千山万水，在此或驻足休整，或停留安家，待小鹤能够展翅高飞之际，举家南迁，来年春季，再次到来。

莲花湖水面辽阔，烟波浩渺，风起时波浪滔滔，宛如沧海；风静时波光潋滟，湖水连天。它东依群山，三侧环林，萃草浓密，芦苇丛生，野莲成片。每年8月中旬，湖面上红、白、粉三色荷花相映生辉，常有野鸭、海鸟、丹顶鹤、白鹭等各种水禽栖集、嬉戏其间。清末诗人韩文泉有佳句盛赞"幽谷如临君子国，深山得睹美人仙"此景。

夏天时野鸭湖太漂亮了，上千只大天鹅、灰鹤、黑翅长脚鹬都在一起，还有燕鸥、黑尾鸥、银鸥、草原狂、金雕、兀鹫、寒鸦、乌鸦、杜鹃……都是迁徙鸟类，每年冬天过来，早春飞走。这里水质好，环境优美，飞来的鸟儿越来越多。

鸟怕喧闹，一听到人声就会跑。湖边是一块已收割的玉米地，土黄色的秸秆踩到脚下只听到扑哧扑哧的声音。慢慢地走近了看到湖面上有一群群的黑点，像蚂蚁或电线杆上的麻雀一样密密麻麻，在阳光的反射下看不清楚。

再近些，能听到嘎嘎的天鹅叫声和扑扇翅膀的声音。正前方有数只天鹅在距离50米远处自在地游玩嬉戏，不时地低头呷口水，不时地抬头梳理羽毛，还不时地两只一块飞起掠过水面，优雅而从容，自在又轻松。湖面上波光粼粼，四周寂静无人，这个时候这片清碧的水面是它们的，它们才是主人，这是它们的乐园，人们只是贸然闯入的客人。

用望远镜就看得更清楚了，天鹅体形很大、肥硕，体长有一米多，全身洁白，没有一点杂质。可飞起来却很轻盈，两只或几只排成队飞翔，巨大的翅膀飞起来，长长的脖颈，在碧蓝的湖水中滑过，真是美极了。

远处还有很多的鸟儿，密密麻麻在一起，有的立在冰块，有的漂浮在水中，远远望去，像是在开一个鸟的盛会，真是壮观。群山环抱，碧水长天，这些鸟儿像极了水上的精灵，快乐、优雅聪明的小精灵。

望着湖面上成千上万的鸟儿，殷震真诚地祈祷，祝愿这些精灵能健康成长，每年都来这里小住，和人类成为永远的好朋友。

由于从小就跟鸟打交道，殷震对鸟的知识很丰富。看到湖畔天上飞的两只"草原狂"，就能分出哪只是公哪只是母，知道乌鸦就有3种，长得差不多，习性也差不多，一般人们在城里看见的是乌鸦，都是黑色的，连嘴都是黑的，脑门往里瘪一块。这里看到的是寒鸦，都是白肚皮。它主要吃一些冻死的鸟，能当城市的清道夫。喜鹊也是这样。因此对乌鸦的看法应当转变一下。乌鸦相当聪明，喜欢亮的东西，见到稀罕物就往窝里叼……

长春西边的镇赉有湿地几百万亩，是吉林省最大的湿地。在我国拥有的9种鹤中，镇赉就占有丹顶鹤、白鹤、白头鹤、白枕鹤、蓑羽鹤、沙丘鹤等7种。

长春东边的长白山密林深处有中华秋沙鸭、鸳鸯、狍子、紫貂……殷震曾经自费进山，跟猎人、采山货者交朋友，跟着老山民辨识动植物。闷热难耐的林子里，行走对人构成巨大挑战，一面要留心地形地势、蛇虫鼠蚁，一面要注意各种动物的脚印和植物的模样。

他常去动物园。随身带上餐布，顺便在百年古树下午餐，迎着微醺的阳光，想象动物们围绕在身旁。有时带点口味奇特的零食给动物们尝鲜，比如芥末花生。很多动物吃过一颗之后，千呼万唤再也不会回来。高智商的，如猩猩猴子辈，竟能击掌拍碎取出果仁吃下，或在石板上磨了又磨再吃。他们还发现有真正嗜好芥末的，是一种叫做"貘"的食草动物。它鼻子长长，将芥末花生吞入口中，一连吃十几颗，还赖着不走，表情淡定。传说中它们以梦为食，也能使被吞噬的梦境重现，果然强悍。

殷震更相信，天地万物之间，大多是和谐向善的，动物从来不凶猛，只要尊重和理解它们，不招致误解，就能得到善意的回报。

中华人民共和国成立初期，由于帝国主义势力的严密封锁，我国在国际交往中采取向苏联"一边倒"的政策。那时候各大城市的街头，最流行的一句大标语便是：苏联的今天，就是我国的明天！

以斯大林为代表的苏联共产党和苏联政府，曾经给予中国大量的援助，派遣了大批各行各业的专家到中国来支援中国的社会主义建设。

军队也不例外，曾经有过大批的苏联专家。

兽医大学也根据总后勤部兽医局的要求，大力学习苏联的教学经验，翻译苏联的教科书，迎来以拉克吉洪诺夫为总顾问的苏联专家组，拟定相应的教学大纲和教学计划。

殷震还没有来得及感受长春的凉爽天气，却已经强烈感受到一种比南国盛夏天气还要火热得多的氛围。

因为工作需要，殷震又开始学习俄语。

从头开始学习一门新的语言，而且要在不到一个月的时间内就熟练掌握，不少人或许一想都会感到十分困难。

殷震却只是淡淡一笑，说："我们学习俄语的目的，不就是为了能够看懂专业书刊，从中汲取科学知识和技术？不听、不讲、不写，只求看懂专业书。我琢磨过，只要能掌握一千多个单词和俄语的基本语法结构，几十天内学会看懂，是完全可以做得到的。"

听到这话的人，都发现这名操着苏州口音的年轻教员思维敏捷，记忆清晰。

结果，按照特定的速成学习方法，凭借自己的英语基础，殷震只用23天就基本掌握了俄语阅读能力。他借助词典，遇到疑难问题就向东北地区苏联专家组的总顾问拉克吉洪诺夫和到苏联留过几年学的中国女翻译吴成坤请教。

这拉克吉洪诺夫佩戴少将军衔，胖胖的，光头，满面红光。见到殷震这样快就掌握了俄语，禁不住高兴地用拳头敲着他的肩膀赞叹："哈拉绍！"（好！）

那女翻译吴成坤只有20多岁，穿一身当时很时兴的布料列宁装，留一头短发，十分朴素。

一天，殷震发现俄文教科书上的一个数据不对，去问拉克吉洪诺夫和吴成坤。

拉克吉洪诺夫摇着胖胖的脑袋对吴成坤说："你看，你看，我们写的书被人看出问题来了，丢不丢人！"

结果，殷震不仅准确、顺利地翻译俄语教材，而且担任了兽医大学的编译科长，先后翻译出版了十多本俄语教材和参考书。

除此之外，他还要帮助、辅导教研室的许多同志阅读外文。

苏联的文化，对殷震这一代的革命知识分子，无疑有着十分深远的影响。

多才多艺的殷震学会了许多优美动听的苏联歌曲：《喀秋莎》《灯光》《小路》《红莓花儿开》《山楂树》《莫斯科郊外的晚上》……

殷震的一位老朋友曾如是回忆：在长春一次新老朋友的聚会，气氛十分热烈。尤其是那一阵阵直抒胸臆的歌声，掀起了一个个心灵交汇的高潮。

"殷教授，来一个！"有几位老朋友"哄"起来叫号。

出乎人们意料之外的是平时拘谨严肃的殷震，此时兴致颇高。他没有更多推辞，便落落大方地接过麦克风："大家知道我是不会唱歌的。但大家或许不知道几十年来，有一首歌一直深藏在我心底。今天我愿破例把它拿出来，献给有志与我一样始终保持人生理想初衷的新老朋友们！"

殷震要唱名叫《共青团员之歌》。可是翻遍每张卡拉OK唱盘，也没有找到这首苏联歌曲。足见它在眼下一般人心目中，早已被尘封日久，甚至被遗忘殆尽。于是，不得不音乐暂停。如今惯常见到的那种盯着荧光屏、跟着歌星哼哼唧唧"起腻"的流行唱法，变成了少见的必须凭心力才能完成的清唱。

听吧，战斗的号角发出警报，
穿好军装拿起武器，
共青团员们集合起来踏上征途，
万众一心保卫国家！

我们自幼所心爱的一切，
宁死也不能让给敌人，
共青团员们集合起来踏上征途，

万众一心保卫国家！

我们再见了亲爱的妈妈，
请你吻别你的儿子吧！
再见吧，妈妈！
别难过，莫悲伤，祝福我们一路平安吧！

再见了亲爱的故乡，
胜利的星会照耀我们，
再见吧，妈妈！
别难过，莫悲伤，祝福我们一路平安吧！

哦，一首被人们冷漠多年的歌！殷震的歌声，不仅绝对说不上优美，而且甚至像许多中老年的声音一样，是粗嘎、艰涩的。但它质朴、纯净，绝对充满真情。

殷震还读过好多部曾经感染过整整一代人的苏联优秀小说，除了早些年就读过的高尔基的《母亲》和奥斯特洛夫斯基的《钢铁是怎样炼成的》外，还有绥拉菲摩维支的《铁流》、富尔曼诺夫的《恰巴耶夫》、法捷耶夫的《青年近卫军》、西蒙诺夫的《日日夜夜》、波列沃依的《真正的人》，以及《远离莫斯科的地方》等。

常言说"功夫不负有心人"。殷震在学业上进步得很快。许多老教授都向他投来惊喜和赞赏的目光。

那段时间，正是殷震风华正茂、生命力最旺盛、精力最充沛的时期，也是他知识积累开始成熟的时期。

这段时间的学业积累，在殷震以后的几十年的科学研究与教学事业中，都一直是受用不尽的。

20世纪60年代初，苏联撤走所有在华专家时，殷震已经具备了能够独立支持的业务能力。

第十一章

曲折中的探索

在那个年代搞学问绝不是一件轻松的事情。然而殷震仍然十分注意抓住一切可能抓住的条件和机遇，加强学业上的研究与发展。

那些年的日子似乎过得特别快。

时光大钟的指针，转眼间就移到了20世纪50年代的中后期。

从那时开始的20年间，在中国历史上是一个重要的历史时期。在这段时期，由于种种错综复杂的历史原因，"左"的思潮已经出现，而且在实践中留下了一桩桩令人哭笑不得的遗迹。

1956年夏天，中国人民解放军兽医大学被移交给地方，全体教职员工集体转业，校名也更改为长春畜牧兽医大学。

殷震心中十分遗憾，真有一股说不出的依依不舍但又无可奈何的滋味。

1958年5月，学校改名为长春农学院。1958—1959年期间，长春农学院、北安农学院和长春农业机械化专科学校相继并入。1959年6月，学校改名为吉林农业大学。1962年1月，学校交还军队，复名为中国人民解放军兽医大学。

从现在的观点看，强强联合、集约化办学本来并不一定是坏事。但由于当时"改革"的内涵失误，使兽医学，特别是军事兽医学的研究与发展受到影响。

一天，殷震刚刚跨进校门，就见大操场上筑起了几座小高炉，成了名副其实的土"钢厂"。

满校园插着许多红旗，高音喇叭的广播声此伏彼起，人群仿佛蚂蚁般乱纷纷的。

一问，他才得知，由于一些人认为钢产量多少是"超英赶美"的主要标志，于是神州大地无处不在炼钢，人们连吃饭的锅也砸了，用砍倒的树木代替焦炭。

"多快好省"和"超英赶美",本身都不是坏事。就提出这些口号的出发点来说,也都是为了尽快使国家富强,人民幸福。然而,经济建设和现实生活,毕竟不像写诗、唱歌那样浪漫。

殷震所在大学的学生们,都已经在潮流的裹挟中停课搞生产了。

于是,教研室变成了生物制品车间。

于是,教师与学生都成了工人。

于是,每周都要抽出相当多的时间政治学习。

于是,各行各业、各个部门都在争抢着大放"卫星"。

于是,各式各样的"新生事物"层出不穷。

整个社会呈现着一种热热闹闹的局面……

仿佛瞬息之间,中国大陆上的人们都感到自己成了肩负起对中国革命和世界革命的重大使命的人物。

世事显然已经发生了一些令人难解的变化。而眼下似乎谁也没有办法在当时就制止住这些荒唐的做法。

其实,岂止是这些事呢!当时曾有多少事在殷震心中引起惶惑、不安与痛苦!

然而,同那个时代的绝大多数人一样,尤其是那个时代绝大多数争取加入中国共产党的知识分子一样,殷震也不能不以极大的真诚和热烈响应着党中央的号召。

在当时那样的情况下,谁有火眼金睛能望穿未来的时代?别说殷震这样"改造世界观"任务极重的"旧知识分子"了,就是那些久经磨炼、饱经沧桑的老干部们,那时光也很难就有清醒的认识。

如果问什么叫痛苦?这或许也是一种痛苦,一种深层次的痛苦!

田野上的水蒸气像是无数轻飘的幽灵,窃窃窥窥地扑进天宇。祖露在田里的庄稼大都奄奄一息,野草和树木也都似乎一直萎靡不振。

殷震没白没黑地领着学生们干。

那段时间就是那样，一周上不了几天课，大多是老师领着学生们炼钢、做工、上街搞宣传……把人忙得不可开交。

"大跃进"年代的日子是十分严格、紧张的。对殷震这样身体并不强壮的人来说，绝不是一件轻松的事情。

要大量培养细菌，就要搞温室。

要做培养基，就要搞无菌操作室。

生产中过滤时需要用白布，可是又没有布票，殷震便拿出家人准备给自己买衣服用的仅有的几尺布票……

他是在误区和曲折中小心翼翼地奋力前行。

紧接着降临中国大地的三年困难时期，又使殷震的身心不能不同当时的绝大多数老百姓一样，受到一番煎熬：肚子里缺乏油水，总有一种强烈的饥饿感。好在农科院校的实验农场里，有的是空地。身为一家之长的殷震，不得不也和许多教职员工一道，开出一小块荒地。尽管地块不大，种的样数却不少：几棵玉米，几畦甘薯、南瓜与马铃薯，几棵辣椒、豆角、茄子、番茄……

唉，那年月啊，无论是这一小块地里，还是兽医学家的本行业务里，错过了季节、误了收成的事儿，自然比比皆是。

然而殷震从来不让懒散、平庸的蛀虫咬噬自己的心灵。

就是在这种情况下，他仍然十分注意抓住一切可能抓住的条件和机遇，加强学业上的研究与发展。

20世纪50年代，农业部委托教研室主任、一级教授杨本升主编一本《兽医微生物学》教材。

然而，老教授领受任务不久，就接到上级通知，要到市政协参加高级知识分子的学习。

无奈之中，杨本升把主编这部教材的任务委托给殷震。他虽然没有来得及对年富力强的殷震更多地说些什么，但内心深处的话语充满了信任与激情：是啊！我们确实应当编一部书，把自己所实践过、并正在思考的一切都写出来。我们这些人老了，但殷震你们这些人来日方长。要敢于著书立说，把我们这一行的科学成果传播出去……

殷震欣然受命，但干起来可绝不轻松。

这可是几十万字的长篇巨著啊！

他一章一章地统稿，有些基础不行的，就自己重新编写。

幸亏殷震基础扎实，脑子来得快，文笔又好，终于使这项大工程在1961年圆满竣工。

杨本升教授从市政协学习回来，看到殷震负责编写的书稿，十分满意。他长长地吐了一口气："不容易啊！看来老殷是完全能立起来了！"

那时候编写教材稿费很少。殷震事先就了解这情况，但他毫不在意，从未去争什么名呀、利呀等东西。他想的只是教学与科研的需要："哪怕一分钱稿费都没有呢！只要事业需要，我也一定要竭心尽力地编写出这部《兽医微生物学》！"

这部中国第一本系统讲述兽医微生物学知识的专著，直至今天，仍然还是许多兽医必须要看的教科书。

一天，学校训练部的政委裴毅为和讲师王世若找到殷震，兴奋地告诉他，最近，周恩来总理在第三届全国人民代表大会上的《政府工作报告》里传达了毛泽东主席的一段话[*]：

人类的历史，就是一个不断地从必然王国向自由王国发展的历史。这个历史永远不会完结……在生产斗争和科学实验范围内，人类总是不断发展的，自然界也总是不断发展的，永远不会停止在一个水平上。因此，人类总得不断地总结经验，有所发现，有所发明，有所创造，有所前进。停止的论点，悲观的论点，无所作为和骄傲自满的论点，都是错误的。其所以是错误，因为这些论点，不

---

[*] 引自《第三届全国人民代表大会资料汇编》，1965年1月由人民出版社出版。

符合大约一百万年以来人类社会发展的历史事实，也不符合迄今为止我们所知道的自然界（例如天体史，地球史，生物史，其他各种自然科学史所反映的自然界）的历史事实。

这段话，一直激励着殷震在学业上奋发努力。

那时候，对知识分子，特别是高级知识分子的入党，要求是非常严格的。但殷震很早就通过学习马克思列宁主义的基本原理，向基层党组织郑重地提出了加入中国共产党的要求。和当时的绝大多数知识分子一样，这经过深思熟虑的愿望，自然是十分纯正与虔诚的。它完全是源于自己曾经亲眼看到国民党反动统治的黑暗与腐败，完全是源于自己真切体会到党与广大人民群众水乳交融的深厚情感。

殷震的思想一直很进步，靠近组织，忠诚老实，与同志们团结很好。在业务上他更是精益求精，被认为是高级知识分子的一面旗帜。

20世纪60年代中期，殷震由裴毅为和王世若介绍，被吸收为中共预备党员。

遗憾的是他的预备期将满，还没有来得及转正，"文化大革命"便开始了。

第十二章
曲折后的反思

生命中不可能每一天都是微风清露，旭日鲜花。30多年后，当已经成为中国工程院院士的殷震教授谈起"文化大革命"，充满了深刻反思的神采与见解。他襟怀坦白地解剖自己。而事实上只有勇于解剖自己、勇于改造自己，同时也勇于探索改造客观世界的人，才是真正的英雄。

生命中不可能每一天都是微风清露，旭日鲜花。

研究中国现代历史，不可能绕开全国十多亿人都完全卷入的"文化大革命"。

宋代史学家司马光有句名言："前事不忘，后事之师"。据说，研究这段不该忘却的历史，在美国一些大学里已经成为考取硕士、博士学位的课题内容之一。

到了20世纪60年代中期，神州大地已是阶级斗争的弦绷得更紧了，几乎一切事情都要用"革命大批判"来"开路"，到处展现出一片"山雨欲来风满楼"的局面。

近十亿中国人似乎都从来没有像此时这样激昂、亢奋、焦躁。几百万国土似乎到处都成了红色的海洋。

长春地处北国，按说气候比较凉爽，但1966年的夏季，那骄烈的酷日，照样烧灼着人们的肉体和心灵。青湛的天空常常没有一丝丝云朵点缀，暴戾的阳光在向下喷火。

狂风骤雨般的政治运动使整个社会天翻地覆。

风浪叠起的"文化大革命"使人性的弱点集中大暴露。什么狂热呀，愚妄呀，盲从呀，嫉妒呀，残忍呀……令人触目惊心！相当多的人，平日的谨慎似乎一旦失去控制，便顿时显得那么任性和张狂……

兽医大学的教学楼、实验楼，以及大操场边沿的树干上，到处都贴满红红绿绿的大标语。

运动，显然把人与人之间的一切关系都搞乱了，但也有一种好处，就是每个人的灵魂都暴露无遗。

"文化大革命"初期，由于有些人的干扰和鼓吹，似乎家庭出身，什么"红五类""黑七类"成了画线、站队的唯一根据。

属于非"红五类"家庭出身、又沾上点儿"反动学术权威"边儿的殷震，自然在劫难逃。

一天，殷震一进校门，就被一群气势汹汹的人拦住围住。

"殷震，你这个地主阶级的狗崽子站好了听着！"他们两手叉腰，居高临下、语出不逊，"老实交代！走资派为什么发展你入党？你够不够党员条件？"

那疯狂的声音的分贝，仿佛要与温度计的水银柱一比高低。

这时殷震才获悉，四哥殷之成，就是由于在"文化大革命"中又被"回锅"狠斗，已经自杀身亡。

啊，可怜的四哥啊！殷震的脑海里禁不住回忆起四哥殷之成那怯怯的音容笑貌。

四哥性格内向而倔强，但与弟弟殷震感情甚厚。他从上海新闻专科学校毕业后，返回甪直镇当了小学、中学教员，最后又调到苏州市当了一所中学的副校长。1957年，殷之成因"口无遮拦"而被"扩大化"成"右派"。他的性子又死犟，无论如何不肯认"错"，因而长期未能摘掉"帽子"……这种情况，遇到"文化大革命"这样的非常时期，自然不会有"好果子"吃。

尽管殷震原先就已经听说过并一次次扼腕叹息，"文化大革命"开始后不久，就有不少人因把尊严看得比生命还重、承受不住酷虐的精神摧残而跳楼身亡，或悬梁自尽，然而，当他听到亲哥哥殷之成的这一噩耗，还是悲愤交加，几乎晕倒。

强烈的刺激使殷震的承受力似乎超过了极限。

不用说，在1969年的那次"开门整党"中，殷震视为政治生命的党员预备期被"取消"了。

殷震心口绞痛，饱含热泪。

他不禁回想起自己入党时的情景和激动心情。当时，自己是多么庆幸自己能找到政治上的归宿，能成了共产主义事业中的一名新兵呀！

难道此时，声称要不断"纯洁"的"革命队伍"，会改变初衷，决定不要自己了吗？

殷震这才明白：在这知识被搁浅，人才被摧残的年代，自己这个早先的"业务骨干"，早已是"凤凰落地不如鸡"了！

殷震被责令离开校园，押送到马场喂马。

殷震无论如何也忘不了马场那简陋的情景：坑洼不平的道路，几排布局杂乱而分散的"干打垒"土房，房顶上铺的是稻草，四壁透风，返潮的墙壁黑渍渍的，墙角挤着青苔和几簇发黄的蘑菇，仿佛在争着抢着，看谁能长得高似的。所谓窗户，只不过是后墙上留出的一个方形洞口，中间竖了几根小树枝，上面再糊一张窗纸。夕阳从积满霜花的窗纸上透过来，没有几丝暖意……

严冬，住在没有暖气、采光通风都极差的小平房内，更感到烟雾浓得似乎能用菜刀切割。空气也阴冷得有一股猪食和泔水混合在一起的苦涩味儿。

几星烟头的亮光在屋子里闪过来，闪过去，并不时传来沉重的叹息声。

殷震的心被那种发自心灵深处的叹息揉搓着，撕裂着，眼角不由自主地湿润起来。他推开窗户，许久，烟雾才像水流一样，逐渐被室外零下好几度的寒气抽走。

离房子不远就是贮存牲畜饲料的棚屋。刮风的时候，刺鼻的气味就充溢在室内，开始闻到时，会使人忍不住想要呕吐，呛得半宿半宿睡不安稳，但时间久了却也无所谓了。想起古人说的"如入鲍鱼之肆久而不觉其臭"，殷震自己也禁不住苦笑了起来。

唯一能聊以自慰的是每天早晨，马场里的马群会像一团团彩云似地朝草原奔去；傍晚又会从地平线那边涌涌地漫过来。而这一匹匹矫健的骏马，正是殷震所从小就十分喜爱的动物之一。

此时，殷震经常自言自语地背诵的毛主席语录是"我们应当相信群众，我们应当相信党。"

这是一个当时被无端"取消"了预备期"资格"的新党员的内心信念。

在逆境中，殷震当然也忘不了那一声声轻轻的鼓励和问候，那一张张朴实的笑脸和一连串真诚的关心……

在马场干的活儿自然非常累，有时甚至吃不饱饭。有些人实在饿了，就偷偷吃点儿用来当作马饲料的豆饼充饥。

这样的日子时间长了，即便再硬的汉子也会经受不住。殷震的胃病就是那时候大大加重的。

一天，殷震的两个女儿同时发起高烧，胡美贞来电话要殷震回家看看，好带女儿看病。

但马场的"领导"说什么也不同意。胡美贞只好自己用自行车驮两个女儿去输液，前面的大梁上坐一个，后面的架子上坐一个。

苦难在某种意义上是作家的摇篮，但却绝不是科学家的摇篮。

因为没有实验室等设施，兽医业务是无法钻研了。

这时，殷震刚过不惑之年。他的内心苦闷而惶惑。难道真是要"人到中年万事休"了吗？

殷震的回答是"不！"

殷震想，在这种特殊的情况下，一个人孜孜不倦的追求千万不能泯灭，特别是作为"人生斗争武器"的外语千万不能丢。

在那些日子里，殷震很少说话，更少笑容，他那比以前更加消瘦的脸庞上，总是有一种苦思焦虑的情绪。殷震和同样命运的教师、学生们，平时不大彼此串门，对话也总是尽量用最简练的语言。但他私下里却常对别人，特别是对青年人说："把世事看开些，人活一世，都会遇到许多愁肠事儿啊！可是外语三天不摸，就会忘掉一半。须知'艺多不压身'，知识是永远不会贬值的。"

那么，怎样才能在逆境中不虚度光阴呢？

殷震达观地想：路，再难也要走呀。既然已经碰上了这码子事，任何怨天尤人都是无济于事的。现在最现实的就是，把握自己继续走好自己的路。

他拿来一张报纸或一本政治书，放在自己迫切要读的英语书上。看到有人来了，便用报纸或政治书盖上。

殷震是个闲不住、一见学习和工作就想拼命的人。这种学习方法，比他在病中吃了一服灵丹妙药还要舒筋活血，令人浑身畅快……

就这样，在"文化大革命"中，殷震虽然由于客观环境的限制，不得不中断了科研，但他却一刻也没有中断学习。他的英语阅读水平不但没有生疏，反而愈加熟练。这也使得他在十余年后恢复科研时，即能立即适应形势的需要，及时了解国际上最新的信息，跟上时代的步伐。

淡泊明志，宁静致远，是殷震做人的信条之一。忍辱负重，往往是最能出战斗力的。

30多年后，当已经成为中国工程院院士的殷震教授同笔者谈起"文化大革命"，充满了深刻反思的神采与见解。

"我不如陈景润。"殷震襟怀坦白地解剖着自己。

其时，陈景润正因作家徐迟的报告文学《哥德巴赫猜想》问世，使一名个性鲜明的科学家原先就已经不胫而走的动人故事更加脍炙人口。

严于解剖自己的殷震教授心地坦白地对笔者说："那时候，我没有做到像陈景润那样不管外界压力如何，依然一门心思地钻研自己的课题。荒废了大段大段的时间不说，还讲过不少错话。像当时有人斥问我：'说！你够不够党员条件？'我就违心地答道：'我不够党员条件，是裴毅为他们把我拉进来的！'当然喽，'文化大革命'结束后，我向裴政委道了歉，总结了经验教训……"

当人们听到殷震这番话时，心中不禁肃然起敬。笔者想，这就是科学家的头脑、科学家的作风！

他同中国所有的这一代知识分子一样，是在连续不断的政治运动的风风雨雨中度过的。

虽然他是一位善良正直的好人，但还不能从更高的意义上来理解自身与社会。在一个人的思想还成熟不到足能在"潮流"到来时突兀独立的情况下，就只考虑如何在这种境地"自我保护"，以免除给自己和家庭可能带来的无穷灾难。归根结底，他们都还是普普通通的老百姓，他们怎么可能同社会的大潮流相对抗？但可贵的是他不像某些人，事情过去了，就极力粉饰自己，把自己说成是一贯正确的英雄。而事实上是，"知耻近乎勇"！只有这种勇于解剖自己、勇于改造自己，同时也勇于探索改造客观世界的人，才是真正的英雄！

殷震认为，无论是研究自然科学，还是研究社会科学，对错综复杂的客观事物，都应当进行实事求是、深入细致的具体分析。

第 十三 章

历史翻开
全新的一页

年近"知天命"的殷震，脑子不仅没有退化，而且越用越好用。尽管他有个特点：一项成果必须要反复核实才能公布，没有把握的东西绝对不能拿出来示人。然而，仅从确切掌握的事实已经可以看出，殷震的研究已经一步步缩小了与先进水平的差距，又跟上了世界前沿的步伐。五十岁，应该是有作为的人生的另一个起点。

日月更迭，岁序流转。

"草色遥看近却无"。离长春市殷震家不远处南湖那沉睡了数月的冰层开始迸裂，冰面下喧腾的湖水，呼唤新的时光。

是啊，不管冬日多么漫长，春天毕竟还是姗姗而来了。

其时，乍暖还寒，大地上凝固的坚冰似开始消融，又还没有消融……

十年，对于整个历史来说，只不过是弹指一挥间。然而它对一个生命来说，却是一段多么珍贵的时间啊！它是一个人从少年走向青年，或者从壮年走向老年的一个长长的距离。

的确，一个人的一生中，能够有几个十年呢？

想起这段时间的荒废，殷震就感到一种难以形容的心疼。然而，经历过折磨和坎坷的人，无疑会更加珍视重新开始的生活。他没有让思绪更多地沉湎于对往事的感叹与伤感，而是开始用比较广阔的目光来审视自己与周围的事物，很快就将精力集注到对事业新的追求与探索之中。

1978年春天，在群贤毕集、群英荟萃的全国科学大会上，五四运动时期曾经开拓过一代诗风的中国科学院院长郭沫若，又以诗人的浪漫召唤科学家们："请你们不要把幻想让诗人独占了……这是革命的春天，这是人民的春天，这是科学的春天！让我们张开双臂，热烈地拥抱这个春天吧！"

殷震虽然年过半百，但他身板硬朗，面颊清癯，双眼射出的自信的目光却更加炯然。

尽管青春都早就离殷震他们这一代人而去，但流逝的岁月，迫使他重新设计了自己的"工作日程表格"——他想象不出世界上还有比这种更让他感兴趣的表格。

1978年年底，党的十一届三中全会决定把全党工作的重点转移到社会主义现代化建设上来。党中央还号召广大干部要抓紧学习科学技术和管理知识。

同时，老一辈无产阶级革命家们还十分感叹地讲出了许多富有刺激性的话语：

"落后了就要挨打！"

"落后了就将被开除球籍！"

整个国家在多少年的禁锢之后，不少原先似乎天经地义的观念如今却一个个地被"推倒"，新的思潮仿佛洪水一样奔涌而来，令人目不暇接。

改革开放以江河沸腾、大地板块撞击的雄伟气势，立体震荡着960万平方公里的广袤国土。

能够有幸干点实事，这对一名科研工作者来说，该是多么令人向往和自豪的事情！

殷震周身的热血被一种崇高的火一般的激情鼓荡着。他预感到自己属于新时期，属于以往很少有过的创造力能够充分迸发的历史瞬间，因而没有更多的时间感叹命途多舛，也没有时间抱怨时光飞逝。他所朝思暮想的，正是能通过良好的社会环境，把自己为之献身的军事兽医学研究引向深入！他恨不得一步跨越几十年，接近世界上这个领域的前沿。

在给友人的一封信中，顾炎武如此写道："君诗之病在于有杜，君文之病在于有韩、欧。有此蹊径于胸中，便终身不脱'依傍'二字，断不能登峰造极。"文学创作讲求个性，要有独到之处，最忌模仿别人。其实，各行各业莫不如此，非独赋诗作文而已。有创新，才会有发展，有发展，才会有生命力。缺乏创新，意味着智慧源泉的枯竭。

改革开放给炎黄子孙，也给殷震带来了极好的发展机遇。他决心抓住机遇大干一场。

殷震明白，只有思想的解放，才能反转过来促进社会生产力的解放。只有新鲜的知识、思想与理论不断涌入，才能够使人们从中得到启迪、开阔眼界。

的确，我国历史上，如果没有春秋时期"百家争鸣"那样一种思想解放的生动局面，就不可能有战国时期思想文化的繁荣；而如果没有五四运动那样一个震天雷鸣的思想解放运动，科学与民主就难以很快出现在中国的大地上。

《国际歌》中唱得太好了："让思想冲破牢笼"！

殷震心里清楚，科学家存在的意义在于要不断地发现，不断地将未知变为已知。这些年我们的科研事业停滞不前，而外国却突飞猛进。因此，当如今一打开国门，就发现我们是落后了，人家的许多东西甚至都变得自己看不懂了。

这个差距有多大？据有人较保守地估计：至少20年！

面对差距，殷震再也坐不住了。他感到目前的世界信息爆炸，一片喧嚣，仿佛汹涌的泥石流在高山峡谷间奔腾冲撞。他认为作为中国的一名科学工作者，任务和压力远远大于发达国家的科学家。因为我们是发展中国家，科学技术水平比较低，经费投入也比较少，但又迫切希望迅速赶上世界先进水平，真可谓任重而道远。

殷震认为，为了促进科学研究和社会生产力的发展，为了使中国快步走向富强，对一些异国土地上生长的花朵，绝不能拒绝引进，同时又要充分考虑到它们在不同水土条件下结出不同果实，必须正确定位我们的奋斗目标，在落后和困难中崛起。

蓄之既久，其发必速。

改革开放的新时期使殷震感到如鱼得水。他以强烈的使命感和责任感，付出了比一般人多出几倍的努力。

他没有行政官员的显赫地位与权力，也没有生意人的滚滚财源，他拥有的只是一份神圣的时代使命感与社会责任感。殷震认为，仅仅这使命，这责任，就足以值得自己用全部的生命去承载。50岁，应该是有作为的人生的另一个起点。

凭着精通外语的老底子，殷震不仅拾起了因"文化大革命"而"搁浅"的老课题，而且特别刻意深入了解了近年来世界发达国家正在研究的新课题。他如饥似渴地阅读、思考、钻研……一般人一天工作8小时，殷震往往工作12小时。他立志要在尽可能短的时间内钻研出一些"名堂"。

有一段时间，学校一些教学科研人员的英语水平很难适应改革开放形势的需要，英语基础极扎实的殷震便主动办起英语补习班。

许多被耽误了大好光阴的中青年都参加了。

殷震的老同事和入党介绍人王世若，每天也都兴致勃勃地骑几十分钟自行车赶来听课。

为了办好英语补习班，殷震从各种教科书上选复杂句法、复合句子，自己编写了一套教材，而且亲自动手用蜡版刻出来。这套教材，王世若等许多"学员"都一直珍贵地留存着。

殷震讲课讲得很活，因此很受大家欢迎。他那潇洒的气质，扎实的知识，迅捷的思维，流利的口语……无不赢得学员们的交口称赞。

对于"文化大革命"中冲击过自己的年轻人和群众，殷震完全做到了"心底无私天地宽"，同样耐心地教诲与引导。

殷震没白没黑地上课，不厌其烦地教，使这些"老学生"们的英语水平实现了艰难的"起飞"。

就这样，学员们通过一期学习，基本上达到可以借助词典看书的程度。

补习班结束时，每名学员都领到印有校长印鉴的结业证书。

事过多年之后，殷震教授在接受笔者的采访时还深有感慨地说："较好的英语基础，是我在同代知识分子中能够较快取得新研究成果的原因之一。"

以往，在老专家治学的道路上，不少人喜欢画句号，但殷震喜欢的却是画新鲜的问号和显示着没有完结的逗号。

也就是从此时开始，殷震的研究领域，从过去的"以马为主"，发展到猪、鸡和毛皮动物等经济动物的疫病防治。

1984年，殷震参加了一个国际动物病毒学术会议。

会上，那种豁然开朗的氛围使殷震一下子便融入其中。

他看到许多外国科学家的报告大多达到了分子水平，而我国提交的论文却还徘徊在临床病毒学上。

在差距面前，殷震心急如焚。

他好像是一位登山者站在半山腰上，望见前方景物，心中不能不产生一种强烈的征服欲。

殷震既看到了差距，又看到了在那茫茫天际稍纵即逝的宝贵机遇。

他想：我们绝不能跟在人家屁股后面慢慢地爬行，而一定要像孙悟空那样翻跟头，来个后来者居上。

许多哲人都说过：机遇只能属于有准备的人。

殷震显然就属于这种厚积而薄发的学者。

大约也就是从这时候开始，殷震把难得的机遇牢牢抓在手中。

他的研究课题，渐渐从细胞水平发展到分子水平。这是殷震学业之路上的一次质的飞跃。它表明殷震此时的研究水平，已经不仅在全国领先，而且有些项目在世界上也达到前沿水平。它使得殷震在新时期刚刚开始的时候，就成为有真知灼见的学科带头人和众多老专家中的佼佼者。他仿佛已经由半山腰攀登到临近山顶的位置，可以远望四面八方。

自从此时进入了"状态"，殷震的研究便一路领先，使许多原先与他基础相仿、甚至资历更老些的研究人员只能望其项背。

尤其使殷震激动的是，在拨乱反正中，他的预备党员资格被恢复，而且被按期转正为中国共产党的正式党员。

殷震把这看做是自己第二次生命的开始。

厄运＋幸运＝命运。

殷震在他填写的《国家自然科学基金重大项目建议书》中写道：

"民以食为天"，农业是国民经济的基础，畜牧业是农业的主导产业之一，也是我们国家发展的重点和支柱。肉、蛋、奶在人们膳食结构中占有重要的位置，是人体所需蛋白质的主要来源。大力发展畜牧业，提高肉、蛋、奶等高蛋白食品的数量和质量，是科学合理安排人们膳食结构和营养比例的前提。富裕辽阔的祖国大地为畜牧业的长足发展提供了肥沃的土壤，各地同时也对疫病的防治工作提出了新的要求与挑战。在畜牧业的发展过程中，良种培育、饲养管理和疫病防治是3个关键环节，在良种培育、饲养管理逐渐改善的今天，疫病防治尤其是病毒性疫病的防治，显得格外重要。如猪瘟、传染性法式囊炎病、犬瘟热等在相应易感动物中的流行，常常引起大规模的发病及死亡，甚至造成整个饲养场的倒闭。据不完全统计，每年仅畜禽的几种主要病毒性疫病造成的直接和间接经济损失，就达数十亿元以上，是我国畜牧业向深层次、上新台阶、降低成本、提高效率和增加效益方向发展的主要障碍。

分析这些疾病流行的原因，固然与免疫程序不当、饲养管理不善、疫苗质量欠佳等因素有关，但最重要的原因可能还是病毒进化程度的不同。病毒作为最原始的生命形式之一，在其增殖、传播和致病过程中，为了适应变化着的宿主机体和外界环境，而不断发生某些特性的改变，这就是病毒的进化。当然各种病毒因其自身的特性和外界环境的不同，病毒的进化程度或变异率是不同的。某些病毒，例如甲型流感病毒，其表面抗原变异很快，经常出现新的亚型和变型，甚至流行初期感染毒株刺激产生的抗体不能抵抗流行后期感染毒株的侵袭，每次大的抗原变异均能造成大的流行，这样就为人工免疫预防造成巨大的困难，难以制备出有效的疫苗……

近10年来，我国新发现了20多种畜禽病毒性疫病（包括新的病毒病或老病毒病的新型），平均每年2～3种，可以预测，新病毒病将越来越影响我国畜牧业的发展，这为我国动物病毒病的防治研究带来了新的难题。这些新疫病的病原起源、进化规律与传统病毒的关系、疫病的发生发展规律、疫病流行的生态环境、防治的对策、对新病毒病的预测等迫切需要用新的理论和技术加以阐明。现代分子生物学技术的发展，为我们深入认识这些客观问题提供了可能。因此从分子水平，亦即从核酸、蛋白质和多糖水平上研究不同地区、不同时期、不同环境条件下同一疾病的不同病型，同一疾病的不同动物之间病毒株的同源性及变异率，具有十分重要的生态学和流行病学意义，这将为阐明疫病的传播来源、方式、途径以及病毒的进化规律等提供依据，对各种畜禽疫病的防治，也有重要的指导作用。

……该课题的实施一定能将我国畜禽疫病的研究水平推向新的高度。

当然，这些研究内容，都不是那种热热闹闹的东西，而是相当孤独寂寞的。它们既精深又艰涩的特点，仿佛一开头就要让意志不坚定者望而却步似的。以至殷震在研究过程中，不得不一次次想起马克思当年告诫一切科学工作者的那段名言：

但是在科学的入口处，正像在地狱的入口处一样，必须提出这样的要求：

　　"这里必须根绝一切犹豫；

　　这里任何怯懦都无济于事。"

　　　　　　　——马克思《〈政治经济学批判〉序言》

　　科学研究是单调而枯燥的行当。兽医大学的许多同志都知道，每天清晨殷震准时踏进办公室后就埋头伏案开展研究，他每天在实验室内端坐，从显微镜中观察，一坐就是半天，直至午饭后稍事休息，13时30又回到办公室工作到17时30，吃过晚饭19时到办公室，工作至晚上22时30分方回家休息。每天工作长达十几个小时，天天如此。几十年如一日地从无星期天和节假日，甚至在生病住院期间也从不停止工作，把病房变成工作室，书籍、资料，连打字机也搬到病房。经常是写作、改稿、复信、接待国内、外探访者。可以毫不夸张地说，他是不要命地、拼命地工作。这种近乎疯狂的"工作狂"，在整个兽医大学堪称独一无二。难怪殷震在科研工作取得丰硕的成果和贡献，赢得国内外同行们的高度敬佩和赞颂。

　　科研没有更多丰富的细节，没有更多绚丽的色彩。但，这就是奉献。

　　了解殷震的人都知道，他还有个多年形成的习惯：开学术交流会，不像一般人习惯于躲在后面，只带耳朵去听，不愿多动脑筋；而是只要一进入学术研究的海洋，脑子就在不停地运转，有什么灵感就随时写个小纸条记下来。因而主持人一旦要殷震发言，他总能言简意赅，一语中的。他因衣着普通，常常不引人注意。但一发言就引来人们的目光，他所强调的事情，往往变成会议的中心。

　　和殷震一起搞研究项目的人员少，工作强度大，节假日不得休息，但大家安贫乐道，不计报酬，深刻理解自己这项工作的价值和意义。

　　"筚路蓝缕，以启山林"（《左传》），古人坐着柴车，穿着破旧的衣服赶路，就以为很艰苦了。殊不知这一批科研工作者进行筚路蓝缕的开拓、改革，面临的又将是一片多么荒芜的土地、一条布满多少荆棘的小路、一些多么难以预料的艰难困苦！

他们以信念为经，意志作纬，满腔热血，一身铁骨，日复一日地从事在有些人眼里既"得罪人"、又单调枯燥的工作，像长跑运动员在自然保护区的大道上奔跑，一路筚路蓝缕，一路风流尽显，一路引吭高歌出英雄绝唱！

如果说，作曲家的心血，是凝聚于优美动听、气势恢宏的华彩乐段；建筑师的心血，是凝聚于坚固实用、壮丽辉煌的楼阁殿堂；丹青手的心血，是凝聚于神形兼备、呼之欲出的绘画精品……那么他们的心血，就凝聚在其忠于职守、勤勉认真、圆满完成的一个个重大研究项目上，凝聚在犹如希腊神话中普罗米修斯用生命传播神火，志在给人间带来光明，使其一天天变得纯净上！

殷震成功的秘诀，就在于瞄准世界的前沿执著追求，始终盯着一个目标，勇于创新，勇于亮出自己的旗帜，苦学不辍，一步一个脚印地向上攀登。

平时，不管乘车、乘飞机，还是骑自行车，殷震都在动心思。

中国历史上颇负盛名的抗日将领吉鸿昌说过："路是脚踏出来的，历史是人写出来的。人的每一步行动都是在书写自己的历史。"

殷震就是把自己整个青春都贡献给事业，用无悔的拼搏给它留下了自己的足迹。

研究室内目前正在开展的一些很有前景的研究课题，例如动物疫病主要病毒的分子流行病分析、转基因鸡等的立题和实施思路，就都是他在参加学术会议、参观乃至住院期间受到启发后酝酿成熟的。

生命科学和生物技术诞生的历史并不长，只是在20世纪下半叶才获得较快的发展。也可以说，这一时期世界科学的发展是以生命科学的飞速发展为显著特征的。

转基因作物的推广，大大降低了农产品的生产成本，同时又大大提高了单位面积产量，其发展速度十分惊人。仅到1997年为止，世界上就已经开发出48种转基因农作物，这些作物除了具有低成本、高产量的优势外，还能有效地抵御病虫、杂草及恶劣气候造成的危害。同时，还有口感味道好、便于储存等优良性能。

目前，对转基因作物虽然还有不少不同意见，甚至争论相当尖锐、激烈，但这并不妨碍对它进行研究。

在工业方面，生物技术也开始得到应用。如在造纸、塑料等易造成环境污染的行业里，利用生物技术进行处理，可以有效地防止污染，保护环境。

学生们来请教，殷震知无不言，言无不尽，不管来人过去是哪一"派"的，也不管他过去对自己态度如何，批判没批判过自己。

殷震一再对大家讲：对名利要看得淡一些。因而大家都愿意与他相处。

凡与殷震接触过的人，都会有这样的"发现"：他在思考问题时，就像发傻似的，跟他说话他根本听不到，非要高喊几声才能缓过神来，而且还会发脾气，说是打断了他的思考。

殷震常对学生们讲："做人就是要做有心人。牛顿就是从看到苹果落地，发现万有引力；瓦特则是从看到水壶被水蒸气顶开，发明了蒸汽机……"

年轻技术员宋新荣是动乱年代入伍的，最初只有初中文化程度。她被分配到殷震的课题组，殷震就像带女儿一样，一步步地引导她走上学业之路。

殷震中午从不休息，总是博览群书，伴书为乐。

一次，宋新荣开玩笑说："殷老师，以后你脑袋里开一只书架，我用什么，去取就行了！"

殷震正好就着这个话题，启发宋新荣："人的脑袋里开个书架完全可以，但一定是要开在自己的脑袋里！"

从此他要求小宋，每天吃罢饭后就到实验室来，跟着他学习一个小时的英语。

方法是殷震先念一遍，然后就让小宋念。

最初，小宋怕自己发音不准，不好意思开口。殷震就告诫她："念英语不能口羞，不能怕别人说自己念得不好。年轻，记忆力好，就是你们的优势。说实在的，我很羡慕你们年轻人，就是每天只背下几个单词，时间长了也不得了。我年轻时学英语最初也记不住，还不就是下苦功夫，日积月累？"

为了使宋新荣树立信心，一次殷震有意将她同自己专门学英语的三女儿殷波相比较："小宋啊，我看你的发音比殷波好听。只要你好好学，一定大有希望！"

宋新荣大受鼓舞。但她在一次去殷震家时，正赶上殷波和同学们一道排练英语话剧，殷波演的主角。

小宋仔细听，居然听明白了剧情。当然，她同时也发现，自己无论怎么说，也无法同大学英语专业的殷波相比。

小宋坦诚而天真地对殷震说："殷老师，殷波是专学英语的高材生，我怎么会比她的口语还好呢？"

殷震哈哈笑道："我这是激发你的学习兴趣，激励你的学习信心呢！"

"我英文口语不如胡美贞好，"殷震谦虚地对宋新荣说，"就是因为中华人民共和国成立之初她在华东军区总医院，交接班都用英语，一点点练出来的。因此你们年轻时要多学一些，多做一些，到老了就学不进去了。"

当时小宋已经背了几千个单词，掌握了一些基本语法。殷震告诉她："如果你彻底解决了300个语法问题，你就能读懂英文了。"

于是，小宋便开始囫囵吞枣地阅读英文书，常常是几十个、甚至近百个语法问题向殷震请教。每次殷震都要花费不少时间为她讲解，直到她彻底搞懂为止。

殷震不仅教小宋语法，而且十分注意帮她理解单词的确切含义，告诫她不要只背单词，必须在阅读中，通过上下文来理解单词的含义。殷震说当年有一个同事把一本字典都背下来了，但英文却很差。为了让小宋理解一个单词的含义，他还要做出动作帮小宋理解。

在殷震指导下，在两三年时间内小宋阅读了十几本英文书，并开始尝试翻译。殷震则手把手教她如何翻译。当小宋翻译时用了比较恰当的中文，殷震会批上一个字"好"。当小宋的译文不够准确时，殷震会详细说明为什么另一种译法可能更好。他特别要小宋注意学会拆句子，把长句拆成上口的短句；翻译的时候，在不同的情况下，应如何选择使用"和"字和"同"字。

殷震对时间抓得紧，工作安排十分合理。培养细胞，要在温箱内放一个小时，殷震完成这道工序后便对学生们说："咱们一个小时后见。"说完便到图书馆去了。他一个小时后回到实验室继续试验。

殷震在事业上高度集中、心无旁骛，而在平时的生活中，却常常出现这样的有趣情况：乘坐公共汽车或长春市据说是由于拍电影需要而特别保留的有轨电车，超过了几站路程，他自己竟然毫无察觉。

在餐桌旁，吃着吃着就手持竹筷停了下来。他是因某一个日夜思索的东西而又陷入沉思……

更有意思的是某一天，殷震一边骑自行车上班，一边想自己苦苦思索的研究课题。巡天骏马般的才思时时驾驭着他在神奇的科学境地里遨游，而完全忘记了自己是处在车水马龙的大街上。

中国大中城市的特点之一就是到处是人。不宽的街道上时常被熙熙攘攘的人群挤得水泄不通。

那天早晨，殷震推着自行车走出家门时，正逢上班的高峰期。公共汽车站和电车站挤满了黑压压的人群。街道两旁的自行车像两股洪流，不停地朝相反的方向滚滚而去，并在每一个长春市特有的大型"转盘"附近，形成了一个个巨大的旋涡。

就在长春市区的新民大路上，殷震忽然被一辆摩托车撞倒。

"你这人怎么不长眼？不长耳朵？"摩托车驾驶员不检讨自己的责任，反而一个劲儿气势汹汹地训斥殷震，"听不见我按喇叭？瞎啦？聋啦？"

殷震则不愿因此浪费更多时间，反而一个劲儿地向摩托车驾驶员道歉完事。

到了办公室，不少同事笑话殷震太"迂"，难免要受到别人"欺负"。殷震却自我解嘲地说："但凡敬业的理发师，无论走到哪里，都是在注意人们的发型；而敬业的服装设计师，则是无论走到哪里，都在研究人们的装束……专注于事业的人，有时难免会出些笑话。我或许就是这样吧！"

最后，殷震还"幽"了一"默"："刽子手在街上只看别人脖子……"

一般人打电话，总要寒暄一番。但殷震平时打电话，却惜时如金，从不闲扯。即便是跟领导、亲属，也总是说完正事，电话就挂了。

他走路脚步声特别急，节奏特别快。学生们一听到那脚步声，就知道是殷教授来了。

他们的研究工作，在许多人看来似乎是十分枯燥、单调的。它需要长时间地坚守在密封的实验室内，用显微镜不厌其烦地观察，对那常人难以觉察的一点点微小变化进行比较、思考……

然而殷震和他的学生们甘之若饴。就在这"枯燥、单调"的过程中，他们能感受到人生的乐趣、人生的充实！

在很长一段时间内，殷震的办公室、实验室、学习室都在一间房子内。为了节省时间，他中午都不愿到食堂吃饭，只是在早晨上班时带一小饭盒饭，里面放一点儿雪里蕻、一点儿豆腐，临近中午时用开水泡一泡，用电炉子热一热。

"人是要有一点精神的！"

和读大学时相似，殷震的用功，又仿佛到了"痴"的程度。

一次，胡美贞让殷震顺路捎一件生活用品。殷震答应得好好的。但他一路走一路思考问题，结果回到家里，问题思考的稍稍有点眉目，为夫人代买东西的事却早已忘到九霄云外。

在殷震心里．事业比自己的健康和生命还要重要。

一次去上级机关申请经费，殷震废寝忘食地写报告。

由于连日奔波的劳累，他的老病慢性胃炎又犯了，疼得吃不下饭，也睡不着觉，常常一阵儿晕眩，嘴里便涌上一股苦味，疼得在床上直打滚儿。学生们急得手足无措。他们都想立即给大学打长途电话，但被强忍病痛、镇定自若的殷震制止了……

他宽慰学生们："我这是老毛病了，我晓得怎么对付它。"

殷震拿出药片，一颗不行，再来一颗，一次不行，再来一次，最后索性把一瓶药都要了过来，掏出一把药片一口就吞了下去。

一股凉气从学生们心底升起。他们简直看呆了：天哪！谁见过吃药有这种吃法？

殷震硬是靠着这一发发药的"炮弹"把自己从床上"打"了起来，第二天按原计划照常研究、工作。

胡美贞曾经向笔者介绍过殷震三次住院的故事：

一次殷震患了感冒，但他因工作忙，就是不肯去看。

胡美贞在厕所里发现殷震吐出的痰呈铁锈色，便找楼下住的一位医生，劝说殷震去白求恩医科大学检查。

一拍片子，发现左肺下有阴影，结果诊断为大叶性肺炎。医生决定要殷震住院治疗。

但殷震左手打着吊瓶输液，右手还不停地翻看稿子。

一次殷震大便后，对胡美贞说："瞧，怎么是黑的？"

胡美贞过去一看，可不是吗？她关心地说："今天就不要去上班了。"

但殷震虽然看上去走路都没有劲，还是骑上自行车就走了。

　　胡美贞感到事情不太对头，将丈夫的大便拿去化验，结果有4个"加号"。

　　她告诉了卫生所，强迫殷震住进驻地在长春的解放军208医院。

　　医生决定给殷震输液，殷震还是让护士将针头扎在左手，右手腾出来依然不停地写东西。

　　殷震因患有十二指肠溃疡，经常腹泻。一次他泻得十分厉害，做肠镜检查后，将胃切除4/5。

　　这样的手术之后，一般都要休息半年。但殷震因为要到澳大利亚讲学，只住了不到半个月就出院了……

　　结果，年近"知天命"的殷震，脑子不仅没有退化，而且越用越好用。尽管他有这样的特点：一项成果必须要反复核实才能公布，没有把握的东西绝对不能拿出来示人。然而，仅从确切掌握的事实已经可以看出，殷震的研究已经一步步缩小了与先进水平的差距，又跟上了世界前沿的步伐。

　　殷震的这一长处一直保持着。

　　兽医研究所原所长朱平教授向笔者介绍：殷震对新事物很敏感，一旦世界上有新的思想、学说出现，他都要拼命将其掌握。

　　一次，朱平问殷震："殷老师，关于一氧化氮在神经信号传导系统中的作用，据说最近一位国外的诺贝尔奖金获得者有新的成果，对这一情况，你掌握不掌握？"

　　殷震只简单说了两个字："知道。"

　　令朱平惊讶的是，不过几分钟后，殷震就拿来了有关资料，并给朱平作了十分详细的讲解。

　　殷震有这样的特点，对别人遇到的问题，学生也罢，儿女也罢，朋友也罢，不管自己多忙，都会循循善诱地解答，一遍不行两遍，直到对方掌握为止。

　　朱平所长的心被强烈震撼：天哪！真是不得了！要知道我才50多岁，而殷震教授却已经年过古稀了啊！

殷震是老教授中较早"上网"的。他十分注意网上的各种信息，特别是科技信息。他常常凝视着电脑的显示器，两眼仿佛警觉的雷达兵，恨不得将所有对自己有参考价值的新知识都"一网打尽"。

就这样，殷震所从事的动物病毒学研究，从普通学科建设成为重点学科。科研经费也从几万、几十万、几百万元，发展到后来的几千万元！

第|十四|章

抓住这决定
生命质量的
小精灵

基因，这神妙无比的东西，是决定生命质量的小精灵！人类倘若掌握了它，便是拿到了一只破译生命密码的金钥匙。殷震抓住它，便选定了主攻方向。

1981年，当殷震得知世界上有一股研究转基因动物的潮流，立即被这一新的课题吸引住了。

是啊，基因，这构成生命、决定一个生物物种所有生命现象的最基本因子，是生物体的调控器。这绝妙无比的东西，真是决定生命质量的小精灵！人类倘若掌握了它，便是拿到了一只破译生命密码的金钥匙。

据科学家们研究统计，人体内约有10万个基因。不同的基因在人的各个发育阶段被激活。基因会根据细胞内的局部条件开启与闭合。随着受精卵的细胞分裂形成早期胚胎，毗连细胞的活动以及胚胎周围的环境条件会越来越多地加入基因表达的"交响乐"中。

基因决定了动物的性状与生理特性，记载了动物生老病死的全过程。现代科学证实，动物的所有疾病，都能在基因上找到病根，找出病变基因，对它进行研究、抑制和调控，就能从根本上治好这种疾病。因此，医学家预言，21世纪新药的50%～70%将来自基因工程。

殷震意识到：基因工程，应当视为生物工程的核心。作为世界上最新型的高技术，它已经显示出极大的潜力，具有广泛的应用价值和深远的发展前景，而且可能在近年内成为一项普及的科技手段。对于勇于探索生物学奥秘的科学家们来说，破译许多生物的遗传密码，形同探索新的星球。按照国际惯例，谁先发现了"基因密码"，谁就拥有专利权……因此，这种基因密码不仅具有巨大的科学价值，而且具有极大的经济价值。

写到这里，笔者不得不暂且将文学艺术惯用的形象思维和科学技术惯用的逻辑思维"兼收并蓄"，交替使用，以便使读者也能增添一些基本的基因工程知识。

还是从人人都能亲身接触到的遗传现象说起吧。

遗传，是一种生命、也是整个生物界最重要的标志之一。

只要你留心观察一下，就会发现在自己身边，处处充满着五花八门的遗传现象。

种瓜得瓜，种豆得豆，是其一也。

子女像父母，子代像亲代，更是人人司空见惯。

然而，倘若问到为什么种瓜只能得瓜，种豆只能得豆？为什么人的后代必然是人，而鸡的后代还是鸡？为什么自然界里一切生物体的后代恰恰就是这个生物物种本身？那就不一定人人能够说得清了。

其实，这些不过涉及一些遗传学道理。它们是浅显的，又是深奥的。

比如，怎么样解释复杂得多细胞生物繁殖以及哺乳动物受精卵发育繁殖所形成的各种遗传现象？究竟是什么因素那样准确地保证着各种生物在世代间的延续，同时又调节与制约着不同生物种类和同一生物种类中不同个体的遗传特性？为什么动植物一个精子或卵子内能够分别包含着双亲如此之多的遗传特性？……

这些，千百年来，一直是一个很难回答的谜。

谜底的初步揭开，在19世纪中叶。

那是奥地利学者孟德尔在著名的达尔文进化论的基础上，通过豌豆杂交试验，最先发现与证明了遗传的基本规律，为探索生命遗传的奥秘拉开了序幕。

出身贫苦农家的"布隆修道院见习修道士"孟德尔在他相当简陋的实验室里，选择了具有相对性状的豌豆，譬如大与小、高与矮、黄叶与绿叶、白花与红花等不同品种，进行了纯系品种之间的互相授粉杂交，以研究亲代性状在子代中的分布。

孟德尔发现，纯系红花豌豆之间或纯系白花豌豆之间进行授粉时，其子代分别全部都是红花和白花，然而将红花豌豆与白花豌豆（亲代）杂交授粉后，由豆荚中的种子（子一代）再长成的植株（子一代植株）却全部都开红花。如果继续将子一代的红花自花授粉，所得的种子（子二代）长成的植株（子二代植株）中，3/4开红花，1/4开白花。

从这种现象出发，孟德尔提出了一个假说，即在每一植株中，一对遗传因子决定一个性状。当产生生殖细胞时，每个细胞只能得到每对遗传因子中的一个。而当两个生殖细胞结合时，所携带的遗传因子相加，由新形成的一对遗传因子决定子一代的性状。孟德尔的这一假说，经过他本人及后人的反复验证，被命名为"遗传分离定律"。

孟德尔在实验中还发现，遗传因子分为显性遗传因子与隐性遗传因子。当一对遗传因子中包括一个显性遗传因子与一个隐性遗传因子时，由显性遗传因子决定子一代的性状。而只有当一对遗传因子都是隐性遗传因子时，才可以表现出隐性遗传因子的性状。这上面所讲到的实验中，决定红花的遗传因子就是显性，而决定白花的遗传因子则为隐性。

因为每一植株都具有许多遗传性状，所以在一个植株中就存在着许多遗传因子。孟德尔接着又进行了两对以上不同性状豌豆的杂交试验。他选用两对性状不同的纯系豌豆，即子叶黄色饱满的豌豆与子叶绿色皱瘪的豌豆进行杂交，结果子一代全部都是黄色饱满的。然而，给子一代自花授粉，却可以在子二代中出现4种表现型，即黄色饱满、黄色皱瘪、绿色饱满、绿色皱瘪，其数量比例是9∶3∶3∶1。

孟德尔认为，在形成生殖细胞时，同对的两个相对遗传因子相互分离，和另对的遗传因子自由组合，而且机会相等。这就是"遗传自由组合定律"。

孟德尔对遗传学的贡献，不仅在于他发现了遗传的两大基本规律，更重要的是他首先提出并运用了"遗传因子"这一概念。从而将遗传现象和生物本身的组成联系起来，提示人们：遗传因子孕育于生物细胞之中。

在现实生活中，有的人少年白发，有的人对某种食物或气味过敏，有的人长出6个手指头，有的人身患肿瘤……都是其自身的基因在起作用。

到了20世纪初，丹麦遗传学家约翰森把孟德尔提出的"遗传因子"正式命名为"基因"。这一科学术语，一直沿用到今天。

1910年，美国生物学家摩尔根在孟德尔重大发现的基础上，继续用果蝇进行遗传学的研究，进一步证实了孟德尔的遗传定律，并且又提出了"遗传连锁规律"。

摩尔根在用黑身与灰身、长翅与残翅两对相对性状的果蝇进行杂交实验时发现，用灰身残翅与黑身长翅的果蝇杂交，得到的子一代全部是灰身长翅。用子一代继续与黑身长翅的果蝇交配，只能产生两种子代：灰身残翅与黑身长翅。这说明灰身与长翅是显性基因，然而灰身基因和残翅基因、黑身基因和长翅基因是分别连锁在一起传递给下一代的。

孟德尔与摩尔根发现的3个规律，形成了遗传的基本定律，并且成为遗传学发展的里程碑。

遗传学发展到这里已经初具规模了，可以部分地解释生命遗传之谜。人们已经确信，决定遗传性状的基因存在于组成生物的细胞中，然而还不能十分肯定究竟细胞中的哪一种成分是遗传物质。正如一般人都知道的那样，组成生物细胞的成分是复杂的，除糖、脂类与蛋白质三大营养物质外，还有水、无机盐与核酸等。然而人们发现，仅仅具有蛋白质与核酸的最简单的生物体如病毒，也具有遗传现象，于是便将研究的焦点集中在对蛋白质与核酸的分析研究上。

通过一系列研究，最终得出结论：决定生物特征的全部信息存在于核酸物质——脱氧核糖核酸（DNA）分子中。DNA是一种高分子结构，相对分子质量从几万到几百万。虽然自然界中无数生物具有千姿百态的遗传特性，然而它们的DNA分子的组成与结构却十分相似。

据史料记载，最早发现DNA的，是科学家格里菲斯。

早在20世纪初叶，他就通过肺炎双球菌感染小家鼠的实验，开始了对DNA遗传功能的研究。在实验中，他发现了转化因子的作用。

16年后，到了20世纪中叶，美国细菌学家艾弗里通过一系列化学法与催化法，证实了转化因子就是DNA，并向科学界发布了这一成果。

谁知当时DNA却命途多舛，并未引起科学界的普遍重视，相反还遭受到许多科学家的怀疑与反对，有人不但对艾弗里实验中出现的问题百般嘲笑，甚至对他的DNA实验进行诽谤，致使当年诺贝尔奖的评委们也不能不犹豫不决，只能采取推迟发奖这一"稳妥"的做法来对待艾弗里发现DNA这一具有重大意义的贡献。当然，这也令人惋惜地致使DNA推迟了10年时间来造福人类。

时间大钟的指针又过了10年，当20世纪50年代中期诺贝尔奖评委会准备为艾弗里颁奖时，艾弗里却已经满怀遗憾地离开了人世。

人类对自然界的认识是不断发展的。科学家们对DNA的研究也从来没有止步。

后来，在对DNA分子的组成与结构都已十分了解的基础上，人们在进一步的研究中发现，DNA作为一种遗传物质，其遗传功能主要是通过自我复制来实现的。

核酸是遗传物质，然而必须通过蛋白质才能表现出其生命活性。也就是说，一定结构的核酸产生一定结构的蛋白质，一定结构的蛋白质表现出生物体一定的形态与生理特征。

蛋白质是生物体最重要的组成成分，其结构功能单位是氨基酸。虽然不同种类的生物有着不同的生物组成与生物活性，然而作为其主要组成成分的蛋白质都是由共同的20多种氨基酸构成。由于氨基酸的组成、排列不同，蛋白质也就呈现不同的生物活性。能够决定一个蛋白分子组成的最短长度的核酸，就是基因。

既然子代生物完全是由亲代遗传的，那么为什么在自然界中，子代与亲代又仅仅是类同或相似，在大同中常常存在小异呢？譬如一个人并不完全像他们的父母，种豆得的豆与种瓜得的瓜，往往也在形状、大小与颜色上存在着不同于亲代的差别？

这就是生物体在进行稳定遗传的同时，还存在着不可忽视的另一个方面——变异，即生物遗传过程中发生的生物个体间的差异。它与遗传一样，普遍存在于生物界，也是生物的基本特征之一。

然而，遗传与变异又是一对矛盾，代表了生物体相对应的两个特性，各以对方的存在作为自己存在的前提。变异是在遗传中产生的，又是生物进化的基础。没有变异，遗传就只能是简单的重复。适应着自然环境而产生的一切新的生物物种，都是起源于旧生物的演变，而演变的实质就是变异。倘若没有变异，原始生命就不可能经历由简单到复杂、由低级到高级的转变，那么也就不会有绚丽多彩的生物世界。

同遗传现象是由遗传物质稳定地传递遗传信息而实现一样，变异也是以遗传物质为基础而发生的，是由于遗传物质结构的改变，导致了生物个体间代谢过程的差异。

突变，是变异的主要原因。

重组，则是引起变异的另一个重要原因。

由于遗传重组产生各种不同的基因组合，通过自然选择，只有那些具有有利性状的组合得以保留下来，从而为生物的不断演变与进化创造了条件。

遗传变异理论不仅揭示了生物进化的本质，而且也给人们提出了新的启示：既然变异能够产生新的生物性状乃至形成新的生物物种，那么是否可以人为地改变生物的遗传特性，从而获得符合人类要求的生物新特性与生物新个体呢？

这一愿望，促使人类在生物遗传原理的基础上，从最基本的DNA提取开始，到基因的剪切、连接与组合，进行了艰巨而漫长的改造自然、改造生物的伟大实践，这就是基因工程。

基因工程问世至今不过20多年时间。由于它完全突破了经典的研究方法与研究内容，将遗传学扩展到了一个内容广泛的崭新领域，是在试管内、在肉眼看不见的分子水平上进行操作，因而难度较大。

随着基因工程学的诞生，人类已经开始从单纯地认识生物、利用生物的传统模式，跳跃到随心所欲地改造生物与创造生物的新时代。

基因工程既是现实的生产力，更是巨大的潜在的生产力，势将成为下一代新产业的基础技术，成为世界各国特别是发达国家国民经济的重要支柱。在能源短缺、食品不足、环境污染这三大危机已经开始构成全球性社会问题的今天，基因工程及其伴随的细胞工程、酶工程、发酵工程、生化工程（统称生物工程），极可能成为帮助人类克服这些难关的金钥匙。

殷震从实践以及因特网上传递的信息得知，当代畜牧业发展很快，遇到的问题也很突出。这就是牲畜患病问题。什么鸡、猪、羊、兔、鱼、鳖等等，几乎是饲养什么，什么就容易患病。

他自然懂得其中的奥秘——过去在自然界中，动物们是分散的，即使个体患病也不容易传染、扩散。而现在是集约经营，犹如人集中在一起，有些疾病就很容易交叉感染。

另外，现在动物的品种也已经发生了很大的变化。过去的鸡，七八个月才能长大，现在的鸡40多天就可以成为人们的"盘中餐"。过去1只母鸡1年才能下100多个蛋，而现在1只母鸡每年产蛋数可达300多个。世界上的事物，当然是有利必有弊。过去的牲畜野生或粗放型饲养，抗病能力较强。如今生产性能提高，抗病能力则下降了。以往防病只用传统方法即可，如猪瘟只要打疫苗就可以防治，而现今仅仅沿用传统方法已经不太灵了。目前动物身上携带的病毒，有的已经产生"变异"，使一般性的疫苗失去作用。而仅动物疫苗一项，全国每年的损失就超过几百个亿！

那么，能不能利用基因工程技术培育更好的品种，比如猪那样大的兔，泌乳量增高几倍的奶牛或具有特定抗病能力的动物新品种呢？能不能培育高效表达基因工程产品的动物，从而取代目前的细菌培养或细胞大量培养技术，生产出人们所需要的生物活性物质呢？更进一步说，能不能利用上述技术改造人的基因结构，治疗和预防疾病呢？

殷震认为，这里面虽然还有许多技术困难，并且还牵涉人类社会的伦理道德等问题，然而单纯从技术角度来看，是很有可能的。

为了在整体动物水平上实现基因转移，人们创造性地采用了微注射技术，也就是将那些已经被或欲被分离、改造、扩增或表达的特定基因即"目的基因"机械地注射到卵子或受精卵内，由于目的基因可与受精卵的染色体DNA发生随机整合，当整合有目的基因的受精卵发育为胚胎或成熟个体时，这就是所谓的转基因动物。

近年来在这方面已经有了许多重大的突破。例如1982年曾轰动一时的巨型小鼠，就是通过微注射技术，将大鼠的生长激素基因注入小鼠的受精卵内，由这些受精卵发育而成的小鼠，个头比正常小鼠大一倍左右，生长速度为正常小鼠的2～3倍。

据联合国估计，全球有8.56亿人在遭受饥饿的折磨。换句话说，世界上每6个人就有一个缺粮。转基因技术能够培育出具有优良性状的农作物，大大增加粮食产量，从而使这种状况得到根本缓解。另外，近来过量施用农药和化肥带来的后遗症日渐突出，而且它们造成的污染用传统的手段很难治理，这也是一个令各国都非常头疼的问题。如果利用转基因技术培育出抗病、抗虫害的农作物，这一难题就有了解决的希望。

殷震钟情于培育转基因动物的实验研究，是由于他知道21世纪将是生命科学突飞猛进的时代。这项新兴的事业，是当前生物学、动物育种学、医学、兽医学等学科极为热门的理论和应用研究课题之一，具有广阔的发展前景和极大的潜在经济效益与社会效益。

生物机体对能量的利用与转化效率，是当今世界上任何机械装置所望尘莫及的。利用转基因动物技术，既可以加快作物与畜禽品种的改良速度，又可以生产珍贵的药用蛋白，为遗传病患者造福。这无疑对千百年来人们梦寐以求的丰衣足食、延年益寿两大目标，都是极大的贡献。生命科学已经给人们算了一笔账：以转基因动物来生产目的产品，可以极大地降低成本和投资风险。以药品生产为例，如果用其他生产工艺（如哺乳动物细胞培养方法）来生产1克药物蛋白质，成本需要800 ~ 5 000美元，而利用转基因动物，只需要0.02 ~ 0.50美元。目前一种新药从研制开发，通过药审，直到上市，约需要15 ~ 20年。而如果利用转基因动物——乳腺生物反应器，新药生产周期只需要5年左右。总之，生物技术产业是一种利润高、技术高、风险高、回报率高的产业。

至于人类基因组计划，更是被科学界视为"人类历史上10万年一遇"的、可与曼哈顿原子计划、阿波罗登月计划并称的重大工程。

所谓人类基因组计划，就是将人类的10万多个细胞基因作图（包括遗传图与物理图）和DNA的测序，并进一步研究有重要意义的基因结构与功能，以解答人类生长、发育、疾病、死亡的机理，找出预报、预测、治疗的方法措施。换句话说，它也就是用撒大网的方法，将人的所有基因一网打尽，即测定人类基因组的全部DNA序列，从而解读所有遗传密码，揭示生命的所有奥秘。

作为一名军人，殷震更关注到：不久前还只是存在于科幻作品中的基因武器，如今也已逐渐走近人类的现实生活。根据基因武器的特殊性能可以预计，一旦基因武器运用于战争，将会使未来战争发生巨大的变化。一方面，基因武器作为战略武器，将使作战方式发生明显变化。基因武器的使用者再也不用兴师动众，而只需临战前将经过基因工程培养的病菌投入他国，或利用飞机、导弹等将带有致病基因的微生物投入他国交通要道或城市，让病毒自然扩散、繁殖，而这些微生物的基因经任意重组，可移入一些损伤人类智力的基因。当某一特定族群的人们沾染上这种带有损伤智力基因的病菌时，就会丧失正常智力。另一方面，基因作为战术武器用时，将使对方防不胜防，束手无策。基因武器的特有功能之一，就是从武器的使用到发生作用都没有明显的征候，即使发现了也难以破解遗传密码和实施控制……

这是人类对生命研究的一次革命性冲击，也是一项改变世界、影响到我们每一个人的科学计划，因而被喻为"生命天书"。有人对此指出："相对论、量子论、信息论和基因论的形成，标志着科学技术沿着微观和宏观这两个相反的路径，不断走向极端和本原，走向复杂和综合。正是基于物质科学、生命科学和思维科学等的突破性进展，人类创造了超过以往任何一个时代的科学成就和物质财富，为世界文明进步的新飞跃奠定了坚实基础。""人类基因组计划是人类科学史上的伟大科学工程，它对于人类认识自身，推动生命科学、医学以及制药产业等的发展，具有极其重大的意义。经过全球科学界的共同努力，人类基因组序列的'工作框架图'已经绘就，这是该计划实施进程中的一个重要里程碑。人类基因组序列是全人类的共同财富，应该用来为全人类造福。"

当然，殷震也清楚地认识到，真理跨过一步就是谬误。正如核技术,处置得当，它可以造福人类,一旦失控,它也可以毁灭人类。由于转基因打破千万年来形成的物种纵向遗传，强行实行基因跨物种横向转移，这里既可能蕴含新的机遇，也很可能潜藏着巨大的安全风险、生态风险、社会风险乃至道德风险。在转基因农作物的安全性远未得到确认，世界各国对转基因农作物商业化无不严加限制，欧盟甚至实行"零容忍"。我们并不笼统反对转基因研究，反对的是盲目引进、扩散转基因。转基因工程作为一种新兴技术，我们开展研究、试验，以充分认识其内在规律，趋利避害，使其为人类服务。

主攻方向既然已经选定，殷震便像带领部队冲锋陷阵的指挥员一样，带着自己的助手和学生们义无反顾地奔向前去！

国家重点学科研究室与新中国第一个兽医学博士

　　"第一"是可贵的。殷震的战略眼光，表现在他重在培养学术水平上高人一筹的跨世纪人才。学生的进步与成功，就是老师梦寐以求的事情。

　　在殷震的主持下，兽医大学成立了全军基因工程实验室和动物病毒研究室。它们都是国家重点学科——传染病与预防兽医学的重要组成部分。

　　同时，兽医大学也成为国家首批博士、硕士的授予单位。许多军队、地方名牌大学的博士生都慕名前来做课题。

　　走进研究室的楼内，走廊两旁是由顶天立地的高大玻璃隔成的一间间实验室。一些身穿白大褂的军人正在用高倍显微镜进行检测……

　　殷震对学生比对自己的孩子还上心。他认为自己一个人的作用毕竟是渺小的，只有当好"人梯"，使一批又一批学生通过自身的提携攀上科学高峰，整个国家与军队的兽医事业才有希望。

　　殷震不光教书，更注重育人。他晓得大学生们正处于人生观、世界观确立的重要时期，是一个思想十分活跃的群体。做好他们的思想工作，使他们能沿着一条健康向上的轨迹成长，是每一个"为人师表"者的责任。

　　进入新时期不久，殷震的《动物病毒学》一书就有幸出版。

　　夫人胡美贞最清楚为了这本书他付出了多少心血！写作时条件困难，连稿纸都是殷震自费从街上买的。

　　那时，国家刚刚恢复了稿费制度，这对收入本来就不多的中年知识分子来说，无异于雪中送炭。

　　然而，这厚厚的一本书的稿酬，殷震一分钱也没有留给自己，他全部拿给自己的学生们买了资料。

殷震常对学生们讲："我希望你们超过我。这将是我最高兴的。"

1990年，殷震荣获全军教学成果一等奖。他又把1 500元奖金全部交到所里，建议以它为基础，建起一项优秀青年科技干部的奖励基金。

后来，所里陆续添加了些钱。目前，这项以培育青年科技干部为宗旨的基金，已经超过几百万元了。

在研究生的选择上，殷震颇有战略眼光，重在培养学术水平上高人一筹的跨世纪人才。

以往，有不少教授在给自己带的研究生选课题时，一般爱选容易突破、容易出成果的，企望能很快通过论文答辩，很快获得成功。因为倘若学生论文答辩受阻，首先"掉价"的是带研究生的教授。

然而，殷震在研究生的课题选择上，却"明知山有虎，偏向虎山行"。他认为这同自己选课题、搞研究一样，也是既要百花齐放，更要独领风骚。他始终坚持这样3个观点：

第一，要着眼于国内和国际学科发展的前沿进行选题。

第二，要和世界发达国家同类研究课题相比，看它有没有独到之处，有没有竞争力。

第三，要看课题完成后，其学术意义、经济效益有多大。

当殷震日夜思考基因"重组"和病毒变异机理等一系列重大问题时，他招收了第一个博士研究生熊光明。

身材不高却十分健壮的熊光明原先是白求恩医科大学生化教研室的硕士研究生，各方面基础都不错，曾经报考过本校的免疫学博士研究生。

那次，他是跟招收博士的教授之子一起参考的。结果，基础颇好、成绩也颇好的熊光明名落孙山，教授录取了自己的儿子。

熊光明心中憋气，但有苦说不出。

其他人知道了也不好说什么。

谁让当时有个说法叫"举贤不避亲"呢？在很多情况下，连选提干部都是如此，何况是这种招考教授颇有决定权的研究生考试呢！

就在这时候，熊光明听说中国人民解放军兽医大学的殷震教授不仅学术水平高，而且为人正直，一点不会搞歪的邪的，便毅然"携笔入伍"，报考了殷震的研究生。

由于是第一次招考博士研究生，本来就十分认真的殷震就更加认真。他不光看熊光明的考卷成绩，还"微服私访"，认真了解了熊光明的学术水平、为人处世、吃苦耐劳精神等等。

直到确认这是个各方面都不错的小伙儿，才拍板儿说："这个博士生，我要了！"

1985年春天，殷震给熊光明选了"不同属小RNA病毒的基因重组"的研究课题。

这个课题，不仅当时在国内是"只此一家，别无分店"的"独一份"，就是其他发达国家也没有突破性的进展。

"我说殷教授啊！您啥题目不能选，干吗选这样的题目呢？"有些好心人劝殷震，"这是您第一次带博士研究生，而这样的课题，很可能一个人一辈子都搞不出什么名堂。如果您的学生几年后万一没有什么进展，您的名声不就'砸'了吗？"

殷震也晓得他帮熊光明定的这个选题担风险，也晓得万一搞不好，自己和熊光明都会一道"栽"了。但他还是坚持选这个有风险的题目。

殷震想得最多的，不是自己的荣辱兴衰，而是在基因工程方面，我们国家还很落后。搞高科技，有时需要像上楼梯似的，一步一个台阶地上，有时则应当像孙悟空翻筋斗那样，一下子跃出十万八千里。

这方面，一些发达国家已经提供了经验教训。譬如美国，搞了不少基础研究。研究基因时，他们总是一段一段地搞。而日本就不是这样。他们更"精"，总把美国的研究成果借鉴过来，直接搞应用研究，结果很快就取得突破，既出了学术成果，也出了经济效益。

殷震想，帮熊光明选定的这个研究课题，倘若能研究成功，那就能够从一个侧面为自然界的病毒变异提供实验证据，也为新型疫苗研制开辟新的途径。那该具有多么重大的学术意义和实际应用价值啊！

在研究过程中，殷震对实验数据极为重视。他认为这些东西虽然枯燥乏味，然而却最能说明问题。因此如果熊光明有哪一次实验得出的数据不够准确合理，殷震是一定要他重新再做，直到结果准确时为止。

俗话说，有志者事竟成。

经过两年的艰苦鏖战，这一课题的研究终于取得明显的进展。熊光明在导师殷震教授的指导下，顺利地通过博士学位的论文答辩。

美国哈佛大学的著名教授费格尔有段名言："当今高等教育的立体式、多元化势不可挡。很难设想，任何名牌大学、任何名牌教授，能在一个校园、一个国度里，培养出第一流的科学家。"

殷震为自己的学生架设通往科学技术高峰的阶梯时，也是敏锐地把眼界放在广阔的科技空间，培养的是能够参加跨世纪世界竞争的人才。

他鄙弃"同行是冤家"的陋俗。在培养研究生的过程中，殷震特别乐于把自己的学生们放出去，使他们视野开阔；也把校外的"高手"请进来，以便集中百家之慧，汲取千家之长，充分借鉴别人的成果，共同培养学生。

一次，德国科隆大学遗传研究室的主任杜奥雷教授到天津市访问，天津市想找个懂行的学者帮助接待。他们认为此人非殷震莫属。

而殷震看得更远，他把这个有可能走向世界的难得机遇交给了自己的博士研究生熊光明。

杜奥雷接触到殷震推荐的学生，又读到熊光明的论文，禁不住击节赞赏："好啊，实在是好！这样的教授，这样的学生，难得！"

他表示愿意看殷震的面子，主动帮助熊光明申请洪堡基金。

内行人都知道，这洪堡基金在全世界为数寥寥，要想得到极为不易。得过洪堡基金的人，无论在哪个国家都是宝贝。

殷震见到熊光明，脸上泛起一层兴奋的光彩，而那眼色却分明掩饰着神秘，显然是不大愿意过早地透露什么。

熊光明也望着老师的脸庞，想琢磨出那里面究竟暗藏着什么。

两人刚刚饮下两口热茶，殷震便把茶杯挪到了一边。

当殷震把这个喜讯告诉熊光明，熊光明受宠若惊，师生两人都为此事着实高兴了好一阵子。

那天，送走了熊光明，殷震还久久地沉浸在兴奋之中。

他一直认为，学生的进步与成功，就是老师最梦寐以求的事情。

熊光明到莱茵河畔马克思的故乡读博士后之后，经常打国际长途电话与恩师殷震教授交流：汇报他正在搞的研究，谈美国、日本等发达国家目前在研究哪些问题……

有次通完电话，殷震一算账，光这一次电话费就花了260多元。

老伴儿心疼，数落他今后可不能再这么打国际长途了。殷震却乐呵呵地说："一个电话，了解来发达国家最新的研究信息，这钱花得值！"

熊光明毕业后留在德国继续搞研究，现在已经是教授级学者，享有很高的待遇，也带起了博士研究生。

他最近正在研究一项关于"塑料分解"的课题，发现有一种微生物可以分解塑料，但过程十分复杂，有好几种酶。根据初步实验，很有实用价值。由于这一课题可能解决令世界上许多国家颇感头疼的"白色污染"这一大难题，因而很受国际重视。

熊光明自然忘不了自己的博士生导师殷震，感到殷教授比自己的父亲还亲。

在德国，熊光明一直没有申请绿卡，一直是以访问学者的身份进行研究。他的心中一直装着自己的祖国。

熊光明整天泡在实验室里。这种"苦"，许多外国留学生是受不了的。

熊光明有时给殷震打来越洋电话，拿起话筒半天说不出话来。那是他激动得泣不成声……他或许真切地感到，有时离开了老师，才会更感觉到老师对自己是多么的重要；人有时要走到很远的地方，才会感悟到近在身边的真理。

第十六章

殷震培养的第一个女兽医学博士

做殷震研究生的幸运，在于导师一上来就敢把最尖端的课题交给学生。为了"鲜菜"——学生，殷震甘愿舍弃掉自己这块"老姜"。

有一年，在招考博士研究生时，面对一份成绩极好的考卷，殷震教授却犯开了踌躇。

交上这份卷子的考生名叫赵奕。

一个挺硬气的名字，却是一位女性。她的父亲是当时长春市的市委书记。

殷震想，这女孩儿成绩是没说的，但搞研究，特别是兽医学研究，往往是没有笑语欢歌，也没有鲜花与红地毯的。整天泡在实验室内，打交道的都是些玻璃器皿、细菌、病毒、培养基什么的，尽是些既不会说话，又不会哭、不会笑的东西，这样枯燥的生活，一位花朵般的干部子女，能经受得了吗？

殷震像招收熊光明一样，深入细致地认真考察。

他先找出报名材料中赵奕的照片。一看，朴朴素素、泼泼辣辣的，不像是个娇生惯养的娇小姐，心中先有几分欣喜。

他又向了解赵奕的人了解，普遍反映这女孩儿不错，不光学习勤奋成绩好，而且能干能吃苦，每天钻进图书馆就端坐在那里不动窝，跟一只小书虫子似的；学校里有什么公差勤务，像打扫个卫生呀，冬储个白菜呀，都是捋起袖子就干，比农村来的小伙子一点不差……

殷震放心了，也下了决心：这全军第一个兽医学女博士研究生，我算收定了！

临到帮助赵奕选定科研课题，殷震又是按照自己的老规矩：紧紧追踪世界的高科技前沿水平。

"无病原性腺病毒载体的构建"，外行人或许一点也看不出奥妙，但它的的确确是世界性水平的研究课题，也是全军协作攻关的课题。

一开始，赵奕还不无顾虑。她一脸的愁容："殷老师，这么大的研究课题，让我挑头儿，我能行吗？"

"我相信你能行。"殷震不容置辩地回答，"一个民族真正的伟力是根植于它的创新精神。年轻人嘛，就是要敢想敢干敢闯！"

在相当一段时间内，殷震这所大学、那个研究所地轮番咨询，这种资料、那种资料地翻阅，真是忙得不亦乐乎。

赵奕深感自己的幸运。过去她曾听老人们说，在中国要想学到点东西，要先给师傅干杂活，什么端茶倒水、做饭、看小孩儿等。有的师傅还对学生留一手，生怕教会学生，饿死师傅。但殷震可不是这样，一上来就把最尖端的课题交给学生。

1987年金秋，全军召开医学科学技术协作攻关课题论证会，研究室要在会上报告"无病原性腺病毒载体的构建"的研究成果。敏感的女博士赵奕觉得这时节，就仿佛小时候看过的动画片《小鲤鱼跳龙门》，一旦你跳过去，鱼就不再是鱼，而变成龙了。然而这一跳，谈何容易！因为眼前不是"潮平两岸阔，风正一帆悬"，而是"乱石穿空，惊涛拍岸，卷起千堆雪"！

赵奕的小脸儿禁不住又愁得蜡黄。她心中实在没底："殷老师，要不还是您来讲吧。"

"不行。我相信你。"殷震的回答不容置辩，"你讲，我给你助威。"

于是，赵奕一遍遍地试讲，殷震一遍遍地挑毛病。直到赵奕说出了那句话："殷老师，我心中有点儿底了。"

从表面上看，一个月的时间就像小河一样静静地流了过去，但在赵奕的心里，这一个月对她的激励和希望却远远超过了一年！

开会论证的一天终于来到了。

不大的会议厅内，怎么竟坐了那么多人啊！其中既有总后勤部的领导，也有卫生部的领导，更多的还是几十位十分权威的教授、专家……他们大多数人头发花白，两鬓染霜，戴着高度数的眼镜，显然都是一点儿也"糊弄"不得的厉害角色。

乍一站上讲台，从没有见过这世面的赵奕禁不住心中打鼓。然而她朝台下一望，看到殷震教授那慈祥而睿智、闪烁着奇特光泽的目光时，顿时像吃下一颗定心丸，有了一种坚实的依靠。

于是，她静下心来，从容不迫地侃侃而谈。长期刻苦钻研后取得的知识，仿佛化作涓涓溪水，从赵奕口中接连涌出。

俗话说，天道酬勤。整个会场上的专家、教授和领导们，似乎都被这年轻姑娘的精密阐述而折服了。

"不错！搞得不错！"当时的总后勤部卫生部部长韩光喜悦的神色溢于言表，"这个年轻人，有能力，有才干！"

心中最高兴的自然要数殷震：自己带出的全军第一位兽医学女博士，一炮打响了！

人们都爱说：姜是老的辣。但殷震总认为：菜是嫩的鲜。而为了这些"鲜菜"——自己的学生，他甘愿舍弃掉自己这块"老姜"。

赵奕成功地迈出了第一步。

长时间紧张的神经一旦松弛下来，会使人感到格外的倦怠。她是该好好休息一下了。

殷震的可贵之处，在于他并没有就此孤芳自赏，而是把目光投向更高的目标。他一再告诫赵奕：创新是人类本质的最高体现，是社会发展的永恒动力，只有创新才能使我们踏上寻求尽善尽美的希望之路。

不久之后，殷震在一次会议上结识了中国医科大学刚刚从日本留学归来的病毒学专家，感到他的学术研究对赵奕的进一步提高会有帮助，便主动邀请他担任赵奕的校外指导老师。

后来，殷震又从"高手"荟萃的军事医学科学院病毒研究所等单位，盛情邀请了十几名教授、专家帮助指导赵奕。

赵奕不能不感到有一股暖流涌上心房。她用尊重、崇敬的目光感谢自己的导师。

俗话说，功夫不负有心人。这些校外指导老师都为赵奕专业能力训练和课题的展开起到了很好的促进作用，使她顺利地考上美国的博士后。

赵奕的母亲对殷震夫人胡美贞说："我的女儿能够有点儿成就，可都是殷教授手把手教出来的啊！"

远在大洋彼岸的赵奕时时难忘殷震等导师的教诲。她常常有书信汇报自己的情况，交流研究课题的心得：

"尊敬的殷老师，只要我还记得我的父母，我的家，我就绝不会忘记在老师身边学习的日日夜夜，不会忘记您对我的每一点关怀、帮助和师生之间最宝贵的情意……我的思念永远永远在心里。现在我才真正体会到，一个良师对我的事业、生活和工作是多么宝贵和值得回忆，希望很快就能等到重新做您学生的那一天。"

"殷老师，我们室里的课题进展如何？和美国一些搞纯理论研究的课题相比，我觉得我们的课题很有独特之处，突出了我们自己的优势，既可在较短的时间内取得成果，又可借优势在国内外发表。只要很好地组织、保证，一定会成功的。我虽然可能力不从心，但我会去努力做的，我希望终有一天，会和老师、同志们共同分享胜利的喜悦……"

赵奕一直没有忘记自己的恩师。殷震也一直没有忘记自己的高足。1999年6月赵奕回国探亲，殷震还特意请她来参加了博士生论文的答辩会。

第|十七|章

兄弟情深互促进

如果说，坐落重庆的第三军医大学的黎鳌教授，和他在南京军区总医院工作的两位兄弟是同在医学领域、同在军队系统内的"兄弟院士"，那么，殷之文、殷震就是不同领域、不同系统的"双子星座"。这两家"兄弟院士"，都在中国科学界传为美谈。

1993年，在中国科学院硅酸岩研究所担任副所长的大哥殷之文被评选为中国科学院院士。

20世纪的最后一个初春，笔者曾经在上海市淮海中路的一幢高层住宅楼内，采访过殷之文和他的养女（即殷震的次女殷华）。

这是一座幽静的花园式住宅区。不大的庭院紧挨着闹市大街。一幢幢米黄色的楼房隐没在梧桐树翠绿的浓阴里。院中有绿茵茵的草地、清亮亮的喷水池、错落有致的花木……

一开口谈话，笔者就发现殷之文和殷震这兄弟二人，不仅外貌十分相像，而且说话的声音也十分相像，语调里带着上海人的柔绵，不紧不慢，却透着中国学者的刚毅、自尊。

殷之文自己介绍："我俩的性情略有不同。五弟的性子较急，我则比较细致沉稳。我们两人也各有优缺点。因此我们一生中都在注意互相取长补短。"

年过八旬的老人，谈起话来自然未免有些怀旧心理。

出生在鱼米之乡的书香门第，使兄弟俩能从小就接触、掌握最基本的文化科学知识，这无疑是他们共同的幸运。

殷之文对五弟的学业，一直都很关心。

那年，殷之文只身一人到位于上海郊区七宝镇的极有名的私立学校南洋模范中学读书，要乘轮船离开故乡。五弟殷震知道了，想从学校请假专门到码头送他。但殷之文怕影响弟弟的学习，坚持未让他请假。

殷震从小就认为大哥"出道"早，学问高，成就大，于是处处以大哥为榜样，努力要跟上大哥。

殷之文12岁时，就已经家道中落。但父母认为孩子不上大学别人看不起，花多少钱都愿意。为了供长子读大学，父母变卖了不少家产。

殷之文高中毕业时，正逢太平洋战争爆发。风云动荡的形势，不能不影响到他的学业和生活。

到处兵荒马乱，民不聊生，侵华日军猖獗地长驱直入，铁蹄已经践踏了华夏神州的半壁河山。

那段时间，殷之文整个是在日本侵略者的轰炸机狂轰滥炸的惶恐与仇恨中度过的。市区的街道上不是十分凄冷，就是慌乱成一锅沸粥。偌大的国土，却已经难以放得下一张平静的书桌。

不幸的消息接连传来。在痛苦、惊恐中煎熬了许久的市民们，早早就关上自家的门窗，默默点燃香火，祈祷冥冥上苍，盼望祖国的大好河山能被早日收复。

殷之文想，作为一名正在求学的青年学生，我现在又能为祖国做些什么呢？

当时，殷之文最景仰的是詹天佑等爱国科学技术专家，他梦想着自己也能成为这样的人，能实现"工业救国"。

然而，江南许多大学、中学的琅琅读书声都已经被凄厉的枪炮声所打断，人心极度涣散，莘莘学子早已无法正常上课了。

于是，殷之文决定远离故乡，到已经内迁到大后方的国立大学去继续读书。

这时，由上海到昆明的陆路早已中断。殷之文不得不从上海乘船先到香港，再绕道越南的海防。

这段海上行程，乘坐的都是一种十分破旧、看上去已经百孔千疮、摇摇欲坠的小客轮。

伴随着汽笛长鸣，小客轮从水中缓缓拔出沉重的锚链。旋转的涡轮机推动船身劈开细浪粼粼的水面。

汹涌翻腾的海水激扬飞溅，由船舷两侧猛烈地抛向满船离乡背井的人们。

由香港抵达越南的海防后，开始乘火车长途颠簸。

列车的车轮轰隆隆、轰隆隆地飞转着，响亮的汽笛不时鸣叫。

炎热，疲劳，单调乏味的声响……使许多旅客昏昏欲睡，然而殷之文却由于兴奋而陡长了许多精神。车窗外的景物像银幕上的影片一样，一幅幅地映入殷之文的眼帘。

这是些多么扣人心弦的地方啊！高高的峰岚上铺满浓郁的绿色，山路在悠悠地盘旋，即便是荒凉的戈壁也呈现着力量……

或许也就是从这时候起，殷之文似乎特别爱从这绿色列车的窗口朝外凝望。吸烟小憩的时候，停笔遐思的时候，追索记忆的时候，总爱目光深沉地凝视远方……不知不觉地养成了习惯。

列车呼啸着穿过隧洞，车窗外是嫩绿的青纱帐，再往外便是蓝色的山岚。只见松影深青，霁天空阔。山峡之间，鲜花丛里，暗绿色的石雕巍然矗立，似乎正以深邃的目光，沉静地眺望着自己古老的国家。一股强烈的为国家鞠躬尽瘁的庄严情感，油然涌上殷之文的心头。

抵达目的地昆明，殷之文考入云南大学采矿冶金系。

云、贵、川三省，因其与前线的炮火之声渐远，从抗日战争开始后，就成了中国抗战的大后方。

而在这个"大后方"读书的流亡学生，却和广大老百姓一样，过着极其贫困、艰难、不安定的生活。

昔日的"荒蛮之地"，此时更加物资奇缺、物价飞涨、住房拥挤……条件十分艰苦。再加上日本飞机经常空投炸弹，使殷之文也着实受了不少磨难。

有不少家境富足的年轻学生，忍受不了这种清苦，纷纷离校远去。但爱国、上进的热血青年殷之文由于有"工业救国"的志向久存胸中，则很快便适应了艰苦的战时环境。

没有自己的宿舍，他和同学们就借住到老百姓家里。

晚间在阴暗潮湿的破屋内攻读，没有电灯，他就点燃起小小的桐油灯照明。时间稍长，鼻子里灌满黑色的油烟。

清苦中，殷之文总是珍藏着一颗追求事业的不泯之心。

所幸的是校园里依然保持着良好的学习空气：关心国家大事，纪律严明，尊师爱生，刻苦学习成风。那情景用中国古代一副有名的对联形容，就是：

> 风声雨声读书声，声声入耳；
> 国事家事天下事，事事关心！

4年后，殷之文以优异成绩从大学毕业。然而，经济落后再加上战乱频仍，以及官僚资本的极端腐败，大学生"毕业即失业"已成为普遍的现象。

费了很大劲，殷之文才好不容易在云南找到一份临时性的工作。

就在这时候，殷之文遇到了年长自己一岁的江西女子闵嗣桂。她是西南联合大学毕业的高材生，事业心自然极强，而且性格含蓄内敛，总是穿一身没有任何装饰的学生服，从不将精力耗费在梳妆打扮、交际应酬等世俗的事情上，然而却有着一种典雅、庄重的活力和魅力。他俩一下子就谈得很投机。

在抗日战争的烽火中，清华大学也不得不内迁到昆明，与北京大学、南开大学一起组成"国立西南联合大学"。

因为西南联大的缘故，许多内地的名教授和科学家、作家、诗人云集昆明，像李公朴、闻一多、朱自清、陈寅恪、钱钟书、沈从文、李广田、金岳霖都曾经在这里谈论抗日的战场，谈论国家的命运和人生苍茫，或是在各种集会上发表动人的演讲……这使殷之文与闵嗣桂增添了很多学习的机会。

"同是天涯沦落人，相逢何必曾相识。"

两颗年轻的心碰撞在一起，他俩因志同道合而相恋了。没想到的是，感情的水闸一旦开启，便一发不可收。他们的相爱十分默契，投入得既真实又理智。

在昆明，殷之文与闵嗣桂最喜欢去的地方是大观楼和滇池。他们常在浩瀚的水面上泛舟，常在一起诵读清代诗人孙髯翁闻名遐迩的大观楼长联。

然而两人共同约定：不管前面的路有多少坎坷，一定要珍惜光阴，珍惜机遇，珍惜缘分……抗日战争不获最后胜利，绝不言婚嫁之事。

时光过得既漫长又飞快，转眼间就到了1945年。

这一年初秋的一天，闵嗣桂兴冲冲地跑到殷之文简陋的宿舍里。"之文，有一个特大的好消息。你猜猜是什么？"

正沉浸在冥思苦想的科学研究之中的殷之文，抬起头看了一眼笑脸生动的女朋友，禁不住也为她强烈的喜悦所感染。

他故意不说出自己已经猜出的事情本身，而是说了个与两人关系密切的话题："难道是我们结婚的时机已经成熟了？"

"Yes！"闵嗣桂兴高采烈地跳着拉起男朋友的手，大声说，"中国的抗日战争以日本投降而宣告结束。走！我们也参加庆祝游行去！"

那一天，整个大西南都沸腾了！全中国都沸腾了！

昆明市也顿时万人空巷，人们都涌到街上欢呼雀跃，脸上无不带着胜利的微笑。他们奔走相告，燃起火把，敲锣打鼓，鞭炮噼噼啪啪地从四面八方响起，有人甚至将身上的衣服脱下卷成火炬燃烧起来。大家都感到，这是不屈不挠的信念和民族力量所支撑的持久抗战的胜利。傍晚，街头空地上生起熊熊篝火，将人们的激情又引向高潮。许多人看着夜空中异彩纷呈的焰火，喃喃自语：焰火，真漂亮。

是啊，焰火，真漂亮！只有经历过多年苦难的人，才能更深刻地体会到这句话的意思。炮火和焰火，都是火药的爆炸产生的光芒，两者的目的和效果却天差地别。炮火是为了进攻，为了征服，为了反抗，为了破坏，为了杀戮，是人间最可怕最惨烈的景象，是战争、灾难和死亡的象征；焰火是为了庆祝，为了团圆，为了展示和平的欢乐，为了表现人间的繁华和喜悦。同样是火花，同样是爆炸，两者所展示的，却是人类生活中完全不同的两个极端。在满天绚烂的焰火中，殷之文和闵嗣桂默默地为人类的和平祈祷：但愿有那样一天，人间本来用于准备战争的火药，都被改做成了烟花，在一个全人类共庆的夜晚，让象征和平团圆的火焰之花开满地球的上空，万紫千红，此起彼伏。

这天晚上，一些小饭铺推出了一款小吃"油炸鬼"。其做法是把面片先擀成长方形的，折一下就手捏成口袋形状，随之往袋口内打入一个鸡蛋，然后放进热油锅里开炸，两面都炸成棕黄色，捞出来即食，香酥味美，比油炸棒槌馃子好吃得多。当时，卖的、买的人都称它为"油炸鬼"，以吃它来寓意仇恨罪恶的日本鬼子。

第二年，殷之文与闵嗣桂按照事先的约定结为连理。那正是昆明茶花盛开的时日，他俩去了黑龙潭，山畔、水边、绿叶间红艳艳的，连山坡的土都被染红了。

闵嗣桂吟起杜甫的《闻官军收河南河北》：

剑外忽传收蓟北，初闻涕泪满衣裳。
却看妻子愁何在，漫卷诗书喜欲狂。
白日放歌须纵酒，青春作伴好还乡。
即从巴峡穿巫峡，便下襄阳向洛阳。

殷之文则随口吟出明代诗僧担当的七绝《咏山茶》：

　　　　　冷艳争春喜烂然，

　　　　　山茶按谱甲于滇。

　　　　　树头万朵齐吞火，

　　　　　残雪烧红半个天。

　　他穿身西装。闵嗣桂戴顶深色贝雷帽，穿件白上衣，红围巾、黑裙、黑袜、黑靴，鲜亮得像童话中的公主。

　　不久，因了一个偶然的机会，殷之文与闵嗣桂双双得到一笔国外的奖学金。

　　勤奋，果然像灿烂的火花，能使人的生命闪闪发光。

　　他们真想不到自己的生活中会出现这样的转机。大概这就是世人们平时所说的命运吧！

　　殷之文掐着指头一算：哎呀，转眼间，离开家乡已经 7 年有余了。

　　这 7 年间，他与五弟始终书信频繁。他俩经常交流对时局的看法，也经常交流学习心得。

　　殷之文和闵嗣桂夫妇返回故乡省亲，然后经上海乘海轮出发去海外留学。

　　五弟冒着绵绵细雨、瑟瑟寒风、茫茫浓雾去码头送大哥。

　　殷之文站在海轮的甲板上，看到五弟孤零零地久久伫立于码头，痴痴地凝望着自己和茫茫的天际。海风吹乱了他黑黑的头发，也吹得他泪如雨下。

　　在大洋彼岸，殷之文与闵嗣桂先后在美国的密苏里、伊利诺伊两所大学留学。

　　他俩同窗共读，学习十分刻苦。

　　殷之文在密苏里大学获得冶金学硕士学位，在伊利诺伊大学获得硅酸盐材料硕士学位。

闵嗣桂也不甘示弱，相继获得两个硕士学位。

在美国留学期间，殷之文一刻也没有忘记与自己有同样抱负的五弟。

他经常写信向五弟介绍美国的科学信息，而且在抵达美国后不久，就着手帮助五弟办过好几次出国留学的手续。其中最后一次，已经办得差不多了，只是由于种种原因未能成行。

殷之文与夫人闵嗣桂在美国的学习、工作条件都是十分优越的。

但是同为炎黄子孙，这夫妻二人一刻也没有忘记自己的祖国。

1949年秋天，中华人民共和国成立的喜讯传到大洋彼岸。殷之文与闵嗣桂夫妇与其他一些中国留学生聚在一堂，共吐情怀。

大业方兴，迫切需要各方面的人才。中国热情地向海外游子发出了真诚的呼唤。

然而，当时的美国政府对新中国采取敌视和严密封锁的政策。殷之文与闵嗣桂忧心如焚。一种强烈的责任感冲击着他们的心。如烟的往事，漫长的人生，事业上的成功和现实生活中的困惑，都使这对夫妻彻夜难眠。

每天，当殷之文翻过一页日历，就感到仿佛是矗立在面前束缚自己的桎梏又加重了一重……但他相信这样的局面不会无休止地持续下去。

1949年冬天，粗犷的原野，粗犷的夜色，把殷之文那简朴的小屋紧紧地拥抱着，死寂得绝对没有大都市一星一点的喧嚣。

殷之文与闵嗣桂夫妇二人，深为祖国的新生而欢欣，并对祖国的美好前景充满着憧憬。他们作出了一生中一个十分重大的决定。

殷之文与闵嗣桂认为美国再发达，这里的财富也是人家的。而自己出国留学的初衷，难道不是为了学好本领、为祖国的繁荣富强而奋斗吗？

于是，他俩决定同著名物理学家、我国核物理研究的开拓者赵忠尧教授等一起，冲破美帝国主义的重重阻挠，返回祖国。

这一决定自然十分艰难、危险。但殷之文与闵嗣桂认为，路在脚下，直是它，曲也是它，踏破坎坷与险阻，就是现实与历史的交汇点。

1950年2月，数学泰斗华罗庚在由美国返回中国的航船上，郑重发出了一封《致中国全体留美学生的公开信》，呼吁大家"早日回去，建立我们工作的基础，为我们伟大祖国的建设和发展而奋斗！"

缺乏回忆的人往往是残缺的。回忆起那些如火如荼的岁月，殷之文院士感到有种淡淡的甜美。

承载着轮船的大海是那么广阔、宁静、深沉，那么能触发人的复杂联想！

殷之文与闵嗣桂乘坐的海轮经过长途航行，回到阔别多年的上海港时，他们的心禁不住"怦怦"地跳了起来。海岸上那熟悉的座座高楼都亲切地出现在视野之内。

啊，祖国，永远让人依恋与动情的祖国啊！

殷震兴冲冲地到码头去接大哥、大嫂。手足情深的兄弟两人，终于又重逢了。

第二天，殷之文就来到殷震所住的地方。

见到大哥，殷震喜形于色，兴奋地为他倒茶。

殷之文看着那盛茶的蓝花盖碗，淡蓝的双凤构成生动的团凤装饰，既淡泊又古雅，晶莹中透出一股艾青色，仿佛玉琢的一般，多像它的主人，对自己有着一种淳朴的吸引力，一种历史的亲切感。

经历过时代的风云变幻，大地的寒暑沧桑，殷震感到大哥满脸的皱纹像山上的岩石一样坚硬，心胸就像天地一般宽厚。

殷之文回国的经历，艰难而曲折。他讲给家人听后，在殷震心目中，简直就是一部动人心魄的惊险小说。

兄弟俩足足畅叙了一整夜。

中华人民共和国成立之初，殷之文就像一匹不知疲倦的骏马，奔波驰骋在祖国的东部大地。

1950年春天，殷之文北上京城。他在铁道部下属的铁道研究所工作了一年。随后又去了唐山交通大学。

1951年，由于中国科学院要在上海组建硅酸盐研究所，殷之文因工作需要又调到上海。从此之后，他便在这座自己十分熟悉的城市，一直工作了半个世纪。

闵嗣桂也是硅酸盐研究所的研究员。

那期间，著名美籍物理学家丁肇中搞研究需要硅酸盐类材料，采取公开招标的方式。殷之文在众多的竞争者中一举中标，为国家赢得很高的荣誉。

殷之文告诉笔者，几十年间，他与五弟殷震相处较长的有3个时期。

第一个是殷震的童年时期。那时他发现五弟对各类小动物都表现出一种特殊的钻研兴趣。

第二个是1946年他赴美国留学前在上海等船，殷震整整陪伴了他3个月之久。

第三个是1951年他刚刚由美国返回上海，而殷震刚刚大学毕业。

知弟莫如兄。殷之文通过这三个时期与五弟的朝夕相处，深感殷震具备了成为一名优秀科学家的基本素质。

兄弟之间，情同手足。为了支持五弟事业上的成功，殷之文从多方面给了他可能的帮助。

中华人民共和国成立初期，殷震和胡美贞每月除了吃饭、穿衣、买日常用品和书籍之外，往往囊中羞涩。而殷之文夫妇则属于从国外归来的高级知识分子，待遇相对优厚。

殷之文便常常关切地对殷震说："五弟，你看看家中有什么困难？"

"没啥，没啥，大哥。"殷震总这样说。

殷之文便想了个办法。他又对殷震说："要不这样吧！你大嫂总想送你和弟妹些礼物，又不知买啥合适。我看你们自己买吧，买好后将发票给我，让你大嫂给你'报销'。"

殷之文与闵嗣桂没有子女。他俩见殷震子女多，生活上难免拮据，便与他和胡美贞商量："五弟，你看我们这把子年龄了，自己也没个儿女。四弟之成的一个儿子已经过继到我们家。可我们还想要个女儿呢！你俩有三位千金，就放一个在上海吧！这样或许对咱们两家都有好处。"

殷震和胡美贞想了想，的确有道理，不约而同地点了点头。

于是，他俩的三个女儿殷勤、殷华、殷波，都说过要来伯父家。

殷之文和闵嗣桂的性情随和，极易与人相处。他俩认为哪个侄女来上海都可以，让弟弟和弟媳自己定。

于是大小取其中，殷震和胡美贞的二女儿殷华便从小过继给殷之文、闵嗣桂。

二女儿归了伯父，但殷震作为生父从没有放弃过教育的责任。他每次到上海出差，都要专门抽出时间同殷华谈很久很久，从各方面对女儿进行帮助。

大概每个人都会有这样的体会：人活着，这种亲人间的感情极其重要。即使一个人的一生中充满了苦难、艰险、坎坷，只要有这种感情存在，就会使人生的航船有一个避风的港湾，就会有一种根本的温暖的慰藉……

20世纪70年代，殷华因自己"家庭出身"是"资产阶级知识分子"，心理压力颇大。她听别的同学讲"我出身工人阶级"，便羡慕得不得了，觉得他们很神气，思想上无端地生出不小的"压力"。

殷震到上海，在女儿的学校里了解到这种情况，便作为"过来人"，坦然地有针对性地开导殷华道："家庭出身是已定的事，但如何走自己的路，则是可以选择的。要求上进，完全是自己的事。"

殷华所在学校的校长是名转业军人。他见殷震穿着军装，不由得顿时出生一番感慨："荒唐！难道军人的女儿还能说出身不好？"

军人见军人，能交一片心。他们两人十分谈得拢。

就是在这所学校里，斯斯文文、说话不急不慢的殷华加入了中国共产主义青年团。

中学毕业后，殷华被分配在工厂当工人。

殷之文和殷震两位父亲都支持她既要当好工人，又要继续学习。结果，经过自己的努力，殷华相继考上了上海电视大学的机械专业和上海第二工业大学的英语专业。

有一段时间，厂里对脱产学习的职工，取消了发洗衣机等"福利"，学费也涨得厉害。

但殷震鼓励女儿："不要在意这些，咬紧牙关努力读下去！要知道，只有知识才是最基本的东西。"

殷之文认为，生活是永远不会亏待那些脚踏实地、兢兢业业的奋斗者的。而见异思迁、跳来跳去是绝对做不出什么成绩来的。几十年来，他自己就是把全部精力集注到祖国的材料科学事业上，做出了突出的成绩。

殷震一直关注着大哥的事业，并为他的每一项成功而高兴。

1993年，就在殷之文被评为中国科学院院士的当天，殷震就立刻打去电话表示祝贺。

第|十八|章

推荐提名中国
工程院院士

殷震深知每一位院士都是一座丰碑，因此对被推荐提名院士一事并不"上赶"，是大哥殷之文首先鼓励弟弟参评院士。学术界、单位和各级领导都对殷震的专业水平给予了很高评价。

殷震深知，每一位院士都是一座丰碑。

他内心深处，也是向往着自己能够成为院士的。

然而殷震又不能不心存顾虑：从目前看，绝大多数院士都有出国留学的经历，而自己却是一直在中国这块土地上土生土长，没有留学经历的呀。

这时候，是大哥殷之文首先鼓励殷震参评院士。

1994年，兄弟俩一道回苏州给父亲扫墓。

离家千里的游子，总有自己的故乡；奔流千里的江河，总有自己的源头。

他们重回到江南水乡甪直。

小镇的周边环境还是那样美：野外一片一片的油菜花黄灿灿的，直逼天际。微风吹来，湿湿的，爽爽的，使人似乎到了一个人间仙境。

殷震已经多年未回故乡了。他不禁背诵起铭记在脑海里的一首唐诗：

少小离家老大回，
乡音无改鬓毛衰。
儿童相见不相识，
笑问客从何处来。

啊，这就是他们终生难忘的故乡！兄弟俩胸中那页想象的风帆不由得又驶回到遥远的童年。

是啊，他们曾经在这里度过了自己的幼年、童年、少年和青年。这里的房屋、绿树、院落、花木、小河、街道……都是他们生命的根之所长，都维系着他们同先人的感情，都能引发出他们许许多多深沉的回忆。

无论经历过多少曲折、坎坷、苦难，回忆都是带有一种十分美丽的光环的。

随父辈前来的儿女们，更是对"老家"的一切都感到新鲜与激动。

国家变迁，岁月流淌，人生如歌。他们一行在小镇上非常显眼。人们纷纷投来惊异的目光，显然有许多人不认识他们了。

到了用餐时间，他们先在路边找了一家小餐馆，每人要了一碗故乡小吃。

回顾这些年走过的岁月，日子恍惚间回到从前，特别是当年在这里求学的时光。兄弟俩很想能重温儿时的童趣，与老同学叙叙旧日的少年情谊。

有一位老邻居头发白了，胡须白了，眉毛白了，身材也不端直了，消瘦而爽朗的脸庞上挂着笑，那笑容仿佛版画家用刻刀固定在木板上一样，线条明朗得如同春雨洗濯之后那瓦蓝瓦蓝的天空。在经历过许多动乱的年代，人们活得很不容易。但他活下来了，

殷震说："老伯，你不认得我了？"

那老邻居仔细地看了看他，忽然大惊失色："你……是之士？"

殷震莞尔一笑。他的笑脸在灿烂的夕阳下显得温和而慈善。

清清的河水荡着金波，流过一座座小石桥。桥畔高大的大树下，坐着几位中老年人。

一见面，几乎不认识，再细观看，才依稀现出了当年的容貌。当年这些人都是二十郎当岁的小青年，现在却都已饱经风霜了。

幸好还都健在。大家高兴极了，喧闹了一番后，纷纷诉说了各自的生活经历，兴致勃勃，谈笑风生，从眼角溢出的笑容，迅速顺着皱纹淌了一脸。真是几年不见，皆须刮目相看。当然也有的远走他乡，不知所终。

入夜，他们找地方住下。湿润的江风在东江的波涛上掠过。人们絮语如波。

殷震和哥哥殷之文

黎明时分，河涌环绕的故乡又飘起缕缕炊烟。这里的清晨是宁静的，连彻夜吠叫的狗都安静下来。火红的朝阳抚摩着江南的田野，一切又重新开始。

午后，太阳懒懒地照在人们身上，使人有点喘不过气来的舒坦。

兄弟俩发现苏州市和甪直镇都发生了很大的变化。随着国家改革开放的浪潮不断兴起，它们已经成为经济迅速发展的璀璨明珠：名、特、优产品推陈出新，外向型企业、乡镇企业如雨后春笋，新区开发日新月异，旅游项目层出不穷……

殷震站在父亲墓前，心情激动而复杂。

他感到遗憾：父亲生前是最希望子女在事业上能有所成就的。

他如果能够知道大哥已经获得中国科学院院士这一光彩的称谓，一定会十分高兴的。

同时，殷震也在想：自己无论能不能被评上院士，都一定要有所成就。自己没有留学经历，更要在学业上有重大的贡献。

这天夜里，殷震躺在甪直一家小宾馆的床上，思绪仿佛奔腾的春水一样。以往的、如今的、将来的……无数流逝的经历与漫无边际的想象在脑海里纷繁复杂地交织在一起。

对被推荐提名院士一事，殷震并不"上赶"。

当一些学生们极力鼓动殷震参评院士时，他只是淡淡地对他们说："我自己吃几碗干饭，自己难道还不知道？我劝你们不要张罗此事，还是把精力放到课题研究上吧！"后来，他参评的有关材料，还都是机关帮着整理的。

有人说，科学家的心是最容易沟通的。那么，对一母同胞的兄弟科学家来说，就更是如此。

殷之文关注着五弟学业上的每一点进展。他极力鼓励殷震争取报评院士。他说："这绝不是个人的事情。我国的兽医学领域比外国相对薄弱，人才少，因而特别应当争取，也大有希望。"

殷震深深地为大哥的关心与激励所感动。

学术界、单位和各级领导，都对殷震的专业水平给予了很高评价。

学术界在申报材料中，用简明、准确的文字概括了殷震在工程科技方面的主要成就与贡献：

1. 殷震在动物病毒病的基础和防制研究中形成了自己独特的体系，在动物病毒的分离与鉴定方面成果显著，主编了我国第一部系统而全面的动物病毒学专著。

殷震从事兽医微生物专业教学和病毒学研究40余年，在临床病毒学研究领域成绩卓著。他完成了"13种动物病毒的分离与鉴定"，分离鉴定的动物病毒为国内同期分离到的新的哺乳动物病毒数的一半以上，对我国动物病毒病的防治研究起到了极大的推动作用，该成果获国家科技进步二等奖。他在"梅花鹿流行性狂犬病的防治研究"中，分离到国际上新的狂犬病毒变异株，为梅花鹿狂犬病的防治提供了重要依据，并研制成功有效疫苗，该成果获军队科技进步一等奖。他指导完成了"猪O型口蹄疫牛皮肤细胞弱毒疫苗""河南省黄牛狂犬病的病原流行病学诊断和防制""鸡新城疫病毒chr株疫苗"等多项重大课题的研究，分别获军队和省级科技进步二等奖；出版专著《动物病毒学基础》之后，又主编了《动物病毒学》巨著，该书已成为部分农业院校兽医传染病微生物学、动物病毒学等专业本科生和研究生的教材和主要参考书，受到我国病毒学界的好评，认为是对我国病毒学发展的一大贡献，根据需要正在增订再版。他主编的《动物传染病诊断学》和《新发现的畜禽传染病》对我国畜禽传染病的防治研究起到了积极的指导作用。

2. 殷震在国内同类院校中率先开展了基因工程、细胞工程等高科技研究，国内外首次在实验室内实现不同属病毒基因的细胞内重组；转基因家兔的自体植入技术，属国内外首创。

近10年来，殷震指导和开展了重组外源基因在原核细胞、真核细胞以及动物体等不同水平的导入和表达研究，取得多项成果：（1）"不同属小RNA病毒基因的细胞内重组"研究，首次在实验室内实现不同属病毒基因的细胞内重组，得到了可以作为口蹄疫疫苗候选株的重组病毒弱毒株。（2）"肉食兽细小病毒通用核酸探针的制备及应用研究"，采用分子生物学技术对这类病毒病进行检测，不仅成功地应用于军犬和经济动物养殖业的疫病诊断，而且可以有效地为海关检疫提供特异、准确、快速的检测方法。（3）"β-干扰素转基因小鼠和家兔的建立和特性研究"，具有很高的学术价值，在国内居领先水平。其中转基因家兔等的自体植入技术，使受胎率和成胎率明显提高，属国内外首创。此成果显示出重要的潜在社会和经济效益。

3. 主持建立了国内农业院校中具有领先水平的分子病毒学实验室，在转基因动物研究领域已形成特色和优势，达到国内领先水平。

殷震教授是国家重点学科——传染病与预防兽医学的学科带头人，1984年主持建立了国内农业院校中具有领先水平的分子病毒学实验室。该实验室已成为军队首批重点医学实验室——中国人民解放军基因工程实验室。接受来自军内外从事分子病毒学研究的同行进修学习和从事科学研究工作。该实验室特别是在转基因动物研究领域已形成了特色和优势，在国内属领先水平。

4. 创立"培养高科技人才群体立体式教学法"，为培养高水平的梯队和结构合理的跨世纪人才群体做出了杰出的贡献。

殷震教授是我国首批博士和硕士点研究生导师，先后培养博士研究生21名、硕士研究生24名。其中包括我国第一个兽医学博士和全军第一个女博士。在已毕业的博士研究生中，有1人获得德国洪堡科学基金、7人应邀赴国外进行合作研究，有的已成为国外著名实验室的教授或"863"课题等重大科研项目的主持人。在培养高水平人才中，他大胆探索，创立了"培养高科技人才群体立体式教学法"，为培养高水平梯队和跨世纪人才群体做出了杰出的贡献，该教学法1989年获全国教学成果军队级一等奖。殷震教授1989年被评为全军优秀教员、1990年被国家教委和科委评为全国高校先进科技工作者。

殷震多次应邀参加或主持国内动物病毒学领域的重大成果鉴定和博士研究生答辩及国内外学术活动。1984年在澳大利亚"东南亚和西太平洋兽医病毒病会议"上宣读2篇论文，受到大会主席高度评价。他多年来与美国华盛顿州立大学等13个国外学术单位建立和保持稳固的学术联系，近5年在国内外刊物上发表论文40余篇。

殷震教授作风正派，治学严谨，为人诚实，具有高度的政治责任感和科学洞察力，具有甘为人梯的奉献精神，在动物病毒学研究方面勇于创新，不断开拓，使其领导的传染病与预防兽医学科始终保持国内领先、国际上占有一席之地的优势。

时任中国人民解放军兽医大学校长的景在新将军在签署提名单位意见时，简要概括了殷震的上述成果，并补充道："他任中国畜牧兽医学会传染病研究会理事长等多项学术职务，为我国动物病毒学研究做出了突出贡献。"最后郑重写道："为此，特推荐殷震教授为中国工程院院士候选人。"

时任解放军总后勤部部长傅全有上将和政治委员周克玉上将作为"主管部门"的两位"主官"，也郑重地签署了"遴选意见"。

殷震果然不负众望。1995年被评为中国工程院院士。

听到这一消息，他并没有像某些人想象的那样欣喜若狂，只是感到走路的脚步变得更为轻快，浑身更为有劲。是啊，这一殊荣的取得，意味着将有更多的事情在等待着他去干啊！

如果说，坐落重庆的第三军医大学的黎鳌教授，和他在南京军区总医院工作的两位兄弟黎介寿、黎磊石是同在医学领域、同在军队系统内的"兄弟院士"，那么，殷之文、殷震就是不同领域、不同系统的"双子星座"。这两家"兄弟院士"，情况都颇为罕见，因而都在中国科学界传为美谈。

从此，人们都对殷华开玩笑："你多好，有两位院士爸爸啊！"

1999年，殷之文成为中国科学院资深院士。

岁月早已染白了殷之文和殷震这兄弟俩的满头青丝，皱纹也早已爬上他们的脸颊。他们的确已到了迟暮之年，然而了解他们的人都知道，这兄弟院士的精神、性格、气质都始终没有变！

人生的路，说短也短——从生到死，说长也长——从人生的起点到理想的实现。

人生的路，正以其耀眼的光辉在殷之文和殷震这一对兄弟院士的脚下延伸……

第十九章

金色的"人梯"

殷震对学生比对自己的孩子还上心。他的一片真情，产生了强烈的凝聚力。他甘当"人梯"，愿学生和同行们通过自己攀上科学高峰。

殷震不仅是一位学有成就的科学家，还是一位热心教学的教育工作者。他同时还是国务院学位委员会、学科评议组成员，中国微生物病毒病专业委员会副主任，校专家组组长，博士生导师，全国博士后流动站领衔合作导师。

殷震讲课条理分明、重点突出、理论联系实际，学生听后印象十分深刻。在教学中他一向喜欢采用讨论方式，启发学生独立思考，帮助他们综合分析，最后他用少量时间作简明扼要的小结，其广度和深邃令人感叹。这种方式，引人入胜，令人难忘。

殷震诲人不倦，甘为人梯，奖掖后学，桃李芬芳，既传授知识，又以自己的作风和品格潜移默化地影响教育着学生。师从他的专家学者遍布全国乃至全世界，但殷震丝毫没有人们想象中的"权威"的架子，总是平易近人，见到年轻人则微笑致意，时时处处以身作则，循循善诱，对待学生热情诚恳，关心青年的成长犹如兄长、慈父。他对下级的错误，从不疾言厉色地批评指责，而是与人为善地诱导他们自动改正错误。

殷震1997年荣获中华农业科教奖，1999年荣获全军专业技术重大贡献奖，各有5万元奖金。

每一次收到奖金，殷震都是只给自己留1万多元，做鼓励儿女学习之用，其他部分则统统奖给课题组、实验室人员和司机等勤杂人员。

用殷震的话说，这些奖金对自己个人来说都是"飞来横财"。而成绩和贡献是大家共同努力的结果，所以应当首先奖励辛勤奋斗的同事们。

为了给学生研究、出国创造条件，殷震把父亲殷云林留下的珍贵书法作品，以及家里珍贵的工艺品拿出去送给对中国的"国粹"情有独钟的国际友人，用来联络感情，请人家帮助提供信息和资料，协助学生们出国深造。

一次，全国动物病毒研讨会在天津市召开。殷震一心想多让几名学生参加，然而差旅费实在有限。无奈中，殷震作出决定："全体同志由我殷震做起，各按规定将乘车标准降低一级。"结果，殷震按规定本来该乘软卧，此番改为硬卧；原先按规定有资格乘硬卧的，统统改为乘硬座。就这样，花费同样的旅费，多去了好几名学生。

当中国人民解放军兽医大学发展为中国人民解放军农牧大学、后来又发展为中国人民解放军军需大学后，殷震和他的学生们"百尺竿头，更进一步"，精心"运作"十年八载，不仅在兽医方面，而且在整个生物学方面，都达到了国内领先水平。

请数一数殷震这一个个闪光的脚印吧：从"六五"开始，他就大胆放手让学生外出学习，涉足国际研究领域；从"七五"开始，他和他的学生们在"国家队"里开始有了自己的位置；从"八五"开始，他们已经能够承担一些重要课题；从"九五"开始，国内外一些生物工程领域同行业的重大课题都是在这里进行……

几年来，他们已经得到"863"项目、国家自然科学基金重大项目、国家攻关课题、国家攀登计划项目、"973"项目、总后勤部协作攻关课题、省部级重大课题等一系列基金。

只要是稍微内行一点儿的人都会晓得，这些权威性的基金，没有科研实力，是无论如何也申请不来的。

在科研事业上，殷震很舍得投入。

一次，博士后赖良学计划深入研究生物反应器，因需投资数额较大，风险也较大，他不能不有所顾虑。

殷震看过报告后，对自己的学生说："小赖，俗话说，'舍不得孩子套不住狼'，钱嘛，该花就要花。既然是探索，就要允许失败。如果钱不够，我们设法去凑。"

殷震胸怀坦荡，心中总想着别人。每项基金的申请，都是他自己去东奔西跑。跑下来后，则由承担课题的学生掌握。殷震从不把钱攥在自己手里，总想让大家都钻研一些课题。因此，学生们都愿意当他的研究生。

一次申请课题基金，殷震住在位于北京市西翠路的总后勤部第二招待所。他每天要跑卫生部、跑国家基金委……直跑得他全身几乎散架、胃病发作。

为了快些"压住"腹泻，殷震又是按自己的老法子一大把一大把地吃黄连素和氟哌酸，而吃饭时，却只能吃一点挂面。

就这样，殷震拖着一身病体，天南海北地奔波了很长一段时间，才把这项课题基金争取到。

近年来，殷震的研究成果主要体现在动物病毒分子生物学研究、基因疫苗和转基因动物生物反应器这几个大课题上。这些课题都是世界瞩目的前沿学科。

攻坚的难度自然是极大的。但人的胆识和才能一旦被挖掘出来，那就会潜力无穷。殷震向有关领导提出自己的见解：一个实验室要想建立起来，首先要有最切合实际的选题思路，然后根据这个思路进行计划、设计、选人、选购仪器。如果不是这样，就势必事倍功半，白花经费，没有效果。

在做人和做事、做学问的相互关系上，殷震认为要先学做人，再学做事、做学问。同时要在做事、做学问的实践过程中达到做人的高标准、高境界。他要求学生们的格言是：有志，有心，有恒，有成！

"殷震教授的科学思维特别活跃。"33岁就成为副教授的赖良学对笔者说，"我是东北农业大学的博士研究生，又曾经在中国科学院发育生物研究所等大单位作过课题。那里的设备、条件都非常好。然而我在考取殷震教授的'博士后'之后，感到在他的指导下，特别容易发展研究思维。"

赖良学与殷震教授第一次见面，殷震就开诚布公地问："赖良学，对这个课题你有什么新的想法？"

"我现在还没有。"赖良学答，"但以后肯定会有的。"

从那以后，每过一段时间，殷震教授就会重复一次那句开门见山的询问："赖良学，你有什么新的想法？"

这询问，像一股极大的推动力，促使赖良学不断地去"想"，真个像殷教授一样，吃饭、睡觉时都在琢磨研究课题。

殷震时时刻刻是既做先生，又做学生。他从来不拒绝尽快吸引各种先进的东西。他用的电脑和学生们的电脑早就上了因特网，因而当他从网上看到来自国外的一些信息，便及时通报给自己的学生："这方面，人家起步比我们早。我们一定要紧紧跟上，通过研究、试验，做出自己的特色。"

在前些年癌症成为社会上的热门话题时，殷震想：人或动物为什么会患肿瘤？追根溯本，是由于它们身体中的一部分基因出了毛病。殷震又想：如果将好的基因注射到基因较差的动物身上呢？

他和学生们不仅想，而且亲手实验。他们将牛的生长激素基因注射到小老鼠的受精卵中，小老鼠果然长得快了许多……

殷震紧接着又发现，这种方法虽然好，但带有一定随机性，不好控制。于是，他和学生们进一步探索效率更高的方法。经过反复实验，将原先往卵子或受精卵里转的基因改为往睾丸的曲精细管里转，取得了较好的效果，也创造出世界上从未有过的先例。

这项实验，后来被列入国家"863"计划，在国际性的学术会议上做了交流。

经过坚持不懈的追踪与探索，殷震及其学生们的研究水平，已经达到了这些研究领域的前沿。

基因疫苗被誉为疫苗学的一次革命性进展，是将病原体中能够诱导免疫保护的DNA片段通过肌肉或皮内接种，使其在人和动物相应细胞的核内存在，经过转录和表达，使细胞持续生成带有病原体特征的蛋白质分子，从而激发机体产生对特定病原体的免疫力。由于这种疫苗没有引发感染的危险，便于生产和保存，并能较好诱导产生体液免疫和细胞免疫，因此前景十分诱人。这也是当前国际上医学和动物医学界竞相研究的热点课题。据科学界有关方面预计，在21世纪，全世界可能会兴起一个基因疫苗热。

殷震紧紧抓住这个苗头，在国家攻关项目基金的支持下，在分子生物学、细胞学、病理学和免疫学等学科领域多方位、多层次地开展了猪瘟病毒、鸡传染性法氏囊病毒和鸡新城疫病毒基因疫苗的构建与应用研究，取得了令人瞩目的进展和数据。虽然国内许多科研单位也在搞基因疫苗，但就其深度和广度而言，殷震领导的研究小组始终处于前沿地位。

殷震习惯于自己亲手掌握第一手材料，然后根据实际情况分析判断。

在讲课和与学生谈话时，他从不只是泛泛地说一般道理，而总是结合自己的亲身体会，入情入理地进行分析和解剖，把问题讲得十分透彻，令人心服口服。

1990年农业出版社出版的《基因工程学入门》一书，从头到尾都是殷震主持编写的。他设计了书的框架，拟定了书的章节，审定了书的题目，分派学生们一人写一个章节。

在编写过程中，学生们用蓝笔写，他用红笔改。从论点、立意到错别字、标点符号都一丝不苟，直到改得满意为止。改来改去，有时稿纸上已是一片红色。

知识分子历来对"名"十分看重。这并不是坏事。从某种意义上说，也是理所应当的。

《基因工程学入门》发排前，学生们恭恭敬敬地将殷震教授的姓名排在前边。

然而，书印出来后，细心而敏感的女博士生赵奕却首先发现书的封面和扉页上都少了殷教授的名字。

她先是有些惊讶，心想，这可能是编辑们的疏忽吧，一定要立即告诉他们设法改过来。

然而紧接着她又否定了这个想法：出版社是做什么的？不就是给作家、学者们出版著作的单位吗？训练有素、堪称饱学之士的编辑们是干什么的？一般来说，他们就是漏点儿别的东西，也绝不会漏掉作者的名字呀！

赵奕马上找来另一位胖乎乎的博士生史元元。

史元元一看，也有些愣了。

正在这时，另一位硕士研究生金宁一也来到实验室。他见到赵奕和史元元惊愕的神情，忙问："怎么了？有什么新闻？"

赵奕没有说话，将样书递给了他。

"咦？怎么没有殷老师的署名？"金宁一像是问先于自己来到实验室的两位同窗，又像是问自己，"发稿时，我们可是一致决定把殷震教授的名字列在前面，让他'领衔'的呀！"

三人顿时沉默了一会儿。但很快就都恍然大悟：噢！书稿最后是殷老师终审后让人挂号寄出的。要说原因，只能出在教授自己身上。

同学们的分析果然没错。

原来，的确是殷震教授审阅完书稿后，大笔一挥，把列在最前面的自己的名字完全划去！

……

像这样名淡如水的例子，对殷震来说数不胜数。

殷震的学生们都反映，在研究和实验的过程中，殷震教授允许学生们大胆探索，每一步进展不是命令式，而是商讨式、研究式，出现了问题都是教授自己承担责任，而取得成果，他又总是把学生的名字排在前面。

作为生物学家，殷震深深懂得人的寿命是有限的，但事业是无限的，需要一代接一代的人去努力，去追求，去完善。他常对人说："一定要重视研究的后续作用。"因此他很注意提携年轻人，更注意对年轻人的引导。

殷震深知，浮躁是现代人的通病。因此他认为，年轻人嘛，很难没有一点业余爱好。按说，业余时间打打扑克、下下棋、跳跳舞，也并不过分。然而，切记不可"过度"。"过度"了就会"玩物丧志"。

他认为作为科研工作者，常常很难像其他人那样尽到为人夫、为人妻、为人父母的责任，也很难享受家庭的天伦之乐。当二者发生矛盾，必定是要以强烈的事业心、责任感认真履行自己的职责，出色完成各项任务。

有时，为了"治一治"迷上弈棋的学生，殷震故意地从棋盘上拿走一枚棋子。原本智商颇高的学生们，顿时明白了导师的良苦用心，于是谁都再也不好意思在"玩"上过度分心了。

殷震不反对学生们打乒乓球、打篮球、跑步，认为那样可以锻炼身体，也可以调剂脑力。但他不提倡学生们沉迷于脑力游戏，打什么电子游戏机。他认为人的精力是有限的，与其在颇耗时间的脑力游戏上付出，不如将更多的时间和脑力倾注到自己潜心从事的事业上。

对学生，殷震以"诚"为基础，以"严"为手段。

学生们发现，殷震与众不同，最不愿意放长假。

那年春节后第一天上班，个别人探亲未归。

殷震见有人未按时到办公室，锣齐鼓不齐的，马上生起气来。

他沉着脸对身边的学生们讲："奋斗与成功是一对不可分离的孪生兄弟。世界上没有唾手可得的成功，没有一蹴而就的事业，当然也没有坐享其成的快乐。"

说完，殷震便坐到了写字台前。

他发现几天不到办公室，写字台上的信件、报纸和国内外的医学刊物，已经满满地堆了一大摞。

殷震从桌面上拿起剪刀，一封封将牛皮纸信袋口剪开。

他发现有些信需要尽快回复，便立即提笔写开了回信。

平时，不管谁寄来论文或材料请他指导，殷震都是有求必应，认真修改。尽管其中有的人，他原本是并不认识的。

一次，一位乡间兽医来信求教，殷震及时回信给予指导。他针对对方急于求成的焦躁情绪，启发他坚持脚踏实地的努力，多一些平和的心态与理性的思考。

一次，广东沿海一位战士从报纸上得知殷震教授搞的是兽医专业，便冒昧地来信求教，请殷震指导自己搞好连队的养殖业。殷震深深地为年轻士兵的好学精神所感动。他回了信，并让秘书寄去了书。

一年过后，那战士又写来了信，表示殷震教授寄的书对自己帮助很大，又提出工作中遇到的一些问题，并索要新的书刊，殷震又给予解答并寄去了书刊。他在信中引导这位战士"面对大千世界的种种诱惑，要牢牢把握好青春时光，始终拥有一种积极向上的精神境界……"

一次，一位外地的学生给殷震寄来材料。不巧，殷震不在，因而没有及时看到。夫人胡美贞心疼老公，心想：老殷既要带那么多博士生、硕士生，又要指导科研、对高、精、尖的设备进行管理，还要写论文、编教案，哪有那么多时间？便将沉甸甸的材料原封不动地寄回去了，只写信说明"殷教授太忙"。

殷震回来后不知怎么知道了这个消息。他十分生气，立即跟老伴较起真来，并马上给外地的学生回信，要回了材料，抓紧改好后亲自贴好邮票寄去。

殷震常说："我这个人对名利看得不重。既然当'人梯'，那就让我的学生和同行们登到上面去。无名英雄也光荣。"

常常是遇到学生出现差错，心直口快的殷震便当面"熊"，过后又向学生道歉。而在背后，殷震总是说学生们的好话。

殷震认为，对知识分子，既要看他在哪儿学的，更要看他学到了什么；既要看他在干什么，更要看他干出了什么；既要看他本人干出了什么，更要看他培养出来的人才干得怎么样。

军需大学专家组副组长李毓义教授说："知识界曾经有些人将知识据为私有，而对培养接班人不上心，藏心眼，留后路。而我认为殷震教授有一个很难得的最大优点：教书育人全身心地投入。他对知识不保守。跟人谈话时，不管自己掌握多少，都倾囊而出。这对知识分子来说，是很难做到的，也是最值得赞扬的品德。殷震什么时候最高兴？当他的学生做出成绩、被社会承认的时候最高兴。他什么时候最伤心？当学生中有的出了毛病（如出国逾期不归）的时候。每当这时，他总会连连念叨：'真不该！真不该！我没想到！没想到！'殷震真正做到了'不以物喜，不以己悲'。"

殷震读报很注意有关专业的各方面信息。看到与哪位学生有关的，他就亲手剪下来，及时交给那位学生，供他们参考，启发他们的思路。

遇到有外宾来访，殷震总是将学生推到前沿，让他们直接与外宾交流，也借此锻炼、提高他们的外语口语能力。

澳大利亚一位科学家邀请殷震前去访问，殷震想到自己的研究生扈荣良应当有一个出国进修的机会，便想安排他去。

当时扈荣良所在的课题组内人手很紧，但殷震认为目前国内水平尚不先进，要想科研上有所作为，必须走出去增多学习机会，因此"忍痛割爱"，安排其他研究生来接替扈荣良的课题，自己亲自充当推荐人。

扈荣良当时还是中级职称，有些人认为，既然出国留学，走之前就不必提升职称了。但殷震还是主张给其提升为副教授。

这使扈荣良感到与母校、导师有一种不可割舍的感情。

扈荣良出发时，殷震送他一直到机场。

在机场，殷震旁敲侧击："我送熊光明时，他在机场掉眼泪。你掉不掉眼泪都没有关系，但我期待你回来！"

这话扈荣良始终记在心里。

许多人出国久了，都申请绿卡、办了移民，但扈荣良却始终没有。

半年后，扈荣良写信问殷震："您看我是现在就回去，还是多学习一些时间？"

殷震认为机会难得，要想真正学到一些东西，半年时间似乎短了些，于是主张扈荣良多学段时间。

殷震了解、信任扈荣良。他多次对人说过："像扈荣良这样的人就应大胆放出去，甚至多放一些时间。他肯定是会回来的！"

两年多的时间内，这师生二人经常通信。殷震在每封信里都要介绍国内的情况，介绍研究室内正在进展的课题。

扈荣良回国前，殷震发电子邮件询问好航班班次，表示一定要到机场去接。为此，殷震先赶到北京。

这是殷震院士亲自到机场专门接的第一位留学生。

殷震在机场等了好几班飞机，在最后一个航班上才接到扈荣良。

天气很热，但殷震考虑得更周到。他专门联系了一辆空调车去机场，使扈荣良一下飞机就感到祖国的舒适与温情。

扈荣良回国后不久，因食物过敏而牙床肿胀。他本不想告诉殷震。但殷震得知后，从实验室专门爬到没有电梯的 6 层宿舍楼上，嘘寒问暖。

扈荣良的女儿原先在国外读小学二年级，回国之初因涉及学籍问题，无法插班到二年级，而只能从一年级读起。

殷震知道了这个情况，特意找到校政治部机关："请你们一定帮助解决。这就是最大的政治！"

最后在政治机关帮助联系下，小孩如愿以偿地读了二年级。

不久，殷震发现这女孩儿的口腔因天气干燥而有些溃疡，便托做旅游工作的大女儿殷勤借出国之机，买回一种专治口腔干燥的药，送给扈荣良一家。

扈荣良目前从事的转基因动物研究，在国内外处于领先水平。

对学生们的恋爱、结婚等生活琐事，殷震都考虑得很细。

他严于律己，从不向组织提出什么个人的要求。只是有时为了学生，才肯破例求人帮忙。

殷震的研究生涂长春是军需大学最年轻的副研究员、国家"863"课题的主持人。当他夫妻两地分居的困难长期难以解决时，殷震便一而再、再而三地去找有关部门，同他们一起商量办法。最终将涂长春的爱人从南方调到军需大学工作，并由一名地方干部转为军队文职干部。

殷震不待见那些女性化十足、喜欢沉溺于卿卿我我之中的气短男儿。他平时常以"过来人"的体会，关心地对学生们说："我感到，一个人找什么样的爱人很重要。一般是爱人好，事业就会好。像博士生余兴隆就是这样。他的爱人对丈夫很支持。虽然家就在研究所旁边，但余兴隆为了搞科研、出成果，没有星期天，也没有节假日，每天都钻研到夜里11点多，有时十天半月也不回家……"

在殷震引导下，他的学生们也都坚信这样的做人之道——忠实是一种永远之志，是对向往目标矢志不渝的追求，是无怨无悔的奉献。人活在世上，如果仅仅靠物质的东西维持的是一种原始的生活，它只保证你的躯体还活着，而人生的真正意义应偏重于精神世界；人生的精彩的生活，需要一个坚强的支点。这个支点激励你度过人生的逆流，给你一种汹涌澎湃的力量，让你无时无地都向往着光明，将全部心力倾注到科研事业之上。他们懂得了有艰难才能有作为，勇于向困难做斗争，本身就是一种吸引力和凝聚力，索取与奉献，是两种截然不同的价值取向。

对学生的问题，能帮忙的，殷震教授都满腔热情地帮忙。有一位外单位来进修的博士后，毕业后要自己找工作，殷震积极帮他推荐，最终到了首都医科大学。

对学生们的职称、房子、待遇等问题，殷震一方面帮助他们积极争取，另一方面又注意教育学生："对这些问题应看得淡一些，不应过分追求。"他常常讲，"生活上，我每餐饭有一碗面条就足够了。"

有一名外单位的进修生，原本不是自己研究所的人。殷震得知他是从西北农村来，家中生活相当困难，便决定每月由自己个人资助他200元。

殷震在学生中特别注意做团结、统一的工作，绝不允许争名夺利、钩心斗角。如果发现有这些方面的苗头，他总是立即进行批评、制止。

一次，一位学习、工作很好的研究生对室里的奖金分配有点想法，总认为给自己的少了。

殷震听说之后，立即将这名学生找来："你，怎么搞的？这样可不行啊！我们研究室还从没有出现过争奖金的事情呢！……你这是红太阳中出现个黑点！"

那名聪明的学生顿时意识到自己错了，马上进行检讨。

一名博士生外出开会时因走亲访友而精力不集中，在会场上有时找不到人。殷震立即让人将他找来："一个单位风气很重要。我们研究室可绝对不能形成吊儿郎当的风气！"

那名学生立即改了。散漫人变得严谨、勤快了。

殷震经常语重心长地对学生们说："对于人际关系，我信守'以诚待人'的原则。百姓者，百性也。这就是说，人性各异，一百个人可能会有一百个不同的性格。有的人温良恭让，有的人粗暴急躁；有的人慷慨豁达，有的人吝啬猜忌。在学校内或工作单位里，我们可能与各种不同性格的人相处。在12亿多的中国人中，就你们这几个人或几十个人碰在一起，共同学习或工作，成为同学或同事，可以说是一种'缘分'。既然这样，又何必钩心斗角，搞'窝里斗'呢？有的人可以交心，可以成为真正的知心朋友；有的人虽然不能交心，但也可以相交嘛！只要彼此以诚相待，团结为重，至少可以和平共处。"

殷震的一片真情，产生了强烈的凝聚力。他不仅爱才如命，也不仅想方设法地从各地、各方面搜集人才，而且更能团结住一批批才华横溢、风格独具的人才。在殷震的带领下，他们实验室内的小气候一直很好，仿佛成了上苍刻意营造的学术空气很浓的一方净土。

在研究所的每一间办公室，气氛都是紧张而又祥和，工作都是兢兢业业而又高速运转，到处都能看到人们忙碌的身影。他们用朴素真诚的话语，表达出他们对这一战斗集体的挚爱与信赖。

在殷震带动下，整个研究室结成一个紧密的战斗集体，充满浓厚的研究空气。他们的共同点是无论主攻方向是什么，既然来到研究所，就一头扎进去不断钻研，很快成为这一领域的行家里手。随着新鲜知识的积累和眼界的拓宽，他们的思维方式和业务能力大大得到升华。

曾有一个时期，社会上"玩"风日盛。同以往相比，眼下大城市乃至许多边远小市镇的夜生活，都是相当丰富多彩的。每每暮色降临，华灯初上，白天的喧嚣刚刚沉静，接踵而来的便是闹市街头的灯光与喧哗。人们不仅走向电影院、音乐厅、剧场这些传统的娱乐场所，而且走进咖啡馆、酒吧、音乐茶座、卡拉OK、迪厅等新兴的"宣泄"场所……然而，当有些人热衷于在霓虹灯闪烁的夜总会、歌舞厅、酒吧间劲歌曼舞时，却总还有些人在挑灯夜战，不知疲倦地攻关不停。

在军需大学的校园内，就有这另一番情景。

每天夜里，万籁俱寂，但偌大的校园内，午夜时分总还有些单位依然灯光明亮。这里面，就少不了殷震所在的兽医研究所。

实验室内灯光灿烂，一片寂静。殷震和他的许多学生都把这宁静的夜晚当做攻坚的极好时机。

那种十分肃穆的寂静，能使人更强烈地感受到一种对于知识的顶礼膜拜的氛围。

殷震总爱根据亲身体验，谆谆告诫自己的学生："珍惜时间，便是珍惜生命。你想充分地拥有生命吗？那就充分地拥有你生命的全部时间吧！注意！是全部！即不只在你的上班时间里，而且还在你工余的'休闲'时间里。这，恰恰是一般人所不容易做到的。但这是青春激情的另一种'宣泄'，是生命神采的另一种展示。生命质量与生命价值的提高，往往也在这里。"

于是，年轻学生和研究生的人生观和价值观在艰苦奋斗中得到检验与磨炼。许多有头脑的年轻人都知道要珍惜、抓住、用好"机遇"，在部队中建功立业。

为了鼓励学生，殷震也常请父亲殷云林有针对性地给学生们写条幅。

送给熊光明的是"高瞻远瞩"。

送给赵奕的是"赛须眉"。

送给史元元的是"锲而不舍"。

1998年年初，由殷震院士提名并推荐，病毒研究室博士生导师夏咸柱研究员被聘为国务院学位委员会第四届学科评审组成员。与此同时，兽医研究所所长、博士生导师朱平研究员也被国家自然科学基金委员会聘为第七届学科评议组成员。金宁一、冯书章、涂长春、杨永胜、韩继福等一大批年轻的学科带头人，已经在军队和地方各二级学术委员会中担任了副理事长、理事等职。

一只萤火虫发出的光亮或许是十分微弱的，然而许许多多微弱的光集聚到一起，就能形成耀眼的光芒。

1999年6月，殷震73岁生日。有人建议到大饭店搞一个生日聚会。殷震立即制止："不要搞。如果你们一定想要表示表示，就代我把所有学生的照片收集起来，搞一册小小的影集。"

后来，殷震一直珍藏着这本影集，并每年都根据学生的增添而增添一点。

在采访中，笔者有幸看到这本很有纪念意义的影集。里面收存的照片神态各异，丰富多彩，有单人的，也有合影，有些甚至是颇有品位的艺术照，使人能联想到一支朝气蓬勃的生力军，能联想到一个创造力十足的社会层面。

有一段时间，社会上很多单位是处处谈钱，而殷震的实验室内，则是处处谈贡献、谈事业。

女作家宗璞曾说他的父亲冯友兰先生有"甘于奉献，坚守学术，薪尽火传"的精神，因此才能内心始终为他源源不断地补充"正能量"，才能使他始终保持了澄澈的目光。笔者认为，这段话用来说殷震也非常恰当。正是由于有"甘于奉献、坚守学术、薪尽火传"的精神，他才能不仅在早年取得重大成就，成为兽医学界的一代泰斗，而且能在成为中国工程院院士后的晚年，继续做出众多突出贡献。

由于殷震人格魅力的影响，一些原先在其他单位表现一般，乃至吊儿郎当的，来到实验室后也逐步转变，由后进成为先进。

不光对自己直接带的学生如此，就是对全校"广义"上的学生，殷震也都无不充满厚爱。

副师职军官李贺军清楚地记得，1997年他刚到农业经济管理系当主任，得知殷震教授刚刚从北京参加两院院士大会归来，便大胆地邀请教授给全系师生作一次报告。那几天，殷震正忙得不亦乐乎。但面对年轻系主任渴盼的目光，他慨然应允了："小李啊，对你们那一方新的专业，的确是应该扶一把！"

报告的日子，殷震准时来到会场……报告圆满结束后，李贺军才知晓：就在报告开始前一小时，殷震才从沈阳出差回来，到家后没有来得及喘息片刻，只喝了一杯水、啃了两口干面包，就驱车赶到殷切等待的全系师生面前……

年轻系主任的眼睛禁不住湿润了。

那年，又一名年轻军官王罡筹建植物分子生物学教研室。"万事开头难"。他想向大名鼎鼎的殷震教授请教，可又不敢开口。

谁知殷震早就不只关注自己从事的兽医学研究，而且同时十分关心相关学科的发展。他似乎看出了王罡"口将言而嗫嚅"的忐忑心态，便主动找到这位刚刚挑起教研室大梁的年轻人，认真谈了自己对研究选题的意见。

两鬓斑白的李毓义教授只比殷震小6岁，应当说是同时代人。但他一直恭敬地说："我是殷震老师的学生。"

有一段时间，李毓义由于某些事情不是很"顺"，产生了想调走的念头。

殷震得知后找到他，诚恳地说："毓义啊，你可是兽医大学培养出来的，不能够忘本！至于情况嘛，总是会越变越好的……"

李毓义按殷震老师的期望留了下来，终于成为全军兽医学界的佼佼者，后来成为殷震的助手，担任了军需大学专家组的副组长。

人生贵真诚。唯有真诚才能终生受益。高尚的付出自有高尚的回报。

1997年的一天夜里，殷震的夫人胡美贞半夜听到风吹窗户"咣咣"乱响，便想起来关一下。谁知她走到走廊里便突然栽倒。她呼唤小阿姨把自己扶到卧室安放在床上，可是一时已经说不出话来了。胡美贞不幸患脑血栓偏瘫在床。从此，都是学生与学生的爱人们轮流去他家照料。人们看到后都羡慕地说："好人得好报。这是殷震教授应得的回报。"

在殷震的病毒研究室工作的有博士研究生和博士后39人，硕士研究生16人。殷震先后被评为全军优秀教员、全国高校先进科技工作者。他的"培养高科技人才群体立体式教学法"荣获了全国教学成果军队级一等奖，并荣获中华农业科教奖和总后勤部"一代名师"荣誉称号。

在这些殊荣中，一个人只要具备了一项，就已经足以自豪终生。

1997年4月8日下午，在中国人民解放军农牧大学的科学会堂内，举行了总后勤部首批科技"金星""银星""新星""一代名师""伯乐"奖的颁奖仪式。

只见大会议厅内座无虚席。甚至连窗台上也挤满了人。

殷震激动地说："'一代名师'这顶帽子，让我戴着太吓人了。其实，我认为自己只做到了50%。我也只是培养了一批人才，这是一半；而我和全国的著名院士比，还有很大差距，所以那一半还没有做到。"

第二十章

为了生命焕发出更大活力

有其师则有其生。为了生命焕发出更大活力是这对师生"黄金搭档"的共同追求。带着成年人的使命感站在历史的面前。

坐落在上海黄浦江畔的一家大会议厅朴素，凝重，庄严，有序，处处显现着一种特殊的气氛。

1994年10月23日，第四次基因工程学术会议正在这里进行。

中国人民解放军农牧大学一位年轻代表所作的报告《艾滋病病毒外膜蛋白的表达和调控》，引起全场强烈反响。

人们分明听到了一种生命要求焕发更大活力的昂扬而深沉的声音！

与会的学者、专家群中出现小小的骚动。因为这报告中所阐述的，确实是一个颇富创见的崭新命题。

他们不能不感到强烈的惊喜与欣慰，纷纷用惊奇、热情的目光看着发言人。

"知道吗？这小伙子是殷震教授的学生，别看年龄不大，已经是农牧大学的副研究员了！"几名与会者窃窃私议。

这名"小伙子"就是金宁一。

笔者见到他时，这名刚过不惑之年的朝鲜族文职军官，从行政关系上说，已经是殷震教授的"顶头上司"——军需大学军事兽医研究所病毒研究室的主任了。

金宁一应当说是他们这一代人中的幸运儿。

他由于自己的不懈努力，从插队的农村考上了延边农学院的兽医专业。

谈起在农村插队的生活，金宁一并不是一味地叹息命运的不公，也不是单纯认为那是一种时间上的浪费。他的看法颇有辩证法："事物都是具有两重性的。在农村插队，使我们晚上了两三年大学，但在社会实践这所大学校里，我们受的磨炼，使我们多了一些如今年轻人所缺乏的宝贵素质，像能吃苦耐劳、比较注重实际、心理承受能力较强……"

是啊，金宁一这一代人，同人们通常所说的"老三届"年龄相近，有许多类同之处。他们这些人大多都有着比较曲折坎坷的人生经历，是一个当代中国几乎与每个家庭都有密切关系的特殊群体。他们曾遇上困难时期的严峻考验，刚刚步入青少年花季，迎面而来的却是"文化大革命"的狂风骤雨。他们曾真诚地付出了一腔热血，又曾被打入困惑的深谷，忍受过许多"莫须有"的罪名；紧接着而来的是"上山下乡"那含辛茹苦的岁月；回城就业时，他们没有来得及准备好业务专长，却赶上了要"文凭"、重"文凭"。如今，尽管他们中的不少人又赶上了面对"下岗"的困惑，但他们依然义不容辞地承担着自己的责任……他们有着一种顽强的再生能力——在厄运和艰难环境中一次次地被"击碎"，又一次次地"重塑"自己。哪怕在一些人的眼里，他们已经成了折断的枝桠、衰败的花蕾，然而又能在新的断裂层上迸出新枝。

正是那种艰难跋涉的特殊经历铸就了这代人特殊的生活取向与性格特征。如今，他们这一代人正值盛年，和更年轻一些的人相比，显然更成熟、坚定，更具实干精神，带着成年人的使命感站在历史的面前，就像收获季节树上的果实，鲜亮、殷实、饱满。

在这些人里，金宁一无疑又堪称幸运儿。

他热爱兽医专业，学习中不怕苦不怕累，实习时需要自己动手抓猪，他抓得满身是粪，但毫不在乎。

大学毕业后，金宁一被招录为中国人民解放军农牧大学的硕士研究生。然而他认为自己更幸运的是能够长期与殷震教授共事，而且在殷震的指导下进行课题研究。

1985年，金宁一被派到中国科学院微生物研究所，在莽克强教授等指导下搞基因工程。

北京城近郊区西北角有一片地方叫中关村。这里聚集着中国科学院的好几个研究所。一个个名字人们都耳熟能详的老科学家们，就是在这里为新中国的科学技术事业奋斗到生命的最后一息。

当时，金宁一和他的同伴们生活条件极差，住的宿舍就是实验室的地下室。那里潮湿，阴暗，没有阳光。吃的伙食也差，既缺乏营养又没有味道。

殷震时时关心着金宁一。每次出差一到北京，他就首先打电话给金宁一，并找车将金宁一接到宾馆，幽默地说："小伙子，辛苦了！你到我这儿，还是首先解决一下饥饿与营养问题吧！"

于是，殷震就想方设法地给他弄点儿最富有营养的美食，同时适当地给他申请点儿补助。

1990年，殷震听说有两名日本教授在延边，便萌生了送金宁一去日本深造的想法。

他叫上金宁一："走！咱俩一起走，专程去你的故乡延边，找那两个日本教授联系办你去日本留学的事儿……"

不久，金宁一带着老师和领导们的嘱托，以共同研究者的身份，漂洋过海，飞赴日本，到京都大学病毒研究所进行重组痘苗病毒载体和艾滋病基因工程疫苗的研究、开发等项目的合作研究。

在日本留学期间，金宁一勤奋学习，刻苦钻研，很快就以独到的见解与课题进展的快速度受到日本方面的好评。有些研究成果，还在日本申报了专利。他的论文《艾滋病毒VPU基因与ENV基因的关系》《高效表达的痘苗病毒载体构建研究》《艾滋病毒ENV基因的高效表达研究》等，一经发表，便在日本引起了震动。

为了使金宁一在日本安心、集中精力，殷震出面，使金宁一的妻子也到了日本"陪读"和工作。

突出的成果与卓越的研究才华，使金宁一到日本的第二年便被京都大学聘请为在留资格教授，并成为博士研究生和硕士研究生的指导老师。

光阴似箭，日月如梭。

金宁一在日本的工作期限很快就满了。

一天晚上，刚要休息的金宁一听到叩门声。

原来是京都大学病毒学研究所的佐藤教授来访。

"宁一君，我希望您能继续留在日本工作。工资和其他待遇等问题都好商量。"

第二天，西岛安则校长又亲自出面盛情挽留。

其他几家日本大公司听到消息，也纷纷聘请金宁一到他们的公司进行艾滋病疫苗的研究开发。有名的太阳化学公司甚至以每月50万日元的高薪聘请。

这时候，金宁一的妻子也在日本工作，她的留日期限还未满期。因此金宁一若想继续留在日本，是完全有理由、有条件的。

然而，"每依北斗望中华"。舒适的工作环境，完备的实验条件，丰厚的物质生活待遇，都没有动摇金宁一按期回国的决心。

他对劝自己的人说："作为一名中国人，我的根在中国。虽然目前国外各方面的条件都优于国内，我只要多待一年，就能多收入10多万元人民币，然而我认为中国学者，只有为祖国做贡献才有意义。"

金宁一带回故土的不是日元、美元、家用电器，而是一大批靠省吃俭用节余经费买下的科研资料和仪器。

他按期回到长春。

金宁一看到校园里兽医研究所新建的那片白色楼群，在朝阳照耀下熠熠生辉，胸中不禁涌起一股跃跃欲试的春潮。

他发现这片楼群的设计很有新意，高低错落、和谐并存的楼体，半圆形的广场，既不张扬，又能体现出中国改革开放的胸怀。它令人想到的是未来而不是过去，而面向未来，正是殷震教授及全所研究人员的精神风貌。

识才、爱才、荐才、用才，是殷震的一贯思想。为了使年轻专家更快成长，殷震主动推荐金宁一担任病毒病研究室主任，同时还推荐金宁一兼任由自己担任主任的全军基因工程实验室的副主任，使他成为自己最得力的助手。

殷震认为用好一个人，就是树立一面旗帜，就能成就一番事业。

世界上没有什么是一成不变的。社会在变化，人的关系也在变化。

虽然从行政关系上，自己的学生成了自己的领导，然而殷震仍然时时关心、扶助金宁一的工作。

他支持金宁一通过在职申请，获得了博士学位，并被学校提前晋升为研究员。

有时室里上报材料、下发通知，都是用"室主任金宁一、教授殷震"的落款。

殷震与金宁一两人，一老一少，配合得十分默契。不少人形容他俩简直是珠联璧合的"黄金搭档"。

金宁一渐渐发现，长春虽然没有东京那样的喧闹与繁华，也没有太多的时髦与流行，但却不仅有着中国发展中省会城市的规模，而且有着乡野的稻穗飘香与自然清新，更有着一片不甘贫瘠而默默耕耘的盎然生机。

金宁一把在国外学到的先进科学知识与管理经验用到实际工作中，终于不孚众望，成果迭出。

为了使自己承担的科研项目赶超世界先进水平，金宁一把目标放在世界科技最前沿，在殷震等老专家的支持指导下，组织了7个研究组进行调研，积极进行国际合作与学术交流，同韩国汉城大学遗传工程研究所签订了3年技术合作条约。

他带领4名博士、6名硕士与1名进修人员承担了2项国家自然科学基金资助项目，都取得可喜成果。

殷震对金宁一的支持与爱护，还表现在他经常时不时地"敲一敲"自己的"高足"。

每当金宁一取得一些新的成绩、新的荣誉时，殷震就用真诚、肯定又含有提醒的目光望着这位年轻人："小伙子，你目前头上的'桂冠'可是不少了，因此特别要谦虚谨慎，应高调做事，低调做人……"

殷震向来信守"以诚待人"的原则。他想，大千世界，人的性格各异，但只要彼此以诚相待，就一定能够协作好。他和金宁一所在的研究室，光博士研究生以上学历的研究人员就有几十人，真正成为一个人才荟萃之地！

"70后"卢强是殷震院士的关门弟子。他的主要研究方向为人兽共患病毒病与分子免疫学。由于殷震的精心培养与自己刻苦努力，卢强成为预防兽医学博士，已主持并完成两项军队卫生部青年基金课题、一项吉林省基金课题、一项国家自然科学基金面上项目课题，发表了论文几十篇，编写了《分子生物学技术》《大肠杆菌O157》《兽医手册》等著作。他的致病性嗜水气单胞菌的检测、分型和耐药性研究等成果获得2004年军队科技进步三等奖。

现在卢强是吉林大学教授、人兽共患病教育部重点实验室副教授，目前主持的两项国家自然科学基金课题分别是"应用差减cDNA文库筛选鲤白细胞免疫应答相关基因"和"PA28激活因子在鲤白细胞MHC1类抗原呈递中的作用机制"，教育部重点实验室课题"流行性出血热病毒的分子分型和病毒演化的分子机理"。

第二十一章

把目光瞄准
世界科学前沿

改革开放的春风，使殷震越来越频繁地走上了国际讲坛。他用科学家特有的目光凝视着异国的一切，既感到新奇，更充满对未来的向往与希冀。

改革开放的春风，使中国的科学家和科学技术工作者越来越多地走上了国际讲坛。

在科学研究上，殷震很注意学习别人的长处，对国际上最新的医疗技术、最新的科技动态、最新的研究信息，都广泛采纳，多方汲取，以为自己所用。他志在通过国际交流，与同行建立联系，同时扩大自己课题的影响，使其汇入世界科学的大舞台。

殷震晓得中华民族要想在21世纪崛起，舍此绝无出路。

殷震认为不仅文学需要灵感，医学也同样需要。因此每参加一次学术活动，他都要交上一批朋友，都会在与朋友的交流中迸射出思想的火花。

十几年来，许多国家与地区都留下了殷震辛勤探索的足迹。

1985年，殷震应邀到澳大利亚出席"东南亚与西太平洋兽医病毒学术会议"。这是殷震第一次踏出国门，一切都未免感到新鲜。

飞机呼啸着腾空而起。透过舷窗，殷震发现无论北半球还是南半球，天空、大地、海洋，似乎都奇妙地融汇在一起。整个航程都充满了轻松和愉悦。长途跋涉的疲劳顿时一扫而光。科学家纯净的心境，似乎很快都能与美丽而宁静的自然景观融为一体，产生神奇的沟通。

一下飞机，殷震便用科学家特有的目光凝视着异国的一切。

整洁、清新、繁华的城市，使他既感到新奇，更充满对未来的向往与希冀。

澳大利亚地广人稀，畜牧业在国民经济中占的比重很大，被称为"骑在羊背上的国家"。

因而兽医的社会地位比一般医生要高，考兽医也比一般医生要难。

尽管周围的语境已经都变成了英语世界，但殷震每天还是忙得不亦乐乎。

他广泛交友，白天参加会议交流，餐桌上频频交谈，晚上出入图书馆，查阅有关期刊、资料……中国学者的勤奋、聪慧、刻苦，令其他国家的同行们十分钦佩。

殷震只有一个信念：抓紧这第一次出国学习的机会，把一切有用的知识带回国内，为自己的科研课题服务。

在近半个月的会议上，殷震一直很活跃。

科学，显然是能超越国家、民族、阶级界限的一种国际语言。

科学家与科学家相遇，也是"酒逢知己千杯少，学遇知音万卷穷"。

殷震参观了两个在世界上都很著名的研究所。

外国同行们严谨的科研方法、极高的工作效率，深深地影响着殷震。从中，他也不断暗暗寻找着我们国内的差距。

每次与这些同行们相见，都使殷震受到极大的启发、激励与鞭策。

"狂犬病弱病毒株"就是从这次认识的法国科学家佐罗教授那儿"引进"的。他还从澳大利亚一所大学搞来一种鸡的疫苗株。

从澳大利亚回到长春之后，殷震马上召集全所人员开会，向大家详细介绍了这次国际交流的情况。国门外那些新鲜的情况，无论从感觉还是知觉上，都给了殷震与学生们许多全新的刺激和启示。

不久，在美国留学的三女儿殷波和女婿来信请爸爸、妈妈赴美探亲。

华盛顿州立大学早就对殷震的事业十分欣赏，得知信息，立即发出邀请，表示愿意出旅费、住宿费，并聘请殷震当合作研究员，一道研究几个课题。

这些课题主要是对水貂冠状病毒与细小病毒的研究，以及对疱疹病毒的研究，等等。

殷震高兴地接受了这些邀请。他知道美国是一个历史虽短，但很善于标新立异的国家。因此它有着很强的创造力和冒险精神。这也使得它一直走在世界的前列。

1986年春天，一架国际班机缓缓地驶进跑道。继而升空钻进云层，向大洋彼岸飞去……

在十几个小时的空中旅行中，殷震的大脑一直没有停止思考。他想得最多的是，到了美国，怎样才能更有效地与那里的同行们交流。

"先生，请问您到美国哪里？"邻座一位黄头发、蓝眼睛的旅客友善地问。

殷震也友善地回答了他。

"是探亲？"

"对，既是探亲，更是学术交流。"

听了殷震的回答，那位外国旅客赞赏地点点头。

"到了！到了！"胡美贞最先望到地面上的美国城市的建筑物，兴奋地说，"原来地球也就这么大。"

在机场上，他们见到阔别多年的女儿殷波和女婿、外孙。

女儿家的房前，有一个绿叶扶疏的小院。大洋彼岸湿润的风轻抚着一家人的面颊。

在女儿长帘飘卷的居室内，丰俭随意的家庭晚餐，使老少三代人都感受到家庭的拥抱，亲情的温暖。

殷震和胡美贞新奇地看看这，看看那，或在小院里悠闲地散步，或坐在旧藤椅上，深深地呼吸着清新鲜美的空气，看着白色的日影从自己身上缓缓移去，感到十分舒坦、自得。

闲暇时，每天他们都会在家里的台阶上洒一些小米，原来是要喂鸟呢。

果然，没多久台阶上就出现几只"咕咕"叫着的小鸟。它们大大咧咧地巡视，玩耍。这道风景让殷震和胡美贞喜悦——有小鸟串门，说明生态好，人鸟关系也改善了。他们想起到一些国家考察时，常见鸽子围着人转，人与鸟儿都是好朋友，从来互不伤害。

殷震的探亲生活，本可以过得宁静、温馨。

然而，殷震是个工作惯了的人。

他当天就向女儿和女婿询问："到华盛顿州立大学怎么个走法？"

女儿和女婿帮父亲尽快与华盛顿州立大学取得联系。

尽管最初几天，与中国正好相反的时差弄得殷震颇不习惯，有时甚至头昏眼花，但他还是只用凉水冲冲脑袋，便抓紧时间投入了工作。

美国科学家的研究经费多，研究条件好。实验室都是用电子计算机控制。其仪器之精密，操作之灵巧，都是少有的。

尤其给他留下深刻印象的是美国的图书馆，不仅建筑十分现代化，而且各种资料应有尽有。殷震每天都要挤出时间到这里来，在知识的海洋里尽情地遨游。

然而，殷震认为学习是相互的。翘尾巴自傲与夹尾巴委琐，都不是正确的人生态度。对科学家来说，既要尊重别人，又要正视自己。看不到别人的长处，是你无知，看不起自己，则是你无能。

比起美国的科研事业，我国有短处，但也有自己的长处，绝不能妄自菲薄。比如虽然从仪器设备、操作程序等硬件来说，我国的条件还暂时比不上美国，然而炎黄子孙的聪明才智一点都不比洋人差。

殷震十分熟悉的水貂冠状病毒就是我国科学家分离出来的，而美国科研机构搞了许久却没有能分离出来。

因而美国科学家对此很感兴趣，一再详细地向殷震询问："贵国是怎么搞的？"

殷震告诉了美国同行。

他们都感到收获极大。

历史很短的美国人是崇拜强者的。他们没有因袭的重负，善于兼收并蓄，发现了别人的长处便愿意真诚地将其学到手。

掌声，白皮肤、黄皮肤、棕皮肤、黑皮肤……各种肤色的手拍出的掌声，都朝着来自中国的殷震教授响起。

从这热烈的掌声里，殷震也意识到：广泛交流与迅速发展，实在是关系密切的一对孪生兄弟。

听说殷震来到美国的消息，位于明尼苏达州首府的明尼苏达大学也发出邀请，恳请殷震去他们那里进行学术交流。研究课题是猪繁殖与呼吸综合征病毒。

小汽车在蒙蒙细雨中穿过绿色海洋般的平原，由华盛顿州向明尼苏达州疾驰而行。飞转的车轮在湿漉漉的路面上激起一溜白雾。

明尼苏达这座文化氛围颇浓的幽静小城，沐浴在一片温暖的夕阳中。

殷震在工作之余，常爱沿着林荫道缓缓散步。

不长的时间内，殷震不仅从美国朋友那儿得到很多资料，而且把血清和毒株都取到了。

随后，殷震又应邀来到南达科他大学，交流课题是病毒的诊断技术。

一进南达科他大学的校园，殷震就感触极深。这所高等学府坚持要常规技术为基础，相应发展先进技术，处处都以实际效果为主。相反，我们以往则是常常盲目追求先进技术，而不管实际上有用与否。如一度有些人认为搞病理"没水平"，便使这项不可缺少的研究领域没有太多人愿意搞了。

紧接着，殷震又应邀来到艾奥瓦州立大学。他主要参观了病理系，交流了有关猪的繁殖障碍研究。

美国朋友对殷震教授的到来非常热情。在有名的阿克斯弗得实验室，有一家规模很大的半封闭的工厂，原本只让参观一小部分，但由于殷震的到来，却破例全部开放。殷震还被允许在那里拍摄了许多有价值的照片，用在自己的学术专著上。

在一项项的交流过程中，殷震一直是带着问题参观，虚心地学习人家的长处。

他的日程表安排得很紧，因而不得不挤掉许多休息时间。但殷震即使缺乏睡眠，两眼也依然充满活力，依然发射着不乏青春气息的光芒。

在参观访问的过程中，殷震有个突出的感觉，就是人家的实验室管理比我们的严密，十分务实，不做表面文章。

殷震想，中国人的思维能力、学术水平并不比美国人差，有些方面甚至还要强些。然而在国内为什么成果反而出得慢？他认为一个重要原因是后勤保障较差。比如在美国，研究人员下周准备做什么工作，只要开一张单子放在那里，技术员就会给准备得好好的。而这在国内是远远做不到的。

就这样，殷震仿佛是一只上足了发条的闹钟，在将近半年的时间内，几乎没有一时一刻的间歇。这需要精力，需要耐力，需要体力。他自信自己的生命还具备一个干事业的人所必有的活力。

殷震马不停蹄地访问了美国的6所大学、1个研究所，与美国科学家结下了深厚的友谊。

美国居民相对富裕的现代化生活，以及那几座城市宽阔、整洁、清丽的风情，都给殷震留下了很深的印象。他渴望能多学一些本领，多搞一些交流，然而却从来没有产生过"留在美国"的想法。

殷震深知自己的"根"在中国。正如古话所说的："梁园"虽好，并非久留之地。

岁月迅速而又认真地流逝着……半年的时间转眼就过去了。

6个多月时间，殷震扎扎实实地当了近200天的学生。

深秋，霜露渐降，寒风飒飒，群芳凋零。然而女儿家的院子里，生命力极其旺盛的菊花却竞相开放。树叶也纷纷飘落，每一片也都是金黄的。

回国前，殷震从威斯康星大学要来或买来许多国内极缺的血清、病毒。由于病毒遇热就要死掉，因此启程前，殷震特意通知农牧大学的兽医研究所专门派人乘飞机由长春到上海去接。

途中，在横绕地球的漫长飞行时间内，殷震一直把藏有这些珍贵的血清、病毒的易拉罐带在身边。

"先生，请问您需要用点儿啥？"每当空中小姐热情、甜美的声音响起在耳边时，殷震总是回答一个固定的单词："冰块！"

十几个小时的漫长行程呀。相继要来的冰块，都是用来不断冷却必须低温储存的血清、病毒的。

空中小姐们或许都会心存疑惑："这位中国先生怎么这样能吃冰呀！"

飞机落下云霄。

殷震凝视着舷窗外隐隐飘动的白云，胸中回响着一个深沉的声音：祖国啊，您的儿子回来了！

随着时间的进展，殷震在国内外自己这一研究领域的影响越来越大，事业的触角也越伸越远。从澳洲到美洲，从西欧到日本……到处都有他事业上的朋友。

为了赶超世界先进水平，几年来殷震已经向国外一些大学、研究所推荐了十余名研究生。他们的足迹已经遍及美国、英国、日本、澳大利亚、新加坡……

实践证明，中国的人才质量一点也不比发达国家逊色。殷震培养的许多博士生这周去，下周就能投入实验与工作。

殷震有个诙谐的说法，叫"高级劳务出口"。他认为西方发达国家之所以能在科学技术方面走在世界前列，关键是他们在长期的市场经济环境中，形成与规范了对优秀人才吸引、使用的机制。我们可以借用这些东西，让学生们带上国内正在搞的课题，利用国外的条件、设备，到国外去继续研究。

为了给学生们的研究、进修、出国深造创造条件，殷震将家中最好的工艺品——著名学者周瘦鹃精制的盆景都送给能帮上忙的外国专家了。

90岁高龄的父亲殷云林是江南有名的书法家。殷震常请父亲泼墨挥毫，将其书法作品送给外国专家。

他晓得在21世纪经济全球化的浪潮中，竞争将更为激烈。而一切竞争，无不归结为科学技术、人才或制度的竞争。

人才流动是近百年来的世界性话题。国外优越的学习、工作与生活环境，使一部分留学生未能及时归来。如何看待暂时未归的学生？殷震认为应具体情况具体分析，反正这些学生都是炎黄子孙，总是会"落叶归根"的。

殷震对留学生的学习抓得很紧，经常联系，定期检查。

留学生们也经常向殷震教授汇报、交流情况。每年逢到殷震的生日，客居海外的留学生们都会纷纷来电祝贺。

他们怎能不极其热爱自己的导师？因为在"外面"，那些同行们只要一听说自己是"殷震教授的学生"，立刻就会受到热烈的欢迎和尊重。

将科技成果转化为生产力

科学是最高意义上的革命力量。而一项技术如果不能尽快转化成产品，其价值就会大大打上折扣。

自中国共产党第十五次代表大会的报告中提出"科教兴国战略和可持续发展战略"以来，有关知识经济的话题，就越来越渗透到社会生活的方方面面。

随着"入世"及知识经济时代对中国社会越来越深的影响，人们开始认识到人才和知识在社会发展中的决定作用。脑力劳动、知识与土地、劳动、资本等其他生产要素相比，已经成为主宰社会发展的重要资源。

按照马克思的观点，对于人类社会的发展，"科学是最高意义上的革命力量"，因而对于科学的理解、认识与态度，关系着一个国家的兴衰存亡。

按照现代社会的观点，一项技术如果不能尽快转化成产品，其价值就会大大打上折扣。

过去，人们讲得很多的是科学家培根的一句话："知识就是力量。"而如今，人们还应大讲特讲的是关于知识的另一句话："知识就是财富。"

一次，殷震同李毓义教授一起到位于北京五棵松的军事医学科学院黄翠芬院士的研究室参观。这对儿军需大学专家组的正副组长一边看，一边议论：看来搞科研，一定要"上、中、下配套"，要特别注重应用科学的研究……

回到长春，殷震便同研究所朱平所长探讨基因工程如何由"上游"向"下游"转化的问题。他与李毓义大声疾呼："要坚决反对'半截子工程'！"

从那之后，殷震考虑得更多的是，一个专家、教授倘若不将自己的研究结果直接放到生产实践中去检验，倘若不将其尽快转化为生产力，怎样能实现你的价值呢？

军需大学及其兽医研究所，都让专家、教授直接登上产业舞台，实现了教育、科技与产业的有机融和。

因而当殷震带领学生们从转基因兔、鼠的奶中提炼抗血栓药取得成功后，又进一步探索，如果抗血栓药能从牛奶、羊奶中提炼，那么从一只羊和一头牛的奶水中所提炼出的药品，价值就可达到几万至几十万元……他坚信，只要把知识变为生产力，研究成果就会产生极大的经济效益。

在殷震院士的精心指导下，很多高科技科研项目都瞄准市场，产生了十分可观的经济效益。

如他指导于永仁研究员、韩慧民副研究员进行的对"水貂细小病毒肠炎病"的研究，荣获了国家科技进步二等奖、吉林省科技进步一等奖；对"水貂细小病毒灭活苗"的研究，也荣获了国家科技进步二等奖。这两个项目对全国水貂养殖产生了很大的保护作用，直接带来了二三百万元的经济效益。

夏咸柱与殷震共事近30年，当他还是一名年届"而立"的助理研究员时，就被殷震"你们可以自己选择研究课题"的鼓励激发起烈火般的科研热情。

有一次，夏咸柱在南京偶然听说眼下警犬病甚多，便在殷震教授指导下悉心进行关于"犬狂犬病、犬瘟热、犬副流感、犬腺病毒、犬细小病毒病"的研究，最终研制出"犬五联弱毒疫苗"，不仅荣获国家科技进步二等奖，而且已经在1999年12月取得农业部颁发的《新兽药证书》，获得1 000多万元的经济效益。

殷震预感到博士后扈荣良关于"长效TPA突变体的开发研究"能产生积极的经济效益，便多方鼓励、支持他早出成果，帮助他从大连一家公司取得5万元的科研启动经费。并在1999年9月，带领他亲自去宁夏银川考察，探索与西部地区合作开发的可能性。

在本书前面已经写到过的由殷震教授带大的一名女兵与学生宋新荣，现在就是在社会上颇有名气的"江中制药"的研究所副所长。她认为，高技术是直接从深厚的基础学科里研究开发出来的。倘若将一个企业比拟为一座大楼，那么这个企业进行科研开发的机构，就是它的根基。改革开放发展到今天，那种不需要多少知识、只要大胆和"钻政策空子"就能成为大款的时期已经过去了。我们进行的每一个项目，无不是将知识变成经济的工程。缺乏高科技含量的经济，除了在激烈的竞争中失败、逐步被淘汰出局，不会有别的出路。如今世界上那些比较容易直接拿来使用的资金越来越短缺的时候，只有知识经济才是最赚钱的经济。

第 二十三 章
"脱俗" 的人生

殷震不但终身在潜心研究生命的奥秘，而且终身在倾心探求人生的真谛。他不但创造了兽医学界的奇迹，而且塑造了人世间的楷模。他常用来自勉的四句话是：工作上奋发进取，学术上精益求精，作风上严谨务实，生活上适可而止。

军需大学兽医研究所的老政委张洪庆大校，将殷震教授的人生概括为"脱俗"的人生，认为一切人间之"俗"他都厌弃，一切人间之"雅"他都具备。

在殷震心目中，生命有三种状态——

初级的快乐是肉体的快乐，那是饱、暖、物、欲。

中级的快乐是精神的快乐，那是诗词歌赋、琴棋书画、游走天下。

高级的快乐是灵魂的快乐，那是付出、奉献，让他人因为你的存在而快乐！

平庸的人只有一条命，叫性命。

优秀的人有两条命，即性命和生命。

卓越的人则有三条命，性命、生命和使命。它们分别代表着生存、生活和责任！

人与人的差距，表面上看是财富的差距，实际上是福报的差距；表面上看是人脉的差距，实际上是人品的差距；表面上看是气质的差距，实际上是涵养的差距；表面上看是容貌的差距，实际上是心地的差距；表面上看是人与人都差不多，内心境界却大不相同，心态决定命运。

殷震认为人生就像登山，倘若仅仅为谋生而忙碌，则大多在人生的起点徘徊不前；而凡为升官发财而钻营者，无不弄权丧志，直至利令智昏、铤而走险；只有为人类、社会的进步而执着贡献，以至宏愿如迷，才能超凡脱俗，终会有所创造，从而达到人生的最高境界。所谓"脱俗"，就是淡泊人生，超越自我。

院士，是我国在科学研究和工程技术方面设立的最高学术称号，具有崇高的终身荣誉和学术上的权威性。它代表着我国当今科学技术队伍的最高水平，是我们中华民族的骄傲。

按照世俗的眼光，评上院士之后的殷震，似乎是该有的全都有了：事业的成功，名声的显赫，物质的充裕，家庭的和睦……似乎完全有条件将个人生活处理得更舒适、更时髦一些，然而殷震追求的目标显然不是这些，他始终驾驶着人生的风帆在事业的汪洋大海中搏击！

以中国工程院院士之尊，在人们想象中似乎该是前呼后拥了吧？即使许多很好的专家、学者，能与人民群众同甘共苦，但由于地位所在，也未免多多少少带有先声夺人之气。但殷震却十分谦和朴素，毫无架子，总是给人以如对挚友之感……

殷震不但终身在潜心研究生命的奥秘，而且终身在倾心探求人生的真谛。他不但创造了兽医学界的奇迹，而且塑造了人世间的楷模。他常用来自勉的四句话是：工作上奋发进取，学术上精益求精，作风上严谨务实，生活上适可而止。

在现实生活中我们可以发现，有些人对什么职务、级别、待遇等，是斤斤计较、甚至锱铢必较。而在军需大学及军事兽医研究所的众多同事印象中，殷震的兴奋点却几乎是百分之百地投注到自己为之终生奋斗的事业中去。他从来不考虑个人的事，满脑子想的都是课题。至于其他的一切物欲、杂念，都被列入摒弃之列。殷震是真正做到了把事业当作人生的最大追求，把高尚人格当作人生的最大精神财富，把做学问当作人生的最大价值。

由于社会上不正之风的影响，在许多高等院校里，一位学问突出的教师所受到的尊重、所享受的物质待遇、所拥有的话语权，常常赶不上一位学术不那么突出、却占有一官半职的教师。于是，对大多数教师来说，与其追求思想上的自由和学术上的卓绝，不如谋取个行政职务来得更实惠、更体面！

而殷震不然。他十分赞同法国著名作家莫泊桑的那句名言："一个人以学术许身，便再也没有权利同普通人一样生活"。他认为人生一世，只有做人、做事、做学问可以延续，而其他东西都是身外之物。

改革开放以来，军队干部曾多次晋级提薪，但每一次殷震自己竟然都不知道。他对自己个人的事儿不上心，为事业的发展却是挖空心思，几乎没有休过节假日，每天加班已成常态。出差时往往是饿了便在路上啃个凉面包，或干嚼一包方便面，渴了便喝一口矿泉水。

平时遇到上级领导，殷震往往没有更多的话，只是颔首微笑而已。

打电话、谈问题他也是有一说一，有二说二，三言两语就能干脆利落地将事情处理完。

每逢开大会上主席台就座，一般人往往会利用这点时间喝喝茶、养养神，而殷震则是打开公文包，或者取出文件看，或者抓紧时间改材料、记笔记。

殷震认为，开会，一定要开积极的会，而且要处处有心，争取坐第一排，积极发言。不能开无效的会。

对实验室的设备、装修，殷震要求很高、很严。但他的办公室却只能用"简陋""陈旧"形容，里面被写字台、书柜、文件柜等挤得满满当当，显得十分局促。但你一进入里面，就能感觉出它洋溢着一种很正的风气，有一种强烈的凝聚力。

直到2000年春天，实验室需要进一步装修，室主任金宁一和副主任涂长春才再一次提出将院士的办公室也"捎带"着装修一下。

谁知建议一出，殷震照例坚决反对："我这办公室不是很好吗？

花这钱干吗？"

金宁一和涂长春也急了："殷老师，这不是你自己的事，而是关系到我们学校的形象啊！"

考虑到学生们和具体工作人员的难处，殷震才默然。不过他只答应装修一下地板，以便和其他房间"保持一致"。

一般的应酬性"饭局"，殷震从不参加。单位的"工作午餐"，他则一般都不请行政官员，而全是博士、硕士等业务干部。结果，吃饭的过程，几乎成了开学术论证会的过程。

殷震面容和善，平时爬满皱纹的脸上总是蕴涵着一种内向深沉的感情，有着一种学科泰斗所特有的风貌。他每到一地，都和部队的干部战士同甘共苦，毫不特殊。吃的是和基层干部战士一样的饭菜，住的是部队的普通招待所，从来不让部队搞特殊招待。

有时，接待单位为迎接他准备的美酒佳肴，殷震都态度坚决地要他们撤下，最多只能上普通的四菜一汤。

外出开会，殷震总是将时间安排得很紧，搞完学术活动，就尽快赶回实验室。

一次，殷震带着博士生金宁一、赖良学等去大连参加一个学术活动，按规定餐费都由接待方签单。

住在海滨城市好多天，他们却没有吃过一顿像样的海鲜。

临离开时，学生们建议："到了海滨，吃一次大虾不过分吧？"

殷震道："好，一人要一只虾。"

但他一问价格，一只虾就需30元，便连连说："我看算了吧！虽说我们吃饭都是接待方签单，但在吃上花钱太多，我心里就感到不安。"

结果，整个海滨之行，他们没有吃一次海鲜。

生活，大约永远处在人们的有聊和无聊之中；而生命，却无时无刻不在匆忙进行。只是你感觉到和感觉不到而已。

当殷震按部队有关规定分到军职待遇的宿舍后，不少人建议：

"教授，这下该好好装修一下了吧，至少要安上铝合金门窗吧？"

殷震却断然回绝："房子嘛，我的观点是能住就行，搞那么排场干吗？简直是累赘！"

一次，殷震路过一幢宿舍楼，看到一家家都在颇为"像样"地装修。他不以为然地说："装修后光线太暗，又太拥挤，真是花钱买罪受！"

旁边一位年轻干部说："现在可是'兴'这个呀！"

殷震继续摇摇头："如果是花钱买面子，那就更没有必要了。要争面子，还是应当从事业上去争！"

殷震的穿戴极为朴素。他认为一个人千万不能被浮躁的物欲和情欲所形成的所谓"潮流"所诱惑。

平时，他的棉袄袖口破了，都是请夫人胡美贞稍微用针缝缀一下就继续穿。

一次，殷震带研究生扈荣良到上海开会。他旧皮鞋上的鞋跟不知怎地忽然掉了。

扈荣良就给导师买了一双，并对殷震说："教授，这双旧的就扔掉算了！"

殷震却非把新皮鞋的钱塞到扈荣良手里，并死活不让他将旧皮鞋扔掉。

回到长春，殷震让老伴儿将旧鞋拿到鞋摊上换了一只鞋跟儿，继续穿了起来。

在实验室见到扈荣良，他抬抬脚说："你看，这就是你要扔掉的那双皮鞋！我稍微拾掇拾掇，穿着不是挺好吗？"

殷震多次意味深长地对笔者说："人生的价值不能仅仅集中在生活上的吃喝玩乐。在社会经济日益发展和好转的今天，日子过得好一些，吃点好的，穿些好的，是完全应该的，因为提高物质生活水平本身就是我们奋斗和争取的一个重要目标。但是必须有个前提，那就是不能脱离自己的经济条件，不能脱离周围群众，不能盲目追求奢侈。"

在如今不少人往往用"利益"取代原则的情况下，殷震心目中的原则性却丝毫没有减弱。

在院校、研究所等学术单位，评职称、审课题、评奖等，都是颇为敏感的话题。而殷震恰恰是这几个"敏感地带"的评审委员会的委员。

目前，由于职称、得奖等都与待遇等实际利益挂钩，某些评委也因得了某些参评者的"好处"，因而陷于其中难以自拔，会上投"关系票"的情况不少。

然而殷震认为，出现这一问题的症结，完全在于学科带头人，就看他们能不能完全出以公心。

他在这一敏感问题上则敢于公开宣称："既然要我当评委，我就决不当投'关系票'的'举手派'。"

果然，在评选过程中，殷震始终十分较真。有些人明知有问题，要么缄口不语，要么不先发言，须等到别人讲过后才不痛不痒地说几句。而殷震却显然是"炮筒子"一个，发现问题就坦率地提出，动不动就给人家挑毛病。

一次评职称，一位颇熟的同事怕考英语，找到出题的老师"走后门"，结果成绩比一些博士后还好。但这"南郭先生"口试时就"露馅儿"了。

这位同事诚惶诚恐，先找到殷震，想请教授为他说情。

殷震自然没有应允。于是，该同事又找到一些学校领导，并请校领导打电话给殷震教授。

谁知殷震软硬不吃，就是不同意。他说："我的原则是有真才实学者必用，搞假的绝对不能蒙混过关。"

一次评审课题，有一个单位报的课题是说从梅花鹿的血液中可以同时分离出脑炎和狂犬病毒，而且论文写得头头是道。

殷震感到有些离奇，难以置信，便刨根问底地询问："是谁做的实验？在哪里做的？"

报评者回答："就是在兽医大学病毒实验室做的。"

殷震当即就气不打一处来："我一直在实验室，这样的试验我怎么能不知道？可见根本没有经过实验。"

没说的，这个课题当场就被"枪毙"了。

有一次评奖，某单位申报说他们发明了一种胶粘马掌，不须用钉子钉，只用胶水一粘就可以了。这种胶结实得很，泡在水里也泡不开。马安上这种马掌，走起路来没有声音，十分有利于战备。

评委们听了，自然都认为这是件好东西。

但殷震回来一查资料，发现这"发明"国外早就有过，已经算不上是新鲜的东西。评奖一事自然告吹。

殷震认为，为了促进科学的发展，对于学术上的问题，宁可要求得严格一些。

还有一次评职称，有人把在殷震指导下搞成功的一项获奖课题作为条件报了上来。评委研究时，其他评委没说什么，倒是殷震自己提出疑义："这项课题获了奖不假，经济效益也颇明显，然而将它作为一个人学术水平的标志，却不能说明什么问题。因为同类项目，在别的动物身上也做过类似的实验，因而这项研究从技术上看，并没有什么新的突破，技术上没有什么太难的，说明不了什么学术水平多么高。"

殷震这样做，有时难免"得罪"些人，但他认为，凡事首先要看是对还是不对．而不能首先看别人高兴不高兴。

俗话说，一滴水可以反映出太阳的光辉。那么一个人的一些"区区小事"，往往也很能折射出一个人身上的闪光的品质。

按照军队的有关规定，学校为殷震配备了专车。身为院士，用车自然随叫随到。然而在殷震的严格要求下，这辆桑塔纳事实上成了实验室进行研究活动的"专车"，而殷震自己除了上下班外，很少用车。

一次，殷震到省宾馆开学术会议，专车驾驶员张辉要去接他。殷震却说："小张，不用接了。那里离我家不很远，误不了时间。你从校内车队来回跑，反而浪费时间。"

1998年6月的一天，胡美贞去中医学院看病，告诉了张辉。但当小张将车开到教授家门前时，殷震却将他撵了回去："小张啊，我不是跟你说过吗？我家中的私事，一律不能使用专车。我已经让家里的保姆陪你胡阿姨乘出租汽车去。你赶快回去吧！"

但几乎与此同时，博士后赖良学要到市郊30公里外的净月潭搞动物试验，殷震却及时向张辉交代："小张，咱们所的小车有限，这事儿不一定照顾得上。但这是工作，你一定要保障好他。"

殷震更注意从学习上关心张辉这名普通战士。

一次下班路上，殷震若有所思地问："小张，你什么文化程度？"

小张道："高中。"

"现在这社会，高中文化程度可是远远不够了，至少要有大专才行。"殷震说，"我看这样吧，你媳妇儿临时来队，还没有找到工作，家里肯定有不少困难。我给你出学费，你去读几年大学函授！"

就这样，张辉在殷震教授的督促下，经过认真复习，考上了大学经济管理系的函授班，每年八百多元的学费，都由殷震资助。

为了确保张辉能准时听课，殷震记下了他的课程表。凡是张辉听课这天，殷震都是乘班车或公共汽车上下班。

不久，张辉的妻子患了肺结核，家中经济更困难了。殷震听说后便手拿一个信封对张辉说："小张，这是1 500元，给你，'聊补无米之炊'。但我也有个要求，就是你的大学函授一定要坚持下去！"

自己为之服务的直接领导，能这样细致入微地体谅一名普通士兵的困难，这不能不让张辉感动得眼圈泛红。

过了一段时间，殷震又资助张辉2 500元，并且送给他们夫妇一台微波炉。

殷震发现张辉爱好照相，认为这也算是一项技能，便又送给他一台照相机。

1990年春节，张辉和妻子回安徽老家探亲，来往路费也都是由殷震资助。

按照唯物辩证法的观点，人生是绝难做到完美的。然而人生却必须追求完美，力求完美。

殷震就是这样。他在许多"小事"上，都要求自己十分严格。

出差，接待方安排了设备豪华的高级房间，殷震总不肯去住，一定要住比较便宜的。

他无论到了哪里，都很少出去游玩，即使在宾馆里仍然每晚工作到午夜12点。

一次，研究所干部张建宏陪殷震到哈尔滨兽医研究所。没想到抵达15分钟内，竟调了3次住房。

第一次，接待单位的有关部门按"规格"安排殷震住进一般用来接待外宾的豪华高档客房：一间卧室，一间大会客室，两个卫生间，地上全部铺着地毯，室内设备齐全，非常舒适。

殷震进门看了看，便对小张说："你去问一问，这样的房间住一天要多少钱？"

当他听说了令人咋舌的高昂价格后，便对接待单位的领导同志说："这么贵的房间，还是留着接待外宾，给国家多收些外汇吧。我们自己人，不要死按什么'规格'，随便找个地方落脚，能休息休息就可以了。"

接待单位的同志听取了殷震的意见，给他安排了一个普通单间。然而殷震还是嫌条件太好了，说什么也不愿住进去。

直到接待单位的同志按照殷震自己给自己定的"规格"，安排他和随员张建宏住在一个标准间内，殷震才算比较安心地住下了。

接待的同志十分歉疚地连连表示"这房子条件太一般，我们接待不周"。

殷震却说:"这样好,这样好!我就喜欢和年轻人住在一起,我喜欢快节奏。"

一次,殷震外出要在机场换机,时间相隔五六个小时。有人要安排殷震到机场宾馆休息半天。殷震却说了句:"太奢侈了!"便拿出本随身携带的书看了起来。

就这样,他一直在机场的候机室里看了五六个小时的书。

殷震用自己潜心研究生命的人生,谱写出一曲动人的生命之歌。

军需大学和兽医研究所的领导,都号召全体人员像殷震那样做人、做事、做学问。

二女儿殷华从上海到长春过春节,很快就发现家里每天电话不断,来客不断。

她留心统计了一下,一天共有30多个电话,30多批客人来访。

来者中大多数是研究生和业务干部。往往都是简单寒暄几句,马上就开始谈工作和研究。

殷华渐渐明白了:父亲的人生,其实是一支没有曲子的歌词。心血与汗水就是那一个个跳动的音符。

紧接着她又想:没有心血与汗水,哪里会有人生美妙辉煌的乐章?人生这支火炬,只有勤奋、拼搏,才能燃烧得更加灿烂夺目。

第 二十四 章
家庭的港湾

家庭是人类生涯中不可或缺的伴侣。多少年来，殷震都是对工作极为上心，而对家务事则基本顾不上管。但他和许多成功者一样，背后也有着一个美好的家庭。

大凡成功者的背后，往往都有一个美好的家庭。

殷震院士也是这样。

谈起殷震不朽的一生，院士的家人们都仿佛是在品尝一颗新鲜的青橄榄，感到回味无穷。

笔者曾多次采访过殷震夫人胡美贞。她给人最深的印象是忠实、朴素、忍耐、善良。

如果说在茫茫人海中，有的人像小说，跌宕起伏；有的人像散文，赏心悦目；那么胡美贞就始终像一棵小草，在辽阔大地上永葆着绿色。

身为院士夫人，胡美贞从来都是衣着简朴，不施粉黛，极喜欢过普通人的生活。

妻子秀外慧中、朴实无华的魅力，几十年来一直吸引着殷震。难怪他曾多次对知心朋友说过："胡美贞是最适合自己的女人。"

家风对下一代的人格与道德、素养的影响，甚至要大于公共的学校教育。家风如今不再是一个家族大院里边的事情了。名门望族的家风如参天大树，树荫宽阔，谓之影，风儿不止有声音，谓之响，这就是"影响"。

如果说殷震院士的岁月像一部硕大无朋、写满沧桑的史书，那么胡美贞就是将自己生命中的一页页也都写了进去。

俗话说，最亲不过父母，最近不过夫妻。长期同殷震一起生活，胡美贞渐渐感到自己也有了一种比命还金贵的责任。

显然，他俩是一对虔诚的充满爱心与慈善的人。他俩的仁爱，让人感到一种热情的爱与无限的善，而这种力量的激发和传播，于人世、于社会和个人都是有益的。

正是由于有了胡美贞这样的"贤内助"，勤勤恳恳地包揽了做饭、买菜、买粮、换煤气罐、打扫卫生等一系列家务琐事，殷震才有可能专注于学业，而在家里当"甩手掌柜"。

这对夫妻一共有过5个孩子。而长大成人的4个孩子从小到大，殷震都是连一块尿布都没有洗过。

谁都知道，女人在怀孕、生育期间，是最需要并渴望丈夫关心、体贴的。然而，深深理解殷震的胡美贞，对此却从来没有因丈夫忙于事业而产生过怨言。她晓得，为了事业，殷震不可能像一般男人那样"恋家"，也不可能与妻子朝夕相处。她所有的，只有对丈夫那片深沉的爱。

这是一位多么可敬的女性啊！她完全是在一种奉献过程中感觉幸福。

在长春，笔者曾经数次采访过胡美贞。并远下江南，分别采访了她和殷震的几位子女。

笔者是在20世纪的最后一个"三八"妇女节，在苏州市郊的一家旅行社办公室内见到殷震的长女殷勤的。

人到中年的殷勤，一看就属于那种宁静、淡薄、不争名于朝、不争利于市的人。

胡美贞生老大殷勤的时候，殷震正忙得不亦乐乎。待他挤出时间赶到医院，孩子早已"哇哇"落地了。

殷勤小时候，殷震常常一出差就是半年。有次回来他看到孩子，竟一时认不出来，只是自言自语地问："这是谁家的孩子，怎么这么像我家的殷勤呢？"

胡美贞听了哭笑不得："瞧你这当爸爸的，这就是殷勤啊！"

"啊，这就是殷勤？"殷震欣喜若狂，"长这么大了！"

因父母工作都忙，殷勤一岁半时，曾被送到南京姥姥家抚养。谁知没多久她就患了急病，抽风，翻白眼，把家人吓得够呛。姥姥从南京拍来电报：孩子病危。

胡美贞顿时急得哭不出调来。

但殷震却很沉着。他上街买回两瓶金霉素，立即挂号寄往南京。随后还是一门心思地忙工作。

3岁时，殷勤被送到兽医大学的幼儿园。

从家中到幼儿园有十几分钟的路程。中途要经过一个大坑，坑上只架着一条木板搭成的独木桥。

无论大人还是小孩走在上面，木板都是颤悠悠的。

小殷勤走在独木桥上，更是紧张得一步三回头。

本来，殷震家的邻居就是幼儿园的老师，他们完全可以托邻居将小殷勤早上带去，晚上再带回。但殷震认为，这样对孩子的成长不利，坚持让女儿自己走。

殷勤初中毕业后，按当时的形势也不得不"上山下乡"了。

十五六岁的少女，用现在的话说，正值"花季"。然而她却插队到吉林省农安县，成为一名人民公社的小"社员"。

繁重的体力劳动，变幻的政治气氛，贫瘠的物质生活，使殷勤几度陷入困惑与迷茫。

这时，父亲来信热情鼓励她："像你这样的孩子，吃点苦对成长有好处。我支持你在农村去锻炼。"

俗话说，一方水土养一方人。过了一段时间，殷勤就完全融入了农村的天地。

此时，展现在殷勤面前的是一片崭新的世界。

炎热的天空不时飘来几片白云，就像闹市上来往的汽车，转瞬即逝。

殷勤住农民房，吃农民饭。农村以博大的绿色胸怀迎接了她，而她的心情也如同劲风吹动的麦浪滚滚。

殷勤在父母的鼓励下，每次回家探亲时总带上些药，在乡下免费给社员群众看病。她还向曾经当过护士的母亲学会了打针，成了一名"赤脚医生"。

殷震去看女儿时，对生产队的干部和乡亲们说："我和殷勤的妈妈，过去都赶上了抗美援朝战争，生活比现在艰苦多了。我相信女儿能补上这一课，经受住艰苦生活的考验！"

殷勤回城后，在长春纺织厂当了 3 年挡车工。工作自然又很辛苦。

殷震鼓励女儿用工余时间学习英语。他自己亲自担任教员，从 ABCD 开始教起。殷勤学得很努力。最后达到能在工厂子弟小学担任英语教师的程度。后来还考取了职工进修大学的英语专业。

当时，殷震正在赶写《动物病毒学》，时间确实非常紧。但只要是女儿学习上的事情，再忙他都要认真解答。有时讲一遍不行，就讲两遍，直到殷勤完全掌握为止。

胡美贞生的第二胎是个男孩儿。儿子生下来后她高兴万分。

胡美贞多希望能有个儿子呀！这倒不是由于她传统观念的影响，认为殷家的"香火"有人继承了，而是希望儿子能更好地继续殷震的科学研究事业。

谁知由于孩子出生时，正赶上殷震与胡美贞都忙得不可开交，常常顾不上对儿子的精心照料。结果半年后，儿子不幸早夭。悲痛无情地啃噬着母亲胡美贞的心。她泪水奔涌，嘴唇一时都变得苍白。

殷震倒冷静下来，耐心地劝慰妻子："毛主席他老人家不是都说了吗？时代不同了，男女都一样！"

一年后，殷震和胡美贞又有了二女儿殷华。

生殷华时，殷震也因出差，未能赶到医院。

三女儿殷波是 1956 年出生的。

那天夜里，胡美贞半夜感到肚子疼，她知道这就是预产的征兆。但胡美贞听到丈夫香甜的鼾声，实在不忍心叫醒她。她又不愿意再去麻烦别人，便掐着时间强忍着。

天亮后，殷震将临产的妻子送到医院。安顿好后，他看了看表："美贞啊，快到上班时间了，我先去了。"

胡美贞理解地笑着点了点头。

殷震走后半小时，三女儿殷波就生了下来。

殷波从小上的是幼儿园全托，一周才回家一次。因此小殷波特别想家。

一次，她乘老师不注意，拿上换洗衣服就偷偷溜出幼儿园，走了一里多路，回到家里。

那天，殷震正在家里写文章。

他隐隐约约听见有人敲门，但动静又不大。因此开始并没有注意。

后来发现敲得时间长了，便起身前去开门。

殷震见是又瘦又小的三女儿，自己带着洗净晒干的内衣、枕巾，可怜巴巴地流着眼泪说："爸爸，我不想去幼儿园了。"

殷震着急地问："你怎么回来的？"因为他知道从家到幼儿园，有15分钟的路程，中途还横着一条马路，孩子刚3岁，想起来就感到吓人！

那一次，殷震虽然感到心疼，本来也曾不想再把殷波送回去，但想到这样对孩子的教育并不好，便又强板起面孔，狠狠地将殷波训了一顿，并接着又耐心地给她讲了许多道理，最后将殷波送回幼儿园，并再三向老师道歉。

殷震很注意从一点一滴的小事影响孩子。

一次，他带孩子们去菜市场买菜。

天有不测风云，转眼间下开了大雨。

胡美贞说："老天下雨就不要去了。"

"下雨有什么关系！"殷震道，"俗话说，下雨打伞，下刀子顶锅，凡是定下来的事情，就一定要去干！"

这件事对几个孩子都印象很深。

那时候中国是长期的低工资，殷震和胡美贞孩子多，家里请不起保姆。几个孩子都是脖子上带着钥匙长大的。

"忙"人的孩子早当家。

他们家里，一直是两个女儿管着这个家。

殷波五六岁，父母就开始教她自己做饭，怎么点火，怎么淘米，放多少水做出来是干饭，放多少水做出来是稀饭……

一次，殷波听到父亲感叹："我带出那么多博士、硕士，遗憾的是自己的儿女中没有研究生。"

这对学英语专业的她很有激励。

于是她经过刻苦攻读，终于取得到澳大利亚留学的机会，并在几年后得到教育学硕士学位。

后来，她和丈夫在美国工作并定居。

她认为一生最大的遗憾，就是由于怀孕待产而未能在父亲因公殉职后专门回国向父亲的遗体告别。

殷雷是殷震和胡美贞唯一的儿子。

在南京市区一家研究所那陈旧的宿舍楼里，我专门采访了殷雷。

殷雷的外形颇像父亲。

他1962年出生。1963年，胡美贞的母亲从南京给长春的女儿、女婿来信说："你们俩工作都忙，干脆把一个女儿送到我这里抚养吧！"

殷震和胡美贞十分感谢母亲的殷殷情意。当下就决定将三女儿殷波送到南京。

不料买好车票，即将成行时，殷波忽然患了急病住进医院。殷震和胡美贞临时决定将刚刚一岁多的殷雷送到南京外婆家。

谁知这一阴差阳错，竟使殷雷一下子在南京生活到今天，成为地地道道的"南京人"。在小殷雷心目中，父亲这个概念曾经是很生疏的。

1968年，殷震到南京探亲，即将上学的殷雷见到一身戎装的父亲，还感到有一种颇强的敬畏感。

殷震却没有因儿子长期不在身边而娇惯殷雷。

他发现儿子从小在外婆家长大，性格有点儿柔弱、胆小，便抓紧一切机会鼓励殷雷去闯、去锻炼。

一次，殷震带殷雷去游玄武湖。重返18年前与胡美贞恋爱、定情的故地，殷震禁不住感慨万千。

他见到湖边有几个小孩正在爬很高的树，便激励地问儿子："人家那几个小孩儿敢爬那么高的树，你敢不敢？我猜你不敢！"

父亲的"激将法"果然成功。殷雷不服气地大声说："谁说我不敢！"

殷震高兴地说："那你去爬吧！"

殷雷果然爬上了湖边的高树。

还是在这处公园里，殷震见儿子在"抢木马"的游戏中没有抢到"木马"，便又花钱买了张票，让殷雷再去"抢"，直到抢到"木马"为止。

他通过这个游戏启发儿子：一定要争得自己能够争得到的东西。

在南京，殷震见外婆因怕外孙儿被淹着、摔着，定下"制度"不让殷雷学习游泳，也不让他学骑自行车。殷震体谅老人的一片好心，当时没好多说什么。

但不久殷雷由南京回到长春度假时，殷震鼓励儿子订个计划：一定要学会游泳和骑自行车。他认为这既是一个人在社会上生存的基本技能，也是锻炼体魄和意志的有效途径。

为此，殷震还专门从学校请了一位擅长游泳的体育教练专门对儿子进行辅导。

对儿子的学习，殷震就抓得更紧了。

一次，他发现殷雷的作文较差，就经常出个题目让儿子写一篇作文。如果写得令人满意了，便给买一件礼品作为奖励。

从此之后，殷雷的作文水平仿佛温度计浸泡进温水里，水银柱标志的度数"忽忽"地朝高里升。

一次，殷震发现儿子在读小学4年级时，已开始自己动手组装矿石收音机，并从殷雷的"产品"里听到小说《钢铁是怎样炼成的》一书的连播。

尤其使殷震兴奋的是，他又从广播中听到保尔·柯察金那段令他终生难忘的名言：

人最宝贵的是生命，生命属于我们只有一次。人的一生是应当这样度过的：当他回顾往事的时候，不会因虚度年华而悔恨，也不会因碌碌无为而羞耻——这样，在临死的时候，他就可以说：我的整个生命和全部精力，都献给了世界上最壮丽的事业——为人类的解放而斗争。

殷震立刻把保尔·柯察金的故事讲给儿子，勉励他要学做保尔那样的人。

对殷雷喜爱制作矿石收音机，殷震很是高兴。他想，自己不也是从自小喜爱小动物而走上研究动物之路吗？

当时，有位邻居说："小孩子用电烙铁，多危险呀！你们家长也不管管？"

殷震却不以为然。他认为越是这时，越是应当鼓励孩子勇于实践，鼓励他们去闯。

于是，他给儿子买了不少无线电零件，并决定每月给儿子5元钱，鼓励他朝这方面发展。当时在一般人家看来，5元还是一个很可观的数目呢。

这段"电器轶事"，对殷雷的影响很大。他后来的事业也都与此有关。

殷震对孩子注重引导，顺其自然，并没有强求儿子一定要学自己的专业。

同父亲一样，殷雷也注意经常从书中扩大知识来充实自己。

一个偶然的机会，殷雷读到一部外国小说《天地一沙鸥》。此书作者用拟人的手法，介绍了一只非同寻常的鸟——海鸥约纳堂。它向往飞向高空，不断对自己的飞行能力提出挑战。它除了不断自我改进外，更致力推动整个鸟类族，迎着寒风翱翔，追求至善至美。殷雷感到自己在追求人生理想目标的信念和实践中，竟与"海鸥约纳堂"十分相像。他兴奋，他难忘，他因此而充满信心。

殷雷把自己的体会讲给父亲，殷震立刻鼓励他要有理想，有明确的目标，要为了达到目标而努力拼搏。一个人首先要先有本事，然后要有机会。本事是前提，机会是条件。

殷雷记得不管是自己读小学，还是读中学时，只要父亲出差路过南京，都要到自己的学校去和老师沟通，了解情况。

殷雷上中学时，加入了共青团。他没有把这事写信告诉爸妈。不久父亲正好出差路过南京，便到了儿子所在的学校，看到大红喜报，非常高兴，并嘱咐殷雷今后这大好事一定要告诉他，让他高兴高兴。

殷雷参加高考前，殷震专程回到南京。

见到久别的父亲，殷雷高兴地跳得老高。

殷震手把手地辅导儿子复习外语，使殷雷的成绩直线上升。结果，殷雷的外语在全校考了第一名。

殷震曾经多次说："我培养了那么多硕士、博士，可我的孩子没一个读到硕士、博士。"人们都觉得他挺遗憾的。

殷雷大学毕业后参加了工作。殷震写信又一次用"激将法"激励儿子："大学毕业，参加工作，自然都很好。但是如果你不去考研究生，我就不认你这个儿子！"

个性颇强的殷雷回信道："爸爸，那你就当作没有我这个儿子吧！"

这封回信胡美贞首先拆看后，没有再给殷震。她心想：想不到儿子跟他爸爸的脾气一样倔。

其实，殷雷并不是没有继续学习、报考研究生的愿望。只是在报考研究生之前，他没有声张，也没有告诉父亲。其原因一是怕没有把握，不想让父亲有更大的遗憾；二是想给父亲一个惊喜。

1999年，殷雷通过努力，考上了上海理工大学的硕士研究生。

这消息，是殷震的表哥戴鸣钟的女儿告诉他的。闻讯后，殷震喜形于色。家里人都说，这似乎是那段时间殷震最高兴的一件事，每每谈到，总是自豪溢于言表，兴奋得像个孩子。

殷雷读研究生，每年的学费要7 000元。殷震表示："这个钱，全由我当父亲的出了。"

殷雷却不肯让父亲破费。他对殷震说："爸爸，我已经长大成人了，自己有这个经济能力。"

"不行！这是我做父亲的一点心意。"殷震进一步说，"包括你的姐姐们也是一样，以后你们学习上需要花的钱，我全包了。"

此外，殷震还给儿子汇去5 000元，让他去买一台电脑。

殷雷感动地给父亲写信："我觉得你跟其他父亲不一样，虽然表面很严，但对我们的爱护都是从心底发出的。"

殷震看儿子的这封信，十分高兴。他感到儿子终于能理解自己了。

殷震有个观点：对孩子千万不能娇惯。

作为长辈，他对孩子们管教很严。在学习上，对儿孙们要求得更是具体，甚至要求他们写字时都握笔要直，坐的姿势要十分端正。

对儿孙们获得"三好学生"的奖状，以及他们给父母的信件，殷震都很珍视，一直保存在家里。

他并不要求儿孙们每门功课都必定要考100分，而是认为只要他们考出自己的真实水平就行。

当然，殷震更注意要求孩子们做人的端正。

平时难得有时间，殷震就常用吃饭的时间多和孩子们聊聊天。

一次，他带孩子们到公园去玩。看到园里有人折花，便立刻提出批评。

以至他对学生们也是这样严格要求，总看不上有些年轻人过于"恋家"。

赵永军、章金刚等几个年轻的研究生，都是新婚燕尔之时，就被殷震派出去进修、工作。教授认为这样一来，既可以充分利用北京、上海等高级研究机构的先进设备，又可以"冲一冲"年轻人"恋家"的劲头。

对一般人都很看重的金钱，殷震却看得很淡。

他平时身上从不装钱。有时上街买东西，也是需要多少带多少。

一次，女儿殷华从上海回长春，专门随父亲到农贸市场买菜。

在人山人海的市场大棚里，卖方与买方，往往都要进行一番讨价还价。有的货主甚至诅咒发誓，生怕自己的产品卖不出好价钱。

殷华惊奇地发现，父亲殷震每买一种菜，总要有意多给农民一点钱，还总要说一句："你们也都是很不容易呀！"

四个子女长大成人后，工作岗位都不在长春。而根据政策，是可以将一个孩子调到身边的。

一次，胡美贞独自找到景校长："我们有一个孩子业务还算对口，能不能调到学校来工作？"

景校长说："根据政策，是可以的。"

殷震听说了这件事，却找到景校长："目前学校职工队伍正在搞精简，我的孩子可不应调来。何况，他们都有自己的事业。我一向认为，子女不应当依靠父母，父母也不应当依赖子女。"

景校长问："你说的是真话？"

殷震反问："我什么时候给你说过假话？"

景校长道："您老伴儿可对我讲了。"

殷震道："别听她的！"

结果，直到殷震因公殉职，他和胡美贞这老两口身边，还没有一个子女。

1996年，一些学生们欢快地群起而祝寿，殷震才发现自己又长了一岁，而且进入了"古稀"之年。

同时，一种不可言说的紧迫之感也袭击着殷震——哦，生命啊，为何如此匆忙？虽然已经阅历了自己的主要人生，但我还有多少事情没有来得及做呢！

工作岗位都在外地的女儿们纷纷寄来贺卡。通过贺卡上那一句句可爱的祝词，殷震不由得一幕幕回想起自己漫长的人生之路。

他的学生们决定为导师搞一个七十大寿的生日聚会。这决定，完全是出于学生们内心的尊重与爱戴。

那天，学校宾馆富丽堂皇的大厅内，吊着做工精巧的金黄色宫灯。迎面摆放着长春市的市花君子兰和插满玫瑰、菊花、康乃馨、剑兰等鲜花的花篮。灯光配合着亮可鉴人的地板，使人一进入大厅就会产生一种舒畅、激动的感觉。

热情而礼貌的寒暄过后，大家纷纷落座。酒过三巡，菜过五味，等嘴巴吃喝的功能充分用过之后，议题自然过渡到侃上。

年轻的学生们喜好"起哄"。他们和来宾点上生日蛋糕上的烛火，便齐声要"老寿星"夫妇合唱一首歌曲。

喜上眉梢的殷震和胡美贞不得不"欣然从命"。

还是在美国探亲、访问期间，殷震和胡美贞都渐渐喜爱上音乐，尤其爱听贝多芬的第五、第三交响乐，即《命运交响乐》和《英雄交响乐》。而且他们开始凭着录音磁带学习唱会英文歌曲《你是我唯一的阳光》和《雪绒花》。此后，合唱这两首歌，便成为他们夫妻两人的"保留节目"。

那一天，他们心花怒放地合唱起了最熟悉的《雪绒花》。

雪绒花，

雪绒花，

一早你向我盛开。

小而亮，

洁而白，

见我好像很愉快。

雪白的花蕾你快开放，永远鲜艳芬芳。

雪绒花，

雪绒花，

祝我祖国万年长！

仿佛铁片碰到磁石，殷震的中音和胡美贞的高音，与他们那两颗炽热的心一样，密不可分地融汇在一起。

歌罢，"老寿星"夫妇又在舒缓流畅的旋律中相拥着翩翩起舞，跳了一段华美的华尔兹。他俩那高雅的气质、潇洒的风度、和谐的配合以及舞步中表现出的依依深情，又引发起大厅内一阵阵热烈的掌声。

这天晚上，整个大厅内始终都洋溢着一种家人般融洽、和睦、热情的气氛。欢乐的歌声、笑声，冲出大厅，一直飞到附近的南湖上空，在浩浩的水面上久久回荡。

平时，为了能让丈夫在紧张的工作中放松一下，略微休息休息，胡美贞想方设法，让殷震在晚年喜欢上钓鱼和看足球赛。

然而，殷震的钓鱼是"姜太公钓鱼，愿者上钩"。他只是坐在池边盯住水标，至于"收获"如何是不大计较的。

看足球赛，殷震则是另一种"投入"。他不时为双方队员踢出的漂亮球叫好。有时入迷了，竟端着饭碗津津有味地观看。

胡美贞见到殷震这样，则欣慰地认为自己的目的达到了。因为她无非是想让一天到晚大脑处于紧张状态的丈夫能有一点儿小小的松弛。

殷震则庆幸自己能有这样一个温馨的家庭港湾。

第|二十五|章

生命在辉煌中涅槃

权威是用力量与智慧树立起来的。死亡，是伟人与凡人共有的最后归宿。不同的是，美丽的花朵即使凋谢了也是美丽的。生活总是美好的，那么既然活着，就应该珍惜自己生命的每个时刻。

有人称殷震是军队兽医学界的"霍梅尼"。

我以为对此评价，只可意会，不可言传。

但有一点毋庸置疑，即权威是用力量与智慧树立起来的。

笔者在采访殷震院士的过程中，曾听他多次平心静气地回顾自己已经走过的生命历程，洞若观火地审视自己工作与生活中的失误与不当，同时更广阔、透彻地认识人生。

谈到生与死的问题。殷震总是心地坦然地说："对于生与死，我是很想得开的。我已经70多岁了，希望健康地多活几年，再为社会做一些工作。但同时，也得做好充分的思想准备与后事安排，例如接班人的培养……人只要活着，总应该创造点儿什么，为社会和历史留下点儿什么，而不应该是过客一场，徒为地球消耗了许多有用的物质……几十年来，我做了一点儿工作，略有一些成绩，所获得的奖励和荣誉也不少。我想，只有在人生的最后一段路程中，加倍努力，争取为我国的科学和教育事业再做一些贡献。我希望我们这个泱泱大国在不远的将来，能够成为全世界的科学技术中心、经济中心和文明中心！"

此时，殷震的两鬓，已经能看得到几处不大明显的老年斑。

但他的感情和思绪一直处于沸点状态，就仿佛身临激流之中，任随翻滚的波山浪谷推涌抛掷，顾不上留意船窗外面的万千气象，只来得及体验一种单纯的快感。

人的命运哪！谁知道什么时候就会使灾祸突如其来地降临到你

的头上。

7月18日，殷震院士由于要参加一项学术交流活动，必须尽快赶到哈尔滨。

"坐火车去吧！"老伴胡美贞和一些领导、学生都这样关切地对他说，"在软卧车厢里，条件舒服一些，还可以活动活动……"

谁知工作人员急匆匆地去买火车票，竟因时间仓促而未能如愿。

工作人员沮丧地返回校园时，邂逅校务部长李天民大校。李天民得知此事后道："要不要我给火车站写个条子试试？兴许还能买到。"

"时间紧张，可能来不及了。"殷震却婉谢了大家的好意。他向来都是这样，从来不愿麻烦别人。为了工作，自己一旦决定了的事情，就不会轻易更改。

由于厄尔尼诺现象，全球呈现气温变暖的趋势。这一年东北地区的夏天，也丝毫不让人感到凉爽，出现了数十年来未遇的持续干旱与高温天气。

格外炎热的7月，殷震院士有多少事情要做啊！

他看起来比前几年苍老了一些，头发大部分都白了，身板单薄而瘦弱。只有那双睿智的眼睛仍然不失以往的活色。

"哦，又要和兽医学界的老朋友们见面了！"凡熟悉殷震所研究的这一科学领域的人都知道，当时，我国只有两名兽医院士，一名是在长春工作的殷震，一名是在哈尔滨工作的老前辈沈荣显。

沈荣显年长殷震3岁，1923年1月生于辽宁省辽阳市，1944年毕业于沈阳农业大学。他1967年去罗马尼亚科学院病毒研究所留学，后来担任中国农业科学院哈尔滨兽医研究所研究员。

沈荣显自1948年开始，多年一直从事家畜病毒病的免疫学研究，做出了多项有世界领先水平的创造性科研成果，是慢病毒病疫苗的开拓者。

那天早晨6时许走出家门时，殷震显然心情不错。他看到了客厅里那丛鲜红耀眼的杜鹃花，一种关注生命的喜悦，使他脸上不由自主地绽放出一丝笑容。

啊，这就是生命！生命就应当是这样蓬勃怒放！虽然，终有一天生命的花朵会枯萎、会死亡，但那枯萎、死亡的只是生命的躯壳，生命的本质将会涅槃，将会生生不息，并将会以另一种形式永存。只要有一年四季周而复始，生命就不会枯竭，就会有鲜花不断开放！

殷震一边走，一边这样颇富哲理地想着。

走出楼门时，邂逅早起散步、晨练的夏咸柱研究员，殷震笑容灿然地同他打招呼："老夏，我去哈尔滨，你有事没有？我这次因走得急火车票没有买上，你以后出差可要提前订票！"

不一会儿，他和博士后余兴隆、进修生胡步荣等一道乘坐的桑塔纳轿车，已经来到了由长春通往哈尔滨的高速公路上。

谁也没有料到，在临近双城堡的时候，一个突然的意外情况发生了！

当驾驶员扭过头来惊恐地招呼殷震时，猛地惊呆住。他发现殷震眼睛微闭，虽然神态安详，但头部出血，身子摇晃着向一边倒下……

余兴隆、胡步荣和驾驶员赶快从公路上拦了一辆地方牌照的过路车，匆匆将殷震院士送到双城堡的市医院。

双城市和哈尔滨兽医研究所的负责人也闻讯立即赶来。

余兴隆等向医院院长恳求可否联系派直升机回长春救治……

然而，再高明的医生也已经无力回天。

就在这一天，殷震院士不幸以身殉职！

噩耗传来，无论对胡美贞和子女们来说，还是对各级领导和学生们来说，都仿佛五雷轰顶。

殷震院士走得太突然了。这使他们很难从这个打击中恢复过来。因为一个人倘若是在疾病中被慢慢地折磨而亡，人们或许不至于长时间地陷入痛苦，而在毫无思想准备的状况下，突然失去自己最亲近、最敬爱的人，那痛苦无疑就格外深重。

痛苦的巨浪在人们心头一排排掀起，又猝然间落下。排山倒海般的巨浪间，一次次浮现出殷震瘦削的脸庞。

胡美贞两眼一黑，腿软得仿佛抽了筋骨，热辣辣的泪水从脸颊上流下。

闻讯从上海、南京、苏州等地匆匆赶来奔丧的殷勤、殷华、殷雷等儿女，早已哭得昏天黑地。

殷之文、戴鸣钟等殷震院士的其他亲属们，不管能否赶到长春，闻讯后无不双手蒙面，泪水糊满了手掌："五弟啊，你比我们还要年轻，本可以为国家做出更大的贡献，可是你为什么却走得那样匆忙？"

殷震的亲属们心里都在呼喊：亲人啊，你绝对不会死！或许你只是受了点伤，正躺在一个医院的床上。我们不是还商议过要在故乡苏州全家团聚一次吗？在医院里，你依然像以往每次住院一样，总不安分地想让医生允许自己一边治疗，一边工作……

院士的学生们听到这一噩耗后无不如五雷轰顶，呆若木鸡。待他们清醒过来后，一些女学生都哭得泪人似的。一些男学生也一阵心痛鼻酸，眼眶中噙着两颗亮晶晶的泪珠。

他们无不满心悲伤地喃喃自语："教授啊，您不能走！您老正处在科研事业的青春期呀！您千万不要走！"

一些学校领导和兽医研究所的领导们，听到这一噩耗，泪水顿时汹涌地冲出他们的眼眶。

但他们万万想不到，以身殉职的噩耗又发生在科学技术已经相对发展的今天，发生在自己更为熟悉的殷震院士身上！

教授啊，你不可能死！眼下，研究、讲学、写论文、带研究生、开会、国际交流……有多少事情在等着你去做啊！你那蓬勃鲜活的生命，怎么可能在世界上消失呢？

——也许这只是一场错觉。你那瘦小精悍的身躯，不知会在什么时候蓦然重现在人们面前。

所有知道他的人都认为，我们中华民族正需要千千万万个像殷震这样的人，是他们支撑着祖国的大地。

人们内心紧张地做着各种设想——所有这些设想的前提都是殷震还活着。

是的，他怎么能死呢？他怎么会死呢？殷震可是全军兽医学界和军需大学的脊梁啊！他的地位和作用，在短时间内是难以弥补的！

人们都无法相信，殷震院士那充满活力的生命的的确确是从这个世界上消失了。

在整个治丧活动中，全校师生员工都倾注出自己的满腹真情。

校政治部宣传处的同志负责灵堂的布置。李胜杰处长带领全处同志一连干了几个昼夜。文化干事王红莲饱含泪水，用一幅幅体现着庄严、凝重的黄缎子一针针、一线线地缝缀成宽大的灵床。

校专家组的老教授、殷震院士的老同事李彦舫为了给多年的老朋友送行，特意到灵堂察看了4次，并到花店联系了好几次，最后才做出一只最特殊、最能寄托哀思的花篮摆放在殷震院士灵前。

殷震院士的弟子们为了追悼恩师，精心制作出厚重的黑布挽幛。来不及回国奔丧的海外弟子，也拍来唁电嘱他们在挽幛上倾注进自己的拳拳心意。

2000年7月24日，长春市，中国人民解放军军需大学科学会堂的一楼大厅，设置成庄严肃穆的灵堂。一阵阵庄严、低沉的哀乐，无情地叩击着人们的耳膜。

大楼前面那一片砖砌广场，此刻管理更为严格。只能见到英姿勃勃的警卫战士依次排列，训练有素地指挥着一些挂有特殊标志的车辆鱼贯驰入。

大厅内，映入人们眼帘的是正上方那个带黑框的殷震院士的遗像。他那慈祥的笑容仿佛春天的鲜花与夏天绚丽的朝阳。遗像上方悬挂的是"殷震院士永垂不朽"的横幅；遗像两侧各肃立着两名全副武装的礼兵；礼兵外侧悬挂着"献身科学无私奉献功勋卓著、淡泊名利甘为人梯师德永存"的挽幛。

身着军装的殷震院士的遗体安放在翠柏与花圈簇拥着的灵柩中，神态像生前一样安详而端庄。他的头前摆放着鲜红的玫瑰，身上覆盖着中国共产党的党旗，周围摆放着松柏树和鲜花。

他那张清癯的面孔，依然是那样淡薄、宁静而安详，仿佛在睡梦中一样。一生中从没有星期天、没有节假日、没有休假的殷震院士，终于休憩了。

只是，他永远再也不会睁开那双明亮而锐利的眼睛。在忙碌了一生之后，他永远地"休息"了……

他合着眼，脸上松弛下去的皮肉淡定出一种无我的轻松；像是愀然告诉我们：人生所有的烦恼都是自己找的，尘世喧嚣众说纷纭不必看重，人终会有永恒的安然，时事和宇宙万物是有定数的。

悲伤笼罩在人们心头。全国政协原副主席、中国工程院原院长宋健，总后勤部原部长王克上将，总后勤部原政委周坤仁上将及总后勤部其他首长，中国科学院院士刘建康、卢永根、田波，中国工程院院士任继周、闻玉梅、盛志勇、旭日干、宋湛谦、熊远著、蒋亦元、范云六、沈倍奋、王正国、程天民、刘更另、向仲怀、沈荣显、袁健康、周国泰，中国农学会原会长洪绂曾，原学校老领导，军内外院校、科研机构、社会团体的领导、专家教授等数百人敬献了花圈、花篮。

这是一个催人泪下的暑天，风来了，雨来了，在长春的各界各部门领导、专家都来了。好多著名人士立在风雨中被一一引领进灵堂。

遗体送别仪式由刘晓民大校主持。李德雪少将宣读了总后勤部、教育部、农业部、国家自然科学基金委员会生命科学部、中国农业科学院发来的唁电。奉国全少将介绍了殷震院士的生平，对殷震院士的一生给予了高度评价，号召全校师生员工化悲痛为力量，把殷震院士未竟的事业继续推向前进。

9时许，随着低沉的哀乐，参加送别的人流缓缓进入遗体告别厅。人们挥泪向殷震院士的遗体告别，并同殷震夫人胡美贞及其他亲属握手慰问。

总后勤部派出了孙承军少将等一行8人专程参加了遗体告别仪式。

参加殷震院士遗体告别仪式的还有谢彬少将、张国珍少将、林少先少将，吉林省的领导和长春市的领导及全校师生员工，共计1 200余人。

最后，殷震院士生前培养的6名博士抬着殷震院士的灵柩，缓缓送进灵车。

满怀悲痛的人们夹道目送殷震院士的灵车渐渐远去。

8月31日，军需大学又隆重召开了缅怀殷震院士光辉业绩的座谈会。

军需大学党委做出决定，号召全校师生员工学习殷震院士的高尚品德与风范，完成他未竟的事业……

《英雄儿女》的主题歌中有句人人耳熟能详的歌词："勇士辉煌化金星"。

中华民族历来崇敬英雄，崇尚奋争与进取。

过去的革命战争年代，血与火的生死搏斗呼唤千千万万的英雄，于是乃有一批批视死如归的勇士。

当今改革开放、大力发展知识经济的年代，同样呼唤千千万万的英雄。而身为知识精英、能够大大促进两个"文明"的可持续发展的两院院士，就可谓名副其实的当代英雄！

痛悼殷震院士，人们正在心底高唱："院士辉煌化金星"！

鲁迅说过：中国历来有一种人，一种为民族崛起拼命硬干的人，他们乃是中华民族的脊梁。那么殷震就堪称这类大写的人。看看他的人生旅途，每一步都充分显现着为国为民的奋斗精神，鞠躬尽瘁的献身精神。他用自己的学识和人品，在后人面前矗立起一座高高的山峰！

是啊，我们这个小小星球上的人类，将继续繁衍与发展，直到遥远的未来。然而无论是谁，又总有一天会走到自己人生的终点。死亡，是伟人与凡人共有的最后归宿。不同的是，美丽的花朵即使凋谢了也是美丽的。伟大的生命，无论何时何地，都将在宇宙间永存。

我国诗坛泰斗臧克家曾经说过：

有的人活着，

他已经死了；

有的人死了，

他还活着。

殷震院士和这首诗所讴歌的鲁迅先生一样，显然是后一种人。

人人都在想，生活总是美好的，而生命在世间又是如此短暂，那么既然活着，就绝不能怠慢人生，而应该好好地活，应该珍惜自己生命的每个时刻，应该用更宽容、善良、豁达、积极的态度去对待人生。

尾声

他的事业还在继续

可幸斯人虽已仙逝，山岳却是活的，依然雄伟地屹立着。

殷震院士不幸因公殉职了，但他的事业并没有停止。

还是先让我们看一看已经荣膺解放军总后勤部科技"新星"桂冠的扈荣良吧。

1964年1月出生的扈荣良，单从年龄来说还应当讲是"小字辈"。他1989年就考上全军首位兽医院士殷震教授的硕士研究生，1995年又从殷震院士门下博士毕业。

当扈荣良还是一名刚刚年届"而立"的助理研究员时，就被殷震老师"你们可以自己选择研究课题"的鼓励激发起烈火般的科研热情。殷震院士预感到这名博士后关于"长效TPA突变体的开发研究"能产生积极的经济效益，便多方鼓励、支持他早出成果，还帮助他从大连一家公司取得5万元的科研启动经费，亲自带领他去宁夏银川考察，探索与西部地区合作开发的可能性。

扈荣良是预防兽医学重点学科和军队重点实验室的学术带头人，也是多项国家重大课题主持人。1996—1999年，扈荣良作为高级访问学者分别在澳大利亚南澳州阿德莱德大学和Women's and Children's Hospital从事羊毛改良和黏多糖代谢病研究，2005年在英国WHO和OIE狂犬病参考实验室从事合作研究，2000年获吉林省青年科技奖，2004年被评为长春市百名优秀科技工作者，2006年荣立了三等功。

动物转基因育种研究是"八五"期间攻关课题和国家"863"高新技术研究与发展计划资助课题之一，也是我国跟踪国际高技术发展的主要内容之一。在上述基金资助下，扈荣良先后负责或参加了人β-干扰素转基因家兔、狂犬病病毒糖蛋白转基因小鼠的构建和反义核酸抗猪瘟病毒基因工程育种研究，揭示了转基因动物抗感染育种受种间特异性、表达时空性等多种因素影响的复杂性，同时还发现了病毒结构蛋白在动物体内的转基因表达，导致动物对病毒的攻击产生免疫耐受性。这些研究对于国家"863"资助项目方向的调整提供了依据和资料。在转基因新技术研究方面，由于受精卵显微注射技术在大型动物应用时，受精卵来源比较困难，在注射外源基因并发育为早期胚胎后还需移植到同步发情的受体，成胎率和转基因的成功率通常很低，扈荣良首先建立了家兔显微注射受精卵的自体植入技术，即由供体采集受精卵，显微注射之后再重新植回到供体的输卵管。经过自体移植的受精卵受胎率和成胎率明显提高。这项技术随后推广应用到转基因猪的构建，同样取得了很好的效果。由于采用了这一技术，不仅减少了一半的实验动物，而且胚胎的存活率和供−受体的受孕率（因胚胎和母体发育完成同步）提高了一倍，总效率提高了4倍。在新的转基因方法探索方面，利用脂质体包裹重组基因，通过曲细精管内注射的方法，获得了转基因整合阳性小鼠，证明曲细精管内精原干细胞具有一定的摄取外源性基因的能力。通过重组逆转录病毒介导进一步提高了精原干细胞的转染效率，这些方法均在小鼠获得了成功，成为提高转基因效率的新途径之一。

在转基因羊研究方面，由于蚓激酶是重要的溶血栓蛋白之一，是中国的传统医药，其制剂已被国家批准临床应用。由于该制剂溶栓特异性较好，副作用小，备受血栓病人青睐。但蚓激酶目前一直采用传统的抽提方法制备，为了实现其基因工程表达，并通过口服预防和治疗血栓病，扈荣良先后克隆和合成了蚓激酶的cDNA，并利用乳腺组织特异性启动子，通过系列重组获得了蚓激酶乳腺组织特异表达载体，利用该载体（通用载体）和泌乳乳腺建立了一种真核基因的表达和鉴定系统；利用该系统首次实现了蚓激酶的表达。采用羊奶中的表达产物在国内外首次对基因工程蚓激酶的主要理化学特征进行了鉴定。另外，还根据逆转录病毒载体的特性，将乳腺组织特异性表达载体克隆到逆转录病毒载体中，通过转染乳腺组织，实现了蚓激酶在乳腺中的持续表达，这些研究为蚓激酶的现代化规模生产奠定了基础。

扈荣良的以上研究先后获得军队科技进步二等奖和三等奖各1项。他在以上工作基础和收集相关研究资料基础上，出版了《转基因动物原理、技术与应用》一书，已经为广大同行广泛引用。

在狂犬病研究领域，扈荣良在国际上首次开展了小干扰RNA对狂犬病病毒的抑制作用研究，从15个设计的小干扰RNA分子中，筛选出2个可在细胞水平高效抑制狂犬病病毒的siRNA分子，并在体内筛选到1个可以控制狂犬病病毒致死性感染的靶序列。这也是世界上首次筛选到的抗狂犬病病毒的小干扰RNA分子。由于狂犬病病毒通常在伤口局部增殖，然后沿神经组织移行至中枢神经系统导致发病。因此，在其移行至神经组织以前，阻断和延缓病毒增殖，就有可能防止狂犬病的发生。因此，这项研究有望为狂犬病的防治提供重要手段。扈荣良自1994年开始着眼于腺病毒为载体的狂犬病重组疫苗研究，在构建E3非必需区缺失表达载体基础上，利用基因工程技术，在国内外首次获得犬腺病毒基因组感染性克隆。2004年，在国家自然科学基金、国家"863"课题资助下，扈荣良在国际上首次获得以犬的腺病毒为载体的狂犬病重组疫苗，这种疫苗不仅构建策略首创，而且获得的疫苗具有很多明显的优点，可以口服、制造简单、价格低廉，已经申请中国发明专利并申请了国际专利，受到国际兽药公司的广泛关注。同时，由于这种疫苗属于转基因生物，已经按农业部规定进行并完成了相应的安全评价工作，目前正在申请安全证书，在此基础上构建更为高效的重组疫苗的研究工作也在进行中，目前已经申请3项国家发明专利。面对我国狂犬病发病人数连年呈现递增的趋势和进口狂犬病疫苗价格昂贵等现实，扈荣良在国内首先开展了狂犬病灭活疫苗研究，这种疫苗制备简单，价格便宜，适合在农村等地区使用，目前已经获得国家批准进行临床试验。此后，他在国家"863"计划的资助下，进行了狂犬病DNA疫苗的安全评价和动物试验，探索了免疫程序和免疫策略，已经申请国家专利1项。目前正在进行该疫苗的安全评价试验。该"二价"基因疫苗有可能成为预防狂犬病的一种比较安全的疫苗。扈荣良利用自己的实验室建立的狂犬病单克隆抗体杂交瘤，研制成功狂犬病病原诊断试剂和中和抗体的测定方法，其中监测狂犬病中和抗体的FAVN试验系国内首次建立。迄今已为全国主要大城市检测了6 000余份犬的血清，目前正在申请国家标准。同时，他在国内率先建立了检测狂犬病中和抗体、适合基层推广的竞争ELISA检测试剂盒，目前正在申请临床试验。

在多年从事病毒尤其是狂犬病研究的基础上，扈荣良作为编委和主要编者之一，出版了《动物病毒学》（第二版）大型专著，并作为主编出版了《狂犬病理论、技术与防治》。

在此期间，扈荣良先后主持、参加并圆满完成国家和省部级课题共计20余项，尤其是主持多项国家科技攻关（支撑项目）课题、国家自然科学基金重点课题和国家"863"重大专题课题等，先后获得吉林省杰出青年基金和军队杰出中青年科研基金课题。他发表研究论文80余篇，申请专利8项，获三等以上成果奖6项，作为年轻的研究生导师培养和合作培养研究生36名。

扈荣良承担着国家重点基础研究发展规划（973）项目课题"重要传染病病原跨种间传播机制研究"、国家"十五""863"课题"猪瘟等基因工程疫苗和牛结核杆菌多价DNA疫苗的研制与应用"等研究课题，参加了科技部重大动物疫病技术平台项目"重要人兽共患病防制技术平台"、国家自然科学基金重点课题——狂犬病病毒跨种间感染与传播机制研究、国家支撑计划课题——狂犬病和血吸虫病等重要人兽共患病疫苗与诊断试剂的研制与开发、国家"863"计划重大专项——狂犬病传染源综合防控技术研究、国家自然科学基金项目"应用RNAi研究猪瘟病毒基因组的功能"、国家"863"计划课题——动物狂犬病基因疫苗和重组疫苗研究、吉林省杰出青年基金——乳腺组织特异性表达通用载体的构建及表达、军队杰出中青年科研基金——狂犬病病毒感染阻断性 siRNA 研究、国家"863"计划课题——动物转基因克隆平台技术研究、国家自然科学基金面上项目——犬腺病毒 E3 区表达调控和缺失性表达载体研究、国家自然科学基金面上项目——携带狂犬病病毒糖蛋白和核蛋白的重组犬 2 型腺病毒的构建和特性研究、国家自然科学基金面上项目——以犬腺病毒为基础的抗原表位展示技术的建立及相关特性研究，负责军队流行病学课题一项。他兼任着国家自然科学基金委员会同行评议专家、国家"863"计划课题评审专家、解放军医学科学技术委员会流行病学专业委员会委员、中国畜牧兽医学会养犬学会理事、吉林省畜牧兽医学会理事、宁夏大学兼职教授、《中国兽医学报》编委等职。

扈荣良今后 3 年计划开展并完成我国动物狂犬病灭活疫苗、腺病毒载体重组疫苗的临床试验研究，获得生产批准文号，应用于我国动物狂犬病的防控；计划开展并完成狂犬病诊断和免疫监测的临床试验研究，获得新兽药证书并投入临床使用；计划发展新型的动物用可口服狂犬病疫苗，完善狂犬病疫苗、效力评价和免疫监测的研究平台；计划将狂犬病防控研究技术应用于其他动物疫病的防控上；还计划利用自己的研究室建立的转基因技术开展相应的动物抗病育种研究。

毫无疑问，扈荣良从事的转基因动物研究，在国内外已经处于领先水平。

"2008 年 5 月 12 日 14 时 28 分 04 秒，由于地壳内的印度板块向亚洲板块俯冲，造成青藏高原快速隆升，高原物质向东缓慢流动，在高原东缘沿龙门山构造带向东挤压，遇到四川盆地之下刚性地块的顽强阻挡，造成构造应力能量的长期积累，最终在龙门山北川—映秀地区突然释放。逆冲、右旋、挤压……相当于数百颗原子弹能量的强震猝然袭来，霎时间山崩地裂，大地颤抖，山河移位，来自地心的巨大破坏力，碎骨切肉般地解构着一切钢筋铁骨———一栋栋房屋倒下，一道道桥梁坍塌，一个个生命消失，汽车变成铁饼，喧嚣的街道霎时没了踪影……数万人不幸遇难，数百万人失去家园，到处满目疮痍……突如其来的灾难，震惊了世界！

这是自1949年中华人民共和国成立以来破坏性最强、波及范围最大的一次地震，其强度、烈度都超过了1976年的唐山大地震——唐山大地震国际上公认的是7.6级，而汶川大地震是8级；从地缘机制断层错动上看，唐山大地震是拉张性的，上盘往下掉，而汶川大地震是上盘往上升；唐山大地震的断层错动时间是12.9秒，而汶川大地震是22.2秒，也就是说汶川大地震建筑物的摆幅持续时间比唐山大地震要强；从地震张量的指数上看，唐山大地震是2.7级，而汶川大地震是9.4级；汶川大地震波及的面积、影响的范围、造成的受灾面积比唐山大地震大得多，包括震中50公里范围内的县城和200公里范围内的大中城市，重创约50万平方公里的华夏大地，直接严重受灾地区达10万平方公里……陕西、甘肃、天津、青海、北京等全国众多省份有明显震感，甚至泰国首都曼谷、越南首都河内和菲律宾、日本等地区均有震感；汶川大地震主要发生在山区，诱发的地质灾害、次生灾害，如破坏性较大的崩塌、滚石、滑坡、堰塞湖等，比唐山大地震要严重得多。

据权威部门统计，截至2009年4月25日10时，遇难69 225人，受伤374 640人，失踪17 939人。其中四川省68 712名同胞遇难，17 921名同胞失踪，共有5 335名学生遇难或失踪。直接经济损失达8 451亿元，其中四川占到总损失的91.3%，甘肃占到总损失的5.8%，陕西占总损失的2.9%。"[*]

自5月12日地震爆发那个惨痛的时刻起，人们的心就被一个"川"字残酷地撕裂了。汶川、北川、青川、绵竹、德阳、安县、文

---

* 引自《惊天动地战汶川》，2008年8月由解放军出版社出版。

县，映秀、紫坪铺、唐家山……一个个过去不甚熟悉的地名，随着这次地震铭刻在人们的心灵深处。

笔者得知，"5·12"汶川大地震仅仅发生13分钟，全军就启动了应急机制。空中运送、铁路输送、摩托化开进……部队向灾区全力挺进。短短几天，投入现役部队总兵力达到十几万人，涉及全军各大单位，专业兵种包括地震救援、防化、工程、医疗防疫、侦察、通信等20余个……

那些天，坐落在京西的解放军总后勤部大院依然朴素，凝重，大方，有序，处处显现着总部机关的特殊气氛。一个个与抗震救灾有关的全军性会议紧锣密鼓地陆续召开，一个个与抗震救灾有关的指令性文件陆续下发。

从5月12日开始，总后勤部就按照党中央、国务院和中央军委的决策指示，立即组织力量投入到抗震救灾后勤保障工作中。

八一军旗和红十字引来生命之光。在一切有军队医务人员的地方，数以万计的白衣战士不等救援号角吹响，就悄悄收拾行囊，枕戈待旦。一支支经过各单位精心挑选的医疗队快速集结完毕。在汶川等重震区，军队医疗队、防疫队总是在第一时间到达。

从抗震救灾的战斗一打响，扈荣良就要求去四川灾区一线。谁知，第一批出发的名单中没有他。

后来，扈荣良打听原委，得知是研究所领导认为自己的脚"有情况"，走不了山路。

原来，在这之前不久，扈荣良曾经跟高宏伟所长一起出访了一次英国。考察时，他的脚指甲盖陷进肉里，引起发炎、化脓，一到须走长路时，就不得不请高所长等先走……

明白了原因，扈荣良就一再向领导申明："我的脚好了，完全可以上前线！"

研究所领导终于同意了他的请求，送扈荣良和其他几名专家一起踏上了飞往成都的飞机。

一到抗震救灾一线，扈荣良立即和战友们一起投入了紧张的采样。

从6月24日开始转为以捕狗为主。

扈荣良、刘文森、金洪涛等3名专家，来到与汶川仅一山之隔的彭州市龙门山镇，着力采集癞皮狗。

他们进到一个村子里，便请老乡帮助抓癞皮狗，许诺抓住癞皮狗后交给防疫队，可以付给一些报酬。

中国的农民是最讲究实际的。村子里一位老乡说："同志啊，我们并不讨厌钱。但在当下这个特殊时期，我却不想要钱。为什么呢？因为眼下有钱也买不到什么东西。你们防疫队如果一定要给些报酬，那就给我些吃的食物吧！"

远离扈荣良、刘文森、金洪涛的高宏伟所长，从电话中听了他们的汇报，当即答复："可以！满足老乡们的愿望。你们明天再出去采样，就带上几百斤大米……"

当时，许多灾民由于在地震中失去了亲人，对身边的狗特别珍惜。

在彭州市葛仙山镇红庙村，有一位姓钟的老乡提供给扈荣良、刘文森、金洪涛一张癞皮狗的照片。

第二天，他们便"按图索骥"，找到红庙村。

这条狗的主人见到解放军的专家很热情，寒暄着把他们请到只剩下断壁颓垣的"屋"内。这老乡一看凳子不够，连忙到邻居家去借，并及时烧上开水。

不料一谈到要带走狗的事，主人却默不作声了。

扈荣良、刘文森、金洪涛从侧面一了解，原来是这老乡的女儿舍不得。女孩儿今年14岁，恰恰与这条狗同年。女孩儿与同龄的狗相伴14载，自然感情不浅。她一听说解放军叔叔要带走狗，鼻子一酸，眼圈顿时红了，泪水也随之涌出眼眶。

14岁的狗应当算是只"老狗"了。扈荣良、刘文森、金洪涛等见到它时，它正用柔软的牙龈，不时啃舔着女孩儿的手指。

扈荣良、刘文森、金洪涛"贼心不死"，先热情地与女孩儿聊天。

"地震发生的那一刻，我害怕极了。许久才慢慢地从恐惧和绝望中走出来后。"女孩先说，"地震后，我家的房子几乎成为废墟了，一些同学的亲人也没有了……晚上我透过屋顶的缝隙看天上的星星和月亮，在静谧的夜间感到格外孤独……这条与我同时长大的狗，是我患难与共的朋友……"

扈荣良、刘文森、金洪涛启发引导她："震灾磨炼了我们，让我们学会了怎样面对苦难……像温总理说的那样，既然活下来了，就应当好好活着……而预防人兽共患病，正是为了好好活着……"

专家防疫队的地方司机李辉也以四川老乡的身份，从侧面做女孩儿及其母亲的工作。

女孩儿终于同意扈荣良、刘文森、金洪涛把狗带走检验。

临别时，女孩儿依依不舍地对他们说："叔叔，你们可千万不要杀它啊！"

扈荣良、刘文森、金洪涛点头应承，同时给她家200元作为补偿。

相应的补偿费，加上战士的真诚，打动了村民们的心。他们开始亲自动手将家中需要采样的狗、鸡、猪等主动交给专家防疫队。有时，他们还同解放军的专家们一起，抬着从坑里刨出来的死鸡、死狗、死猪等，走几里地的山路，找到深埋地点，挖一处深达两米的坑，洒上石灰，浇上柴油焚化，然后再填土、夯实，完成无害化处理。

从那之后，扈荣良、刘文森、金洪涛等再出发采样时，都注意提前买一些小食品，到了村子里先不谈抓狗，而是先给孩子些小食品，与其唠嗑、交流。

他们在调查采样期间，曾经邂逅一名流落在外的安县灾民安置点的老大娘，当时便专程将她护送回家。

专家防疫队还不顾道路颠簸，给龙门山镇的灾民送去大米，帮助他们搭建帐篷，捐款捐物，赠送灾民喷雾器、消毒药品和食品。

有一天中午，他和金洪涛等在外出采集癞皮狗的途中，走进公路旁边的小饭店。

这是一家非常简陋的饭店，到处弥散着潮湿的气味。

就餐时，扈荣良和金洪涛听临桌一位开三轮车拉石头的老乡说，他家里有一只癞皮狗。

说者无意，听者有心。扈荣良和金洪涛互相对望了一眼。在采集过程中，他们的对视早已形成一种默契：只要有一丝希望，就不能放弃。

扈荣良和金洪涛等匆匆吃罢饭，快步来到老人面前，想了一下，很有礼貌地说："老大爷，您好，我们想到您家看看。"

那老人没有太大的反应。他个头不高，佝偻着腰，脸是暗红色的，皱纹很硬，眼睛有时愣愣地看着对方，一副沧海桑田的样子，如同一截遭受了狂风暴雨的袭击而失去生机的沉默不语的枯树。

老人略微想了一下，领着几位军人走出饭店。扈荣良和金洪涛等注意到，这老人穿在身上的白色汗衫上，还印有"抗震救灾志愿者"的字样。

扈荣良和金洪涛等及时跟到这位老乡家，动员他将那条癞皮狗拿出来，但老乡迟迟没有点头。

此时的扈荣良，像进行科研一样耐心细致、一丝不苟。

经过他不厌其烦的工作，那老乡终于同意让他们采血了。

由于这条癞皮狗的血管太细，一时采不出血来。扈荣良和金洪涛提出要把狗带走。

这下老大爷又不同意了。

扈荣良和金洪涛只好先返回指挥部，向高宏伟所长做了汇报。高宏伟认为，已经发现的癞皮狗绝不能放任自流，无论花多少钱都要将它取回。

于是，扈荣良和金洪涛又去那位老乡家，苦口婆心地劝说。最后，达成协议：用400元将癞皮狗买回。

6月26日是金洪涛的生日。扈荣良得知后，和其他战友纷纷表示：在抗震救灾一线过生日不容易，大家一定要好好吃一餐饭。但结果，由于他们终日忙于奔波采样，只是每人在彭州路边的一家小餐馆内吃了一碗面条。

这样的"生日宴"，虽然简单得无法言说，但"寿星佬"金洪涛却依然感到：能在抗震一线过生日，格外有意义；这个只有一碗面条的"生日宴"毕生难忘！

安县的黄土镇、秀水镇、安昌镇、桑枣镇、清河镇以及绵竹市的清道镇、遵道镇等地，是患病犬集中采集点。国际动物保护协会给这些镇专门发下了捕犬器。

专家防疫队在当地防疫人员配合下，在遵道镇对其所属的18个大队进行了全面勘查，发现了一些患病犬，并进行了收集，由实验室人员进行黑热病抗体和PCR检测，获得黑热病阳性的结果。

据不完全统计，专家防疫队这次参加抗震救灾的行程长达3万多公里。功夫不负有心人。辛劳与汗水换来了丰硕的成果。他们从灾区采集水、空气、蚊子、白蛉、蜱、野鼠、牦牛、羊、猪、狗等

730份样本，获得了灾区乙型脑炎、黑热病等重要人兽共患病以及7种重大动物疫病的卫生战略监测数据，及时上报监测报告11份，提出各类建议案9项，对4种灾后重建过程中需要进一步加强预防的人兽共患病与重大动物疫病防控提供了宝贵资料，并提出了大量具有建设性的建议。

有恒心的人就是能够认准方向，不断地深入下去。一般来说，这种人往往可以取得成功。即使他们由于种种局限，暂时没有取得"辉煌"的成就，但仅奋斗本身也堪称是一种乐趣，她会无形中使他们的生活变得充实起来。而充实，是一种和谐，是一种美。人一旦有了充实的生活，就是幸福的。

在有限条件下，短时间内能完成大量监测工作，充分说明军事兽医研究所的这支防疫队是一支战斗能力极强、专业水平高超的专家型队伍。他们不图虚名，脚踏实地，将爱心和强烈的责任感、使命感贯穿始终，用忠诚、真诚和奉献，向党和人民交了一份合格的答卷。

在抗震救灾期间，金宁一不仅一直关注着四川地震灾区的情况，经常通过打电话、发短信等方式与自己的学生们联系，而且他自己所研究的课题，又取得突出的进展。

这一年，金宁一主持的"禽流感基因工程疫苗研究"，已获得安全证书，为下一步临床试验奠定了坚实基础；"艾滋病重组多表位治疗性疫苗研究"已完成动物体试验，各项数据正在统计，为该疫苗的进一步临床实验奠定了坚实基础。由金宁一等完成的"新城疫病毒抗肿瘤机理的研究"获得吉林省科技进步一等奖。

夏咸柱院士牵头主持的国家科技支撑计划项目——"狂犬病和血吸虫等重要人兽共患病疫苗与诊断试剂的研制与开发"，在抗震救灾期间取得了阶段性成果，文章已发表于Vaccine杂志，申请发明专利1项。"狂犬病灭活疫苗"研究部分进展顺利并已经申请新药注册，收到初审意见。

涂长春参与主持的国家"973"项目"动物重大传染病病原变异与致病的分子机制研究"，在抗震救灾期间也取得了重要进展，已经在权威刊物发表SCI文章（SCI影响因子5.6）。由金扩世副研究员等完成的"重症急性呼吸综合征（SARS）病原及免疫制剂研究"获吉林省科技进步二等奖。

2008年，军事兽医研究所以科研带动学科人才建设，以需求牵引促进科研条件改善，同样取得较好成效。他们顺利完成了新招9名研究生的入学复试、体检和录取；完成了军事医学科学院首批3名计划内研究生的论文毕业答辩及分配；办理了联合新招博士后的进站审批和在站博士后申报国家科研基金工作；推荐本所研究生导师参与吉林农业大学的导师遴选，为今后双方开展培训合作和学术交流奠定了良好的基础。

此外，这一年他们还申报成功了"吉林省人兽共患病预防与控制重点实验室"，为申报国家重点实验室创造了基本条件；组织申报了"军队人兽共患病重点实验室"和"国家林业局长春野生动物疫病研究中心"；狂犬病诊断实验室的可研和初步设计获得农业部批复，正在进行环评报告的编制和施工图设计；与内蒙古金宇集团联合申报的兽用疫苗国家工程实验室获得国家发改委批准，并于2008年12月在内蒙古呼和浩特市正式挂牌。

军事兽医研究所"狂犬病及野生动物与人兽共患病诊断实验室"与OIE英国兽医诊断实验室确立了"姊妹实验室"协作关系，对于推动这个研究所疾控能力建设具有重要意义。一年内他们举办了各类学术会议、学术报告15余场(次)，参加人数达1 000余人次；在北京成功举办了中国工程院"野生动物资源保护与疫病控制学术研讨会"；在大连成功举办了动物传染病学分会第13次学术研讨会；与长春市疾病控制中心联合召开了战略研讨会，进一步加强了双边的合作范围和业务联系；先后派人参加了在日本东京举行的第七届中日病毒学学术研讨会、法国里昂欧洲肿瘤研究大会、第二届全国

尾声

他的事业还在继续

289

人兽共患病学术研讨会、第四届全国兽医所长联谊会；与美国疾病控制中心、FDA、澳大利亚国家动物健康中心等单位专家广泛开展了学术交流。

2008年，军事兽医研究所的成果转化工作进一步规范。他们与Intervet公司建立了合作关系，狂犬病重组疫苗转化及科研合作进展顺利；他们与辽宁成大集团生物医药公司签订了科技项目转化协议，与辽宁益康生物医药公司洽谈了犬四联苗项目转化协议，办理了"陆眠宁"等4项系列产品商标注册。

在抗震救灾的同时，军事兽医研究所的迁址新建工作也在全面推进，统筹力不断提升。

研究所的新营区毗邻净月潭国家森林公园。这里位于长春市东南部，距市中心仅18公里，有得天独厚的区位优势，堪称"大都市中难得的一块净土"。

净月潭东西长7公里，南北宽1公里，因筑坝蓄水呈弯月状而得名，因没有污染源、山清水秀而闻名，被誉为台湾日月潭的姊妹潭。这里林海浩瀚，茂密如织，依山布阵，威武壮丽，构成了含有30个树种的完整森林生态体系。仿佛是有一支神来之笔，把净月潭秀美的景色装扮得分外妖娆。春天漫山涂绿，踏春的游人络绎不绝；盛夏绿荫如屏。森林面积逾100平方公里，潭水面积430公顷，如此浩瀚的人工林海，堪称"亚洲之最"。净月潭附近古朴的北普陀寺是东北名寺之一，始建于1996年，于1997年6月22日举行开光大典，年代虽不久远，却远近闻名，每逢佛教盛会香火鼎盛；香客流连其间，游人络绎不绝。置身宝地感到恬静中透着秀丽，清新中含着亲切。潭南近水处的石羊石虎山上坐落一处金代古墓，悠远的古文化，蕴藏其中，是市级文物保护单位，通过它管窥到中国文化的博大精深，领略神秘感觉。

在这样一个优美的环境中建设新营区，既是好事，也是难事。在建设中势必要绝对制止环境污染，全力打造生态、绿色品牌。

军事兽医研究所基建办公室根据所党委对迁址新建工程建设的总体部署和要求，积极努力克服诸多实际困难，在寻求低成本、高效益、创精品上下功夫，扎实推进工程进展。

为了争取工程尽早开工，在抗震救灾期间，所基建办公室不失时机地办理了国有土地使用证、规划联络单审批、建设用地规划许可证、建设工程许可证、环保排污许可证、征用国有林地审批手续、林地砍伐手续、消防审批手续、人防审批手续、临时用电等审批手续，为9月15日顺利开工奠定了基础。

他们加强施工管理，确保工程质量。制定了施工现场组织方案，做好图纸会审和技术交底，建立了由建设单位、监理单位和施工单位共同检查的三级质量检查体系。他们按照标准检查进场材料，同时进行质量检测复试；制订了各级岗位职责，进一步强化了施工人员的责任感。他们采取以会代训形式，加强业务学习，提高了工作人员的综合素质，完善了施工现场的各项管理制度，充分保证了工程质量。他们认真把关，降低工程造价。首先从经济、技术等方面对基建工程项目管理进行优化，提高基建工程项目的系统性和超前性；其次从节省资金角度入手，一手抓工程建设质量，一手抓项目投资控制。他们根据土质勘察报告，经过充分论证，由原设计桩基础改为独立基础，仅此一项就降低工程造价1 300多万元。截至2008年年底冬歇期，已经完成新址办公楼西区梁板，中区、东区框架柱、实验室基础地梁、后勤楼基础地梁、柱的施工建设。

新营区竣工时，正是万物收获的秋天。葱绿的树叶在阳光的照射下晶莹而亮丽。和煦的秋风吹过，滚动着露珠的树叶将一闪一闪的，发出哗哗的声响，宛若一首清脆悦耳的交响乐。

进得院门，令人眼前蓦然一亮：只见布局合理，平整的草坪青翠舒展，甬道两旁层次丰富地栽种着溢彩流光的种种花卉，车场宽敞规范，各项设备配套齐全……

一座高达十几层的现代化办公大楼拔地而起。

　　所领导的介绍使人在第一时间了解到：由于历任每一位所领导都能有极强的事业心、责任心，都能以身作则，吃苦在前，因而带出了一群素质极强的好兵……整个研究所已经营造出一种讲正气、讲奉献的良好氛围。

　　当前，世界性的矛盾频发，状况并不安宁，世人心态忐忑。中国情况虽然较好，亦非世外桃源……只是人们完全有理由相信，一个民族在灾难中形成的凝聚力，定将推动民族的团结和进步；一个民族在灾难中失去的，也必将在民族的进步中获得补偿。

　　从苦难深处走来的中华民族，一向是不屈的民族，相信自己的制度和信仰的力量。

附录|一|

殷震大事年表

1926 年

6 月 28 日，殷震（曾用名殷之士）出生于故乡苏州，在家乡就读于甫里小学与中学。

1949 年

5 月，殷震入伍进华东军区兽医学校学习并任教，担任解剖学和微生物学的教学。

秋天，华东军区兽医学校随第二野战军进军大西南，改组为西南军区兽医学校，殷震随之来到贵州安顺。

1952 年

殷震与华东军区总医院的护士胡美贞相识、恋爱。

本年，已经更名为解放军第二兽医学校的原华东军区兽医学校并入长春的中国人民解放军兽医大学。殷震随之来到长春。

1954 年

殷震与胡美贞在南京成婚。

1956 年

中国人民解放军兽医大学被移交给地方，全体教职员工集体转业，校名更改为长春畜牧兽医大学。

1958 年

5 月，学校改名为长春农学院。

1958—1959 年期间，长春农学院、北安农学院和长春农业机械化专科学校相继并入。

1959 年

6 月，学校改名为吉林农业大学。

20 世纪 60 年代初，殷震已经具备了能够独立支持的业务能力。

1962年

1月，学校交还军队，复名为中国人民解放军兽医大学。

1970年

7月，殷震副教授到军事兽医研究所二室工作。

1974年

8月，总后勤部在新疆乌鲁木齐召开全军兽医工作会议，殷震出席并作研究进展的学术报告。

1980年

6月，殷震编著的《动物病毒学基础》由吉林人民出版社出版。

10月，殷震任《国外兽医学——畜禽传染病》编委。

1981年

3月，殷震被任命为教授。

11月，殷震任《吉林畜牧兽医》编委。

1984年

4月，殷震任中国农业科学院哈尔滨兽医研究所学术委员会委员。

8月，殷震以学者身份赴澳大利亚参加为期一周的国际学术会议。

12月，殷震任《中国人兽共患病》杂志编委。

1985年

5月，殷震任国务院学位委员会学科评议组成员。

9月，殷震、刘景华主编的《动物病毒学》由科学出版社出版。

9月，殷震受聘任天津市农业科学院兽医科学技术顾问。

1986年

殷震任中国人民解放军兽医大学职称评审委员会委员。

1987年

3月，殷震任国家科学技术进步奖总后勤部评审委员会委员。

7月，殷震等完成的13种动物病毒的分离与鉴定获国家科学技术进步二等奖。

12月，殷震任《中国农业百科全书（兽医卷）》编委。

本年，殷震参加翻译的《病毒的分类与命名》由科学出版社出版。

1988年

4月，殷震任《病毒学报》杂志副总编。

5月，殷震任中国微生物学会病毒专业委员会副主任委员和国家重点实验室"兽医生物技术实验室"学术委员会委员。

殷震等合译的《家畜传染病》由农业出版社出版。

1989年

7月，殷震与熊光明、涂长春、胡淑贤等合作完成"不同属小RNA病毒的基因重组株的特性鉴定"。

8月，殷震受聘担任济南军区150中心医院鸡疏螺旋体研究室顾问。

本年，殷震任第二主编的《新发现的畜禽传染病》由安徽科技出版社出版。

1990年

3月，殷震任《特种经济动植物》编委。

4月，殷震任长白山著作出版基金会学术委员。

12月，殷震被国家教委、科委评为全国高校先进科技工作者，获国家"有突出贡献的高级专家"称号。开始享受国务院政府特殊津贴。

1991年

5月，殷震任中国免疫学会兽医免疫学分会名誉主任委员、总后勤部第五届医学科学技术委员会常委。

7月，殷震任吉林省农垦鹿业协会专家组组长和副理事长、南京军区军事医学研究所学术顾问。

8月，殷震任军队医药生物技术专家顾问组成员、领导小组成员和课题评审委员。

12月，殷震任《生命科学》杂志编委。

本年，殷震进入兽医大学专家组，任校学术委员会副主任。殷震等参加编的《免疫生物工程纲要——理论与技术》由吉林科技出版社出版。

1992年

2月，殷震任吉林省科委应用基础研究、青年科学技术研究基金专家组成员。

4月，殷震任国务院学位委员会第三届学科评议组成员。

8月，殷震任国家自然科学基金委员会第四届学科评审组成员。

10月，殷震任微生物学会病毒专业委员会兽医病毒学专业组组长。

11月，殷震任国家畜牧兽医学科发展战略研究组主要成员。

1993年

3月，殷震任兽医大学职称评审委员会副主任委员。

5月，殷震任天津农业生物工程研究中心客座研究员。

7月，殷震任国家自然科学奖第六届复审组成员。

9月，殷震任江苏农学院客座教授。殷震任第二主编的《动物传染病诊断学》由江苏科技出版社出版。

1994年

8月24日，由吉林省科委组织的以殷震为首的吉林省生物高技术指导委员会成立。

1995年

3月，兽医大学科研处与中国畜牧兽医学会金家珍秘书长协调，学会同意推荐殷震参加中国工程院院士遴选，3月23日上报推荐材料。

6月20日，殷震接到中国工程院朱光亚院长的贺函，通知他已经国务院批准，于1995年5月当选为中国工程院院士，并表示祝贺。

6月27日，兽医大学景在新校长致函正在美国讲学并探亲的殷震，代表校党委、校领导和全校同志祝贺他当选为中国工程院院士。

9月20日，兽医大学决定给殷震按照院士待遇配专职秘书、专车，安装程控电话，提高补助标准。

9月22日，兽医大学在校文化体育中心举行庆祝表彰大会，热烈祝贺殷震当选为中国工程院院士，庆贺学校建立兽医博士后科研流动站。王松年副校长宣读了总后勤部党委、总后卫生部祝贺殷震当选为中国工程院院士的电报。

10月8～11日，总后卫生部在北京召开全军医学科学技术大会暨第六届医学科学技术委员会全体会议，殷震当选为中国人民解放军第六届医学科学技术委员会常务委员。

10月24日，殷震就军事兽医研究所高新技术课题（10个大项）进行剖析，明确计划申报渠道、负责人、合作单位等。

1996年

6月24日，应殷震邀请，中国农业大学生物技术学院院长陈永福教授来兽医大学作"转基因动物的研究"学术报告，并与军事兽医研究所的科技人员进行了交流。

9月18日，应江西省农业厅和江西省畜牧兽医学会邀请，殷震在南昌作"生物技术及其在动物疫病防治上的应用"的专题报告。江西省委副书记舒惠国及省政协、省科协、省农业厅、省畜牧局的领导会见了殷震一行。江西电视台19日在全省新闻联播节目对殷震的学术报告进行了专题报道。

10月18～22日，中国畜牧兽医学会成立60周年暨第10届全国会员代表大会在南京召开，大会选举殷震为第10届荣誉理事，被评为优秀会员，受到大会表彰。大会期间，殷震作了"生物技术及其在动物疫病防治中的应用"专题报告。

12月3日，总后勤部发出通令，经总后勤部党委研究决定，殷震为总后勤部科学技术一代名师。

1997年

6月15～19日，兽医大学承办了中国畜牧兽医学会兽医药理毒理学分会第4届会员代表大会暨第6次学术讨论会，殷震出席大会并讲话。

7月上旬，殷震主持的"博士生知识能力结构和培养途径方法的研究——兽医一级学科培养博士生的研究"被评为国家"九五"学位与研究生教育研究重点课题。

9月11日下午，殷震在兽医大学科学会堂就他参加的几个科研会议情况作报告，介绍了中国工程院院士评选、自然科学基金、杰出青年基金评审以及海峡两岸畜牧科技学术交流会的有关情况，勉励青年科技人员担当科研重任，努力工作。

9月22日，中国畜牧兽医学会家畜传染病学分会第4届全国会员代表大会暨第7次学术研讨会在上海召开，会议选举产生第4届理事会，殷震当选为理事长。

11月中旬，殷震因在动物病毒病的基础和防治研究以及生物高技术研究方面取得的突出成就，荣获"1997年度中华农业科教奖农业科研奖"。

1998年

3月上旬，殷震主持申报的"犬与貂、狐等毛皮动物主要疫病的病原生物学研究"获国家科技进步三等奖。

4月上旬，殷震向图书馆赠送1套军事科学出版社出版的《中国军事百科全书》，全书10个正文卷、1个总索引卷，精装16开本，价值近3 000元。图书馆将此书陈放在教员参考室供全校师生阅读。

1999年

12月9日，殷震为军事兽医研究所全体人员作"做人、做事、做学问"报告。

2000年

7月18日9时30分，中国共产党优秀党员、我国著名动物病毒学和分子生物学专家、国家重点学科杰出带头人、中国工程院院士、中国人民解放军军需大学专家组组长、一级教授殷震，乘车去哈尔滨开会，行驶到双城县附近，发生车祸，不幸因公牺牲，享年74岁。

殷震主要科学
技术著作篇目

一、书籍

1.《动物病毒学基础》（专著）由吉林人民出版社1980年出版，15万字。

2.《动物病毒学》（第一主编，合作者为刘景华）由科学出版社1985年出版，131万字。

3.《转基因动物——免疫生物工程纲要与技术》（参编）由吉林科技出版社1991年出版，62万字。

4.《动物传染病诊断学》（主编）由江苏科学技术出版社1994年出版，104万字。

5.《新发现的畜禽传染病》（主编）由安徽科技出版社1987年出版，16万字。

6.《农业百科全书》兽医卷（编委）由农业出版社1993年出版，16万字。

7.《现代英汉畜牧兽医大词典》（编委）由吉林科技出版社1987年出版，630万字。

8.《养犬大全》（编委会顾问）由吉林科技出版社1994年出版，116万字。

二、论文

1. Epidemiology of animal infectious diseases and it's prevention

in china. in《veterinary viral diseases》academic press. pp. 174-178, 1985（作者）。

2. Investigation of a method for improvement of diagnosis of cahine parvovirus entertis. in《veterinary viral diseases》academic press. pp. 551-555, 1985（作者）。

3.《有关动物和人类新病毒起源的探讨》——《病毒学报》, 1986年2卷4期（作者）。

4.《动物病毒的分子生物学研究》——《中国兽医科技杂志》, 1987年11期（第一作者）。

5.《无病原性腺病毒载体构建的研究》——《全国畜牧兽医生物技术研讨会论文专辑》, 1988年8月（指导）。

6.《威胁人和动物健康的"朊病毒感染"》——《中国人畜共患病杂志》, 1989年4卷5期（第一作者）。

7. Observations of the relationship among four parvoviruses of carnivore-annu. anthol of v'et coll. pla 1991（第一作者）。

8.《貂肠炎病毒的核苷酸序列和基因组结构》——《遗传学报》, 1993年20卷3期（第二作者）。

9.《猪瘟病毒cDNA片段的扩增及克隆》——《高科技通讯》, 1993年第10期（指导）。

10.《疫苗病毒高效表达载体的构建研究》——《中国兽医学报》, 1994年14卷1期（第二作者）。

11.《动物抗病毒感染基因工程育种的研究》——《病毒学报》, 1994年10卷1期（第一作者）。

12. High level of expression by vaccinia virus vectors based on combination effect of promotors of a-type inclusion body,tandemly repeated mutant 7. 5 kda protein and hemegglutinin genes.accepted on 26th. may,1994 by "archives of virology"（第一作者）。

后　记

在写完这部长篇传记的时候，我脑海中迸出的第一句话，竟是一句几代人都耳熟能详的戏曲唱词："做人要做这样的人！"

的确，做人要做这样的人！要做殷震院士这样的人！

我认为殷震院士这样的人，是当今中国社会最需要的人，也是对每个家庭、每个青年最有切实价值的人。

在持续十多年的跟踪采访、创作过程中，我每时每刻都为殷震院士的精神、情操、事迹所深深感染着。我觉得这一过程，也正是自己的灵魂不断得到净化与升华的过程。

毋庸讳言，由于错综复杂的历史原因和社会原因，当前人们的价值观呈现着多元化的趋向。有的人身披画皮，投机钻营，贪婪地攫取着各种职位和国家财富；有的人花天酒地，腐化堕落，热衷于沉溺声色犬马；有的人一味追求实惠，像绕梁呢喃的燕雀忙于营造个人的安乐窝；有的人混世度日，消磨青春，浪费生命，终至一事无成……有的人虽然不能说没有事业心，但却见异思迁，朝秦暮楚，斗志不坚，目标飘忽不定；也有的人好高骛远，眼高手低，志大才疏，不能将大目标同脚踏实地的努力结合起来……

那么我想说：请诸君随着我的笔触读一读这部传记吧！除顽固不化者外，当你的心目中装进了殷震这样一个活生生的形象，你也就明了自己应当怎样做人、做事、做学问了。

一般来说，一个人活在世上，总是想干一番事业的。事业干得越好，他对社会的贡献才会越大。只是茫茫宇宙，虽然在空间上无边无际，在时间上无始无终。然而对每一个个人来说，生命却是极其有限的。以往我们常说"人生七十古来稀"，如今由于科学的发展和社会的进步，人类的平均寿命已经普遍延长，活到七八十岁已不算新鲜。然而，抛却无法避免的天灾人祸（如殷震院士不幸因公牺牲）不谈，就算一个人能活到一百岁，在宇宙发展的长河中也不过是短暂的一瞬。何况其中还要除去睡眠、休息、生病、娱乐等各种时间，真正用于学习、工作、做事等创造性活动的时间能有几何？

那么，怎样才能不虚世上此行？请看咏慷笔下的殷震！

中国共产党要领导人民胜利实现宏伟目标，迫切需要一大批优秀分子发挥作用。这些人就是人们平时所说的英雄。他们是时代精神的代表，是一个国家、一个民族的脊梁。崇拜英雄，实质上是尊重先进，尊重创造，尊重有价值的生命存在。人类从低级社会走向现代社会，是逐步告别粗陋走向文明、扬弃平庸、建设伟大的过程。在这个过程中，无论遭逢顺境还是逆境，英雄主义精神始终激励并孕育着昂扬进取的人生意志，始终指导人们勇敢地生存，积极参与到改造社会和自然的实践之中，特别是艰难险阻面前英雄主义精神的无畏表现，谱写出可歌可泣的悲壮。极力无原则地拔高形成人为地制造英雄是不对的，疏远英雄、淡化英雄意识，以亲和平民的名义趋向庸俗化的平民形态更是可怕的。热情地表现先进，是作家不可推卸的神圣职责。

俗话说，一滴水能反映太阳的光芒。科研工作者平凡的事迹中蕴含着伟大，体现着时代精神，展示着崇高的思想境界。采写他们，使我从中感受到一种能使人的灵魂净化、升华的崇高精神力量。

多年来，我把全部精力都投入到创作上，有时扪心自问：这样是不是太苛待自己了？很多亲人和朋友都劝我把节奏放慢，作家应有一个很好的生活状态。我晓得这些道理，但往往身不由己，就像童话中的什么人穿上魔鞋，想停也停不下。不能不说，在所有的写作中，传记是最苦的写作，难度最大的写作，也是最吃力不讨好而且充满了风险的写作。小说家可以在天空上自由翱翔，传记作者必须脚踏实地一步一步地走。他们的辛酸与苦楚，个中滋味唯有寸心知。写传记，应该热心冷手、热进冷出、热考（考证与采访）冷思、热写冷改、热风冷语，做到安静、冷静和理性。我愿意享受这种创作带来的激情和快乐。

在此书创作和修订过程中，我曾得到中国工程院、中国人民解放军总后勤部政治部、原中国人民解放军军需大学政治部及军事兽医研究所的领导、殷震院士本人及其亲属、出版社领导与编辑同志的热忱帮助，在此特诚恳致谢！

咏　慷
2016年秋于北京金沟河

作 者 简 介

咏慷，本名陈永康。祖籍广东东莞，曾就读于北京八一小学、北京四中，1965年在北京师大附中读高中时加入中国共产党，1966年起在全国性报刊发表作品。1968年入伍，历任战士、台长、指导员、教导员、北京空军机关干事、政治处主任、总后勤部机关刊总编室主任、专业作家，先后毕业于空军学院政治系、北京师范大学中文系、鲁迅文学院，现为国家一级作家，系中国作协会员、中国散文学会理事、中国报告文学学会理事、中华诗词学会理事。著有长篇小说《青春殇》《东江剑魂》，长篇散文《红色季风》，长篇叙事诗《二月兰》，报告文学《抗SARS风暴》《发兵治水》《一个院士的成功之路》《跨越苍茫》《执著人生》《西部通道》《新中国大阅兵》《闪电之盾》《敬礼！审计官》《黄埔女杰》《疆场弯弓月》《命脉之光》《一江山登陆大血战》《这里走向世界》《扼住瘟疫的咽喉》《拯救肝脏》《穿越"死亡之海"》《中国殡葬报告》等，诗集《但，我还要思索》《心中的芳草地》《上水船》《两代人诗词集》《两代人诗词选》等，散文集《红色传奇——我所知晓的开国英杰》《走尽天涯路》等。曾获国家图书奖、全国"五个一"工程奖、中国报告文学大奖、全国人口文化奖、全国冰心散文奖、全军图书奖、全军文艺新作品奖、总后勤部军事文学奖等。